# VORBEMERKUNGEN

Für das Fachgebiet *„Triebfahrzeugausbesserung“* haben die Hauptverwaltungen der Ausbesserungswerke und der Maschinenwirtschaft des Ministeriums für Verkehrswesen in Zusammenarbeit mit der Lehrmittelstelle des Ministeriums für Verkehrswesen und TRANSPRESS VEB Verlag für Verkehrswesen eine Fachbuchreihe entwickelt, zu der folgende Hefte gehören:

| | | |
|---|---|---|
| Heft 1: | Die Technologie der Ausbesserung der Dampflokomotiven | Stufe II/III |
| Heft 2: | Die Technologie der Ausbesserung der elektrischen Triebfahrzeuge | Stufe II/III |
| Heft 3: | Die Technologie der Ausbesserung der Diesel-Triebfahrzeuge | Stufe II/III |

Die Stufen I—III bezeichnen das Niveau des Fachbuchinhalts:

| | | |
|---|---|---|
| Stufe I | = | Facharbeiter |
| Stufe II | = | Meister / Techniker |
| Stufe III | = | Ingenieur / Diplomingenieur |

Vorliegendes Fachbuch wird als Lehrbuch an den Ingenieurschulen für Eisenbahnwesen eingeführt.
Darüber hinaus ist es bestimmt für:
Technologen, Meister, Bereichs- und Gruppenleiter, Produktionsleiter, technische Leiter, Dienststellenleiter und alle an der Qualifizierung interessierten Facharbeiter.
Alle Hefte dieser Fachbuchreihe sind mit einem blauen Farbstreifen versehen.
Die verschiedenen Farbstreifen bezeichnen die Dienstzweige entsprechend der Struktur der Deutschen Reichsbahn:

| | | |
|---|---|---|
| rot | = | Betriebs- und Verkehrsdienst |
| blau | = | Maschinenwirtschaft |
| grau | = | Wagenwirtschaft |
| grün | = | Bahnanlagen |
| gelb | = | Sicherungs- und Fernmeldewesen |

Möge dieses Fachbuch zur Verbesserung der beruflichen Arbeit der im Verkehrswesen Beschäftigten und somit zum Wohle unseres Arbeiter-und-Bauern-Staates beitragen.

*Ministerium für Verkehrswesen*
Hauptverwaltung der Ausbesserungswerke
der Deutschen Reichsbahn

*Ministerium für Verkehrswesen*
Hauptverwaltung der Maschinenwirtschaft
der Deutschen Reichsbahn

*Ministerium für Verkehrswesen*
Abteilung Schulung und Berufsausbildung

# VORWORT

Die Dampflokomotive blickt heute auf eine 125jährige Entwicklungsgeschichte zurück. Es ist kein Geheimnis, daß das Zeitalter der Dampflokomotive zu Ende geht. Die Kohle ist zu wertvoll, um sie in Lokomotiven zu verheizen, die den zugeführten Brennstoff zu kaum 10 Prozent in Energie umsetzen. Immerhin haben die Dampflokomotiven im Zeitpunkt der Ablösung durch elektrische und Diesellokomotiven ihren Höchststand in der Entwicklung erreicht.

Es werden bei uns keine neuen Dampflokomotiven mehr gebaut. Ein großer Teil der bewährten, leistungsfähigsten und wirtschaftlichsten Bauartreihen wird rekonstruiert und zum Teil auf Ölfeuerung umgestellt.

Die Dampflokomotiven stellen in ihrer Gesamtheit ein enorm hohes Volksvermögen dar, das es gilt, sorgsam zu erhalten und zu pflegen. Dazu soll das vorliegende Werk verhelfen, das sich mit der Ausbesserungstechnik in unseren Ausbesserungswerken befaßt. Es berücksichtigt den neuesten Stand der Technik und geht bei der Betrachtung der Technologie von den in unserer Deutschen Demokratischen Republik nach 1945 geschaffenen gesellschaftlichen Verhältnissen aus.

Das vorliegende Werk ist in erster Linie für die Studierenden und die jüngeren Ingenieure und Techniker des Werkstätten- und Betriebsmaschinendienstes gedacht, aber auch der erfahrene Fachmann findet darin manches, was ihm für seine Arbeit nützlich sein wird.

Es ist uns eine angenehme Pflicht, all denen zu danken, die uns bei der Ausarbeitung des Manuskriptes mit ihren Ratschlägen halfen. Zu danken haben wir auch der Leitung der Versuchs- und Entwicklungsstelle für das Ausbesserungswesen der Deutschen Reichsbahn, die uns Unterlagen und Bildmaterial für die Ausstattung des Buches zur Verfügung stellte. Besonderer Dank gebührt dem Hauptingenieur der Hauptverwaltung der Reichsbahnausbesserungswerke, Herrn Reichsbahn-Hauptrat Ingenieur Nied, der uns aus seinem reichen Erfahrungsschatz mit Rat und Tat zur Seite stand.

Der Abschnitt 7 „Unterhaltung der Dampflokomotiven im Bahnbetriebswerk" ist von einem Kollektiv des Betriebsmaschinendienstes der Reichsbahndirektion Berlin verfaßt worden. Wir danken den Herren Ingenieuren Heinz Kirsch, Klaus Jünemann und Herbert Böer, die diese Arbeit übernommen haben.

Die Leser möchten wir bitten, uns auf noch vorhandene Mängel hinzuweisen, damit diese bei weiteren Auflagen beseitigt werden können.

*Die Verfasser*

Herausgegeben vom Ministerium für Verkehrswesen – Lehrmittelstelle

TRIEBFAHRZEUGAUSBESSERUNG

HEFT 1

# Die Technologie der Ausbesserung der Dampflokomotiven

STUFE II/III

Von Reichsbahn-Rat Ing. **Walter Weikelt**
und Reichsbahn-Amtmann Ing. **Manfred Teufel**

Mit 150 Bildern

Einbandgestaltung: Katja Draenert
Foto: Dirk Endisch



ISBN: 978-3-613-71728-2

1. Auflage 2024 (Reprint der 1. Auflage von 1962)



Sie finden uns im Internet unter:
www.transpress.de



Druck und Bindung: HUNTER Books GmbH, Kleyerstraße 3, 64295 Darmstadt
Printed in Germany

**Anmerkung zum Nachdruck**
Das vorliegende Buch ist ein Nachdruck der Ausgabe aus dem Jahr 1962, bei dem der Inhalt sowie die damalige Rechtschreibung unverändert blieben. Verzichtet wurde dagegen auf die Beilagen zur Arbeitsorganisation der Dampflokausbesserung in den Ausbesserungswerken der Deutschen Reichsbahn der DDR, deren erneute Wiedergabe nicht notwendig erschien.

# INHALTSVERZEICHNIS


Seite

1. *Geschichtliche Entwicklung des Ausbesserungswesens* 13

2. *Erhaltungswirtschaft bei den Dampflokomotiven* 17
   2.1 Zweck der Erhaltungswirtschaft 17
   2.2 Grundsätze der Erhaltung 17
   2.3 Organisation der Erhaltung 18
      2.301 Erhaltungsabschnitte 18
      2.302 Schadgruppeneinteilung 18
      2.303 Untersuchungsfristen 20
      2.304 Arbeitsgrundlagen 21
         2.304.1 Dienstvorschriften, Richtlinien und Merkblätter 21
         2.304.2 Maßbegriffe 23
         2.304.3 Arbeits- und Zeitbegriffe; Arbeitsunterlagen 25

3. *Organisation und Gestaltung der Werkstätten eines Lokomotiv-Ausbesserungswerkes* 28
   3.1 Organisation der Werkstätten 28
   3.2 Neue Werkstattformen 29
      3.201 Richthallen 29
      3.202 Fertigungswerkstätten für Lokomotivteile 31
   3.3 Werkstattgrößen 31
      3.301 Ständezahl 31
      3.302 Standlängen 33
         3.302.1 Querstände 33
         3.302.2 Längsstände 33
         3.302.3 Sonstige Stände 34
         3.302.4 Kesselstände 34
         3.302.5 Tenderstände 34
         3.302.6 Abmessungen für Transportwege und Arbeitsplätze 34
         3.302.7 Gesamtwerkstattflächenbedarf 34
         3.302.8 Hallenhöhe 34
   3.4 Anordnung der Richtstände 34
   3.5 Anordnung der Fertigungswerkstätten 39

4. *Arbeitsvorbereitung und Arbeitsüberwachung* 40
   4.1 Operative Produktionsplanung, Fristenwesen 40
   4.2 Übernahme der Lokomotive durch das Reichsbahnausbesserungswerk 41
   4.3 Arbeitsaufnahme 46
   4.4 Grenzmaße 47
      4.401 Grenzmaße für die Neufertigung 47
      4.402 Grenzmaße für die Ausbesserung 47
      4.403 Grenzmaße für den Betrieb 48
   4.5 Aufarbeiten der Lokomotivteile 48
   4.6 Arbeitsprüfung 49
   4.7 Lokomotivabnahme 50
   4.8 Garantiepaß 51

Seite

5. *Grundsätze für die Einführung der fließenden Fertigung* 52
5.1 Allgemeine Grundlagen 52
5.2 Arbeitsfluß bei der Lokomotivausbesserung 52
5.3 Maßnahmen zur Einführung der fließenden Fertigung 53
5.4 Organisation der fließenden Fertigung 55
5.401 Anwendbarkeit bei der Lokomotivausbesserung 55
5.402 Innerbetriebliches Transportwesen im Rahmen der fließenden Fertigung 59
5.403 Verfahrenstechnik in den Fertigungswerkstätten 59
5.403.1 Meßwesen 59
5.403.2 Spanabhebende Verformung 62
5.403.3 Spanlose Verformung 62
5.403.4 Schweiß- und Schneidverfahren, Metallspritzen und Härteverfahren 63
5.5 Technologische Planung bei der Lokomotivausbesserung 64
5.501 Aufgaben und Verantwortungsbereich 64
5.502 Produktionszyklus 64
5.503 Bildliche Darstellung der Arbeitsabläufe 68
5.503.1 Arbeitsablaufplan 68
5.503.2 Plan für Werkplatzausrüstung 68
5.503.3 Fließplan 68
5.503.4 Arbeitsdiagramm 68
5.503.5 Plan für die Kennzahlenermittlung 68

6. *Arbeitsablauf in den Richthallen und Fertigungswerkstätten* 71
6.1 Vorbereitung auf dem Werkhof 71
6.2 Abbau und Reinigung 72
6.3 Arbeitsablauf in der Lokomotiv-Richthalle 75
6.301 Arbeitsablauf in der Richthalle bei Lokomotiven der Schadgruppe L4 (Hauptuntersuchung) 75
6.301.1 Rahmenrichtstand 76
6.301.2 Rahmenbacken-Schleifstand 78
6.301.3 Kesseleinbau- und Rahmenmeßstand 79
6.301.31 Mechanisches Vermessen 80
6.301.32 Optisches Vermessen 81
6.301.33 System-Meßverfahren 82
6.301.34 Aufstellen und Weitergeben der Vermessungswerte 82
6.301.35 Berichtigungen auf Grund der Rahmenvermessung 84
6.301.4 Vormontagestand 84
6.301.5 Lokomotiv-Einachsstand 84
6.301.51 Lokomotiv-Einachsstand mit Lokomotiv-Hebekran 84
6.301.52 Lokomotiv-Einachsstand mit Hebewerk 86
6.301.6 Endmontagestand 86
6.302 Arbeitsablauf in der Richthalle bei Lokomotiven der Schadgruppe L3 (Zwischenuntersuchung) 86
6.303 Arbeitsablauf in der Richthalle bei Lokomotiven der Schadgruppe L2 (Zwischenausbesserung) 87

Seite


6.304 Arbeitsablauf in der Richthalle bei Lokomotiven der Schadgruppe L0 (Bedarfsausbesserung) 88
6.305 Arbeitsablauf in der Richthalle für Tender 88
6.305.1 Tender der Schadgruppe L4 (Hauptuntersuchung) 88
6.305.11 Tender-Abbaustand 88
6.305.12 Tender-Reinigungsstand 88
6.305.13 Tender-Richtstand 88
6.305.14 Tender-Einachsstand 89
6.305.2 Tender der Schadgruppe L3 (Zwischenuntersuchung) 89
6.305.3 Tender der Schadgruppe L2 (Zwischenausbesserung) 89
6.305.4 Tender der Schadgruppe L0 (Bedarfsausbesserung) 89

6.4 Arbeitsabläufe in den Fertigungswerkstätten für Lokomotivteile 89
6.401 Armaturen-Werkstatt 89
6.402 Werkstatt für Luftbehälter 90
6.403 Werkstatt für Zug- und Stoßvorrichtung 90
6.404 Werkstatt für Radsätze 92
6.404.1 Umrißbearbeitung 94
6.404.2 Schenkelbearbeitung 95
6.404.3 Zapfenbearbeitung 96
6.404.4 Neubereifung 98
6.404.5 Felgenkranz aufschweißen 102
6.404.6 Zapfen ersetzen 102
6.404.7 Achswellen ersetzen 103
6.404.8 Prüfmessen der Radsätze 103
6.404.9 Besondere Hinweise 103
6.405 Werkstatt für Achslager 105
6.405.1 Achslager aufarbeiten 105
6.405.2 Achslager aufsatteln 107
6.406 Werkstatt für Dreh- und Lenkgestelle 108
6.406.1 Drehgestelle 108
6.406.2 Krauß-Lenkgestelle 109
6.406.3 Krauß-Helmholtz-Lenkgestelle 109
6.406.4 Bisselgestelle ohne Wiege 111
6.406.5 Bisselgestelle mit Wiege 111
6.406.6 Einstellachsen 111
6.407 Werkstatt für Treib- und Kuppelstangen 111
6.408 Lagergießerei 117
6.409 Werkstatt für Steuerungsgestänge 120
6.410 Werkstatt für Dampfkolben 122
6.410.1 Regeldurchlauf 124
6.410.2 Kolbenstange ersetzen 126
6.410.3 Kolbenstangenkegel aufschweißen 127
6.410.4 Kolbenkörper erstmalig beschrumpfen 128
6.410.5 Beschrumpften Kolbenkörper erneut beschrumpfen 128

Seite


6.411 Werkstatt für Kolbenschieber 128
6.411.1 Regelschieber 128
6.411.2 Druckausgleich-Kolbenschieber 128
6.411.3 Trofimow-Kolbenschieber 129
6.411.4 Ausströmkästen 129
6.411.5 Schiebergeradführung 130
6.411.6 Schieber-Tragbuchsen 130
6.412 Werkstatt für Gleitbahnen 130
6.413 Werkstatt für Kreuzköpfe 131
6.414 Werkstatt für Zylinderdeckel 132
6.415 Werkstatt für Bremsgestänge 133
6.416 Werkstatt für Federung und Ausgleich 135
6.417 Werkstatt für Führerhäuser 135
6.418 Werkstatt für Kohlen- und Wasserkästen 136
6.419 Werkstatt für Züge und Bewegungen 136
6.420 Werkstatt für die elektrische Ausrüstung 137
6.421 Werkstatt für Dampf-, Wasser-, Sand- und Luftrohre 138
6.422 Werkstatt für Ein- und Ausströmrohre 140
6.423 Werkstätten für sonstige Lokomotivteile 140
6.424 Werkstätten für zentrale Aufarbeitung 141

6.5 Arbeitsablauf in der Kesselschmiede 141
6.501 Vorausbaustand 143
6.502 Reinigungsstand 144
6.502.1 Handreinigung 145
6.502.2 Strahlreinigung 145
6.503 Untersuchungsstand 147
6.504 Stehbolzen-Abbohrstand 147
6.505 Ausbaustand 147
6.506 Richtstand 148
6.506.1 Erneuerung der Feuerbüchse mit genietetem Bodenring 149
6.506.2 Erneuerung der Feuerbüchse mit geschweißtem Bodenring 150
6.506.3 Sonstige Kesselrichtarbeiten 150
6.507 Kesselmeßstand 152
6.508 Schweißstand 152
6.509 Röntgen- und Ultraschallprüfstand 152
6.509.1 Röntgenuntersuchung 153
6.509.2 Ultraschalluntersuchung 153
6.509.3 Werkstoffuntersuchung mit radioaktiven Isotopen 153
6.510 Nietstand 155
6.511 Stehbolzenstand 155
6.511.1 Einbau von Gewinde-Stehbolzen 156
6.511.2 Einbau von gewindelosen Kopfstehbolzen 156
6.511.3 Einbau von Stabstehbolzen 157
6.511.4 Einbau von Sonderstehbolzen 158
6.511.5 Einbau von Deckenstehbolzen 158
6.512 Rohreinbaustand 158

Seite


6.512.1 Einbau des Regler- und Knierohres sowie des Dampfsammelkastens 158
6.512.2 Einbau der Heiz- und Rauchrohre 159
6.513 Armaturen-Anbaustand 160
6.513.1 Waschluken 160
6.513.2 Reglereinbau 161
6.513.3 Domdeckel schließen 161
6.513.4 Einbau des Kessel-Speisewasserreinigers 161
6.513.5 Anbau der Feinausrüstung 161
6.514 Stand für den Wasserdruckversuch 161
6.515 Stand für die Dampfprüfung 162
6.516 Kessel-Einkleidestand 163

6.6 Arbeitsablauf in den Werkstätten für Kesselteile 163
6.601 Werkstatt für Heiz- und Rauchrohre 163
6.602 Werkstatt für Dampfsammelkästen 166
6.603 Werkstatt für Überhitzereinheiten 166
6.604 Werkstatt für Kesselverschlüsse 167
6.604.1 Domhauben 168
6.604.2 Domdeckel mit und ohne Druckring 168
6.604.3 Deckel und Pilze für Waschluken 168
6.604.4 Deckel für Schlammsammler 169
6.605 Werkstatt für Feuertüren 169
6.606 Werkstatt für Armaturen 169
6.606.1 Zerlegestand 171
6.606.2 Nachreinigungsstand 171
6.606.3 Untersuchungsstand 171
6.606.4 Einzelteilbearbeitung 171
6.606.5 Zusammenbaustände 171
6.606.6 Armaturen-Prüfstände 172
6.607 Werkstatt für Kesselbekleidung und Sandkästen 172
6.608 Werkstatt für Aschkästen 173
6.609 Werkstatt für Reglereinrichtung 174
6.610 Werkstatt für Rauchkammertüren 176
6.611 Kümpelschmiede 177
6.612 Dreherei der Kesselschmiede 177

6.7 Endprüfung 178
6.701 Steuerungsprüfung 179
6.702 Prüfungen vor der ersten Fahrt 180
6.703 Standprüfverfahren 182

6.8 Probefahrten 184

6.9 Abschlußarbeiten und Übergabe der Lokomotive 184

7. *Unterhaltung der Dampflokomotiven im Bahnbetriebswerk* 187

7.1 Bedeutung des Bahnbetriebswerkes für die Unterhaltung der Dampflokomotiven 187
7.101 Bahnbetriebswerk (Bw) 187
7.102 Lokomotivbahnhof 187

7.2 Werkstätten des Bahnbetriebswerkes 188
7.201 Lokomotivschuppen 188
7.201.1 Erforderliche Reparaturstände 189

Seite


7.201.2 Maschinelle Ausrüstung des Lokomotivschuppens 191
7.201.21 Anlagen für das Umsetzen der Lokomotiven 191
7.201.22 Achssenken und Hebeböcke 191
7.201.23 Kräne 192
7.201.24 Transportmittel 192
7.201.25 Auswaschanlage 193
7.201.26 Anlage für das feuerlose Anheizen 193
7.201.27 Sonstige Ausrüstung des Lokomotivschuppens 193
7.202 Mechanische Werkstatt 193
7.202.1 Werkstatt für spanabhebende Werkstoffbearbeitung 194
7.202.2 Schmiede 194
7.202.3 Lagergießerei 195
7.202.4 Schweißerstand 195
7.202.5 Lagerpresse 196
7.202.6 Armaturen-Werkstatt 196
7.203 Labor für Kesselspeisewasser-Untersuchungen 196
7.204 Sonstige Werkstätten 197

7.3 Organisation der Lokomotivausbesserung im Bahnbetriebswerk 197
7.301 Planausbesserung 198
7.302 Überplanarbeiten 198
7.303 Fristenüberwachung 199
7.304 Arbeitsaufnahme 199
7.305 Arbeitsabnahme 200

7.4 Arbeitsablauf bei der Planausbesserung 200
7.401 Reinigung der Lokomotive 200
7.402 Auswaschen des Lokomotivkessels 201
7.402.1 Abkühlen des Lokomotivkessels 201
7.402.2 Auswaschvorgang 202
7.402.3 Unterhaltungsarbeiten 204
7.402.4 Feuerloses Anheizen 205
7.403 Unterhaltungsarbeiten am Lokomotivrahmen 206
7.403.1 Rahmen und Kesselauflage 206
7.403.2 Dreh- und Lenkgestelle 207
7.403.3 Zug- und Stoßvorrichtungen 207
7.404 Unterhaltungsarbeiten an der Dampfmaschine 208
7.404.1 Dampfkolbenuntersuchung 208
7.404.2 Schieberuntersuchung 209
7.404.3 Druckausgleicher und Luftsaugeventile 210
7.405 Unterhaltungsarbeiten am Trieb- und Laufwerk 210
7.405.1 Radsätze 210
7.405.2 Treib- und Kuppelstangen 211
7.405.3 Achs- und Stangenlager 211
7.405.4 Ausgießen der Lager 212
7.405.5 Federung und Ausgleich 213
7.406 Unterhaltungsarbeiten an der Bremse 214

Seite
7.407 Unterhaltungsarbeiten am Tender 214
7.408 Unterhaltung der Hilfseinrichtungen 215
7.408.1 Schmierung 215
7.408.2 Sandstreuer 215
7.408.3 Elektrische Beleuchtung 215
7.408.4 Dampfheizeinrichtung 215
7.409 Pflegearbeiten an kalt abgestellten Lokomotiven 215
7.5 Organisation der Werkstattarbeit 216

8. *Technologische Aufgabe bei der sozialistischen Rekonstruktion der Dampflokomotivwerke* 219
8.1 Allgemeines 219
8.2 Technologische Grundlagen 220
8.201 Darstellung des Ist-Zustandes 220
8.202 Kapazitätsuntersuchungen 220
8.202.1 Begründung der Notwendigkeit von Kapazitätsuntersuchungen 220
8.202.2 Begriffe der Produktionskapazität und der Kapazitätsausnutzung 221
8.202.3 Ermittlung der Kapazität 222
8.202.4 Ermittlung der Kapazitätsausnutzung 222
8.202.5 Arbeitszeitfonds 223
8.203 Dokumentationsdienst 223
8.3 Wege zur Durchführung der Maßnahmen in den Reichsbahnausbesserungswerken 223
8.301 Betriebsvergleiche 223
8.302 Muster-Arbeitsabläufe 226
8.303 Plan technisch-organisatorischer Maßnahmen 227

# 1. Geschichtliche Entwicklung des Ausbesserungswesens

Das Werkstättenwesen ist mit dem Aufschwung des Eisenbahnwesens eng verknüpft. Im Interesse einer sicheren und zuverlässigen Verwendung der Eisenbahnfahrzeuge waren Werkstätten nötig, in denen die Fahrzeuge repariert werden konnten. Diese Erkenntnis gewann man schon beim Einsatz der ersten Eisenbahnfahrzeuge in England.

Die erste deutsche Eisenbahnwerkstätte entstand bei der Ludwigseisenbahn in Nürnberg, wo auch die erste Eisenbahnstrecke gebaut wurde. Die Werkstätte bestand aus zwei voneinander getrennten Schuppen, die man Remisen nannte. Hier konnten die Wagen und die Lokomotiven, geschützt gegen das Eindringen von Wind, Regen und Schnee, untergestellt und auch repariert werden. Die Gleise erhielten bereits Kanäle, um Reparaturen unter den Fahrzeugen ausführen zu können.

Beim Bau weiterer Eisenbahnlinien entstanden gleichzeitig auch die Eisenbahnwerkstätten. Sie wurden anfangs in unmittelbarer Nähe des Empfangsgebäudes errichtet. Heute sind diese Werkstätten in den meisten Fällen verschwunden und abseits des Brennpunktes des Betriebes und Verkehrs errichtet worden.

Mit dem raschen Wachstum der Eisenbahn wurde der Bedarf an Wagen und Lokomotiven immer größer. Die Eisenbahngesellschaften halfen sich damit, daß sie ihren Ausbesserungswerkstätten Fabriken angliederten und dort Reisezug- und Güterwagen und teilweise sogar Lokomotiven selbst bauten. So war beispielsweise der Leipziger Reparaturwerkstätte eine Wagenbauanstalt angegliedert, die im ersten Jahr ihres Bestehens 40 Wagen und im Jahre 1846 den 1000. Wagen lieferte.

Schon die ersten Werkstätten lassen Grundausführungen erkennen, obwohl in der ersten Hälfte des 19. Jahrhunderts eine große Zahl verschiedener Eisenbahngesellschaften nebeneinander bestanden. Die Ursache liegt darin, daß schon frühzeitig Grundsätze für Werkstättenanlagen durch das zwar noch recht bescheidene, aber in Fachkreisen viel gelesene Fachzeitschrifttum bekanntgegeben wurden. Es entstanden in den Hauptknotenpunkten des Verkehrs Reparaturwerkstätten und Fabriken für jede Art von Lokomotiven und gleichzeitig auch Materialmagazine. An kleineren Stationen wurden Reparaturwerkstätten für kleinere Ausbesserungen gebaut. In den Zentralwerkstätten waren Vorrichtungen vorgesehen, um die Triebräder und die Achsen leicht ein- und ausbauen und die Belastung der einzelnen Räder genau messen zu können. Die Größe der Arbeitsräume war so bemessen, daß 25 Prozent der Lokomotiven und 5 Prozent der Wagen untergestellt werden konnten.

Heute rechnen wir mit wesentlich kürzeren Ausbesserungszeiten der Fahrzeuge und auch mit einem geringeren Ausbesserungsstand. Für Lokomotiven wird heute mit einem Ausbesserungsstand im Reichsbahnausbesserungswerk unter 10 Prozent gerechnet. Durch organisatorische und technologische Maßnahmen wird dieser laufend gesenkt.

Die in den 40er Jahren erbauten Werkstätten wurden sehr bald zu klein. Es mußten in den 60er und 70er Jahren neue und größere Werkstätten gebaut werden. Besonders das letzte Jahrzehnt des vergangenen Jahrhunderts war durch eine rasche Entwicklung der Industrie gekennzeichnet. Überall im Lande entstanden als Ausdruck der kapitalistischen Produktionsweise neue Industrieanlagen und neue Ausbesserungswerke. Jedoch darf man sich die neu erbauten Werkstätten von damals nicht als helle geräumige Werkhallen mit modernen Maschinen, Werkzeugen und Vorrichtungen vorstellen, die die Arbeit erleichterten. Beim Bau der Werkstätten waren vielfach nur technische und wirtschaftliche Gesichtspunkte maßgebend, während der Arbeitsschutz wenig beachtet und die sozialen Einrichtungen, wie Wasch- und Ankleideräume, fehlten. Es gab anfangs nicht einmal „Erste Hilfe“ bei Unfällen; nur einzelne Kolonnenführer hatten in ihren Werkzeugkästen einiges Verbandsmaterial. Erst später wurden Sanitätsstuben eingerichtet. Es gab auch keine Einrichtungen für die Weiterbildung und für die kulturelle Betätigung der Werktätigen. Das Mitbestimmungsrecht und die Mitverantwortung war den Arbeitern noch verwehrt, und vor fortschrittlichen Menschen stand stets das Gespenst der Entlassung.

Die Ausrüstung der neuen Werkstätten war noch unzureichend. Die Schiebebühnen, Achssenken und Hebeböcke mußten unter großen körperlichen Anstrengungen von Hand betätigt werden. Die Werkzeuge wurden vielfach von den Arbeitern selbst gefertigt. Bohr-, Niet-, Brenn- und Stemmarbeiten mußten ohne jede maschinelle Hilfe ausgeführt werden. In den finsteren Werkhallen gaben nur wenige Gasflammen geringe Helligkeit.

In den Werken wurden anfangs alle im Zuführungsgebiet anfallenden Arbeiten an Lokomotiven, Wagen, Geräten und maschinellen Anlagen ausgeführt. Um die Jahrhundertwende gab man dem Bau von Sonderwerken, d. h. von Werken nur mit Lokomotiv- oder nur mit Wagenausbesserung, den Vorzug, um in ihnen wirtschaftlicher zu arbeiten.

Es wurden folgende Grundrißformen im Laufe der Zeit angewandt:

1. Rechteckige Anordnung
   Sie ist die erste Werkstättenform und die Fortsetzung der oben erwähnten „Remisen“;

2. U-förmige Anordnung,
   bei der in einem Schenkel die Lokomotiv-, im anderen Schenkel die Wagenausbesserung und im Verbindungsbau die gemeinsame Dreherei lagen;

3. Rahmenförmige Anordnung
   Sie entstand aus der U-förmigen Anordnung, wobei der zweite Verbindungsbau für die Einzelfertigungswerkstätten vorgesehen war;

4. Aufgelöste Anordnung
   Sie ist die Weiterentwicklung der U-förmigen Anordnung und entstand aus der Vielteiligkeit der aufzuarbeitenden Fahrzeuge.
   Die Teilewerkstätten wurden in besonderen Gebäuden untergebracht. Auf der einen Seite lagen die Richthallen für die Lokomotiven, auf der anderen Seite die für die Wagen, und in der Mitte wurden die Teilwerkstätten, wie Dreherei, Radsatzwerkstatt, Schmiede, Gießerei, Holzbearbeitungswerkstatt usw., untergebracht. Ein solches Beispiel ist das Reichsbahnausbesserungswerk Cottbus. Die Teilewerkstätten wurden in einem besonderen Gebäude oder auch in einem Anbau an die Richthalle eingerichtet;

5. Geschlossene Form

   Sie wurde bei den nach 1920 erbauten Werken angewendet. Die Reichsbahnausbesserungswerke Dessau und Schöneweide sind die Beispiele einer solchen geschlossenen Werkstattform. Die Grundrißeinteilung wird hier allein durch den technologischen Arbeitsablauf am Fahrzeug bestimmt. Der Teilefluß entspringt und endet im Hauptfluß für das Fahrzeug. Er ist beim geradlinigen Hauptfluß gleichlaufend zu ihm, beim U-förmigen Hauptfluß zwischen den U-Schenkeln angeordnet. Die Produktionsmittel sind im Fluß der Fertigung an der Stelle eingesetzt, wo sie für einen Arbeitsgang benötigt werden.

Die technischen Aufgaben der Werkstätten haben sich seit dem Bestehen der Eisenbahn wenig geändert; dafür haben sich aber die Mittel zur Bewältigung dieser Aufgaben von Grund auf gewandelt. In den großen Zentralwerkstätten wurde lange Jahre hindurch noch in handwerksmäßiger Weise gearbeitet. Das Fahrzeug wurde auf einen Stand gesetzt und verblieb dort vom Anbau bis zur Fertigstellung. Eine Handwerkergruppe unter Führung eines Vorhandwerkers übernahm das Fahrzeug und hatte für alles zu sorgen, was zur Ausführung der Arbeiten nötig war. Die Aufarbeitung der Teile wurde weitestgehend von der Handwerkergruppe selbst an Ort und Stelle vorgenommen. Nur dann, wenn die Bearbeitung in anderen Werkstätten unvermeidbar war, wurde sie dort nach den Angaben des Vorschlossers ausgeführt. Solche Werkstätten waren die Dreherei, die Schmiede, die Kesselschmiede, die Gießerei und andere.

Die Kennzeichen dieser Betriebsweise sind: Aufarbeitung der Einzelteile an der Anfallstelle, Fehlen jeglicher Arbeitsteilung, individueller Einfluß des Vorhandwerkers auf Arbeitsumfang und Arbeitsausführung, lange Standzeiten.

Die Maschinenausstattung der Werkstätten wechselte oft im Laufe der Jahre und entsprach jeweils dem Stand der Maschinentechnik. Neben den allgemein gebräuchlichen Maschinen, wie Dreh- und Bohrmaschinen, wurden sehr frühzeitig Sondermaschinen verwendet. Radsatzdrehbänke kannte man zwar schon 1846; sie waren jedoch schwach und primitiv, mit Kettenantrieben, deren Laufrollen an der Werkstattdecke befestigt waren. Den Schmieden wurde in frühesten Zeiten größte Bedeutung beigemessen, und sie wurden reichlich ausgestattet. Die Ursache ist darin zu suchen, daß viele Fahrzeugteile in Einzelfertigung neu geschmiedet werden mußten, eine Arbeit, die später von der Industrie übernommen wurde. Dennoch behielten die Schmieden ihre Bedeutung bei.

Nach dem ersten Weltkrieg wurde das Werkstättenwesen völlig umgestaltet. Es setzte eine planmäßige Erhaltungswirtschaft ein, die ihren Ausdruck in der Festlegung des Erhaltungsaufwandes für jedes Fahrzeug oder jede Fahrzeuggattung für bestimmte Zeitabschnitte fand, dabei auf einen Bestwert gebracht wurde und außerdem in der sorgfältig durchdachten Fertigung im Werk.

Der Verschleiß an Fahrzeugteilen wurde durch die Festlegung von Betriebs- und Werkgrenzmaßen begrenzt. Die Arbeitsgänge wurden zergliedert und neugeordnet. Dazu kamen die Festlegung der richtigen Abläufe, der Arbeitsvorgänge und der zweckmäßigste Einsatz der Arbeitsmittel. Danach legte man die Arbeits- und Materialflüsse fest.

Der Arbeitsablaufplan läßt als bildliche Darstellung der Arbeitsorganisation die Gliederung der Arbeiten, ihre zeitliche und räumliche Folge und ihren Bedarf an Arbeitsstunden und Arbeitskräften erkennen. Die Arbeitsaufnahme nach den Richtlinien für Plan- und Teilplanarbeiten, die Fristenfestsetzung, ein geordnetes Förderwesen und die Arbeitsprüfung vollenden die Organisation der Arbeit.

An die Stelle der Standarbeit trat die fließende Fertigung. Das Fahrzeug rückte im Hauptfluß der Fertigung über Abbau- und Aufbaustände in der Reihenfolge des technologischen Arbeitsablaufes vor.

Die in Sonderwerkstätten aufgearbeiteten Einzelteile münden zum richtigen Zeitpunkt in den Hauptfluß ein. Das Tauschverfahren wurde eingeführt, das in vielen Fällen die fließende Fertigung in den Werken erst ermöglichte.

Mit steigender Schnelligkeit der Fahrzeuge wird der Verschleiß durch die Genauigkeit der Bearbeitung und des Zusammenbaues der einzelnen Teile und durch die richtige Wahl von Materialpaarungen, Spielen und Sitzen beeinflußt. Daraus ergibt sich für die Neufertigung und für die Ausbesserung der Fahrzeugteile die Forderung nach hohen Bearbeitungsgenauigkeiten, die an die Werkzeugmaschinen und an die Werkzeuge gestellt wurde.

Deshalb sind im Arbeitsfluß Meß- und Prüfeinrichtungen eingeschaltet. Meßstände für Lokrahmen, für Radsätze und Drehgestelle, Prüfstände für Pumpen aller Art, für Lichtmaschinen, Bremsventile und Armaturen wurden mit den Hilfsmitteln der Feinmechanik, der Meßtechnik, der Optik und Elektrotechnik entwickelt.

In den Erhaltungsvorschriften sind die Erhaltungsverfahren entsprechend der Verschleißgeschwindigkeit niedergelegt, damit in allen Werken die Arbeiten einheitlich durchgeführt werden. Sie stellen die nach dem neuesten Stand der Technik als zweckmäßig erkannten Arbeitsverfahren und Arbeitsmittel dar.

Im zweiten Weltkrieg wurden fast alle Ausbesserungswerke zerstört. Nachdem der Faschismus durch den opferreichen Kampf der sowjetischen Armeen zerschlagen worden war, gingen die Arbeiter an den schnellen Wiederaufbau der Werke, um den beschädigten Fahrzeugpark der Deutschen Reichsbahn im Interesse der Versorgung der Bevölkerung so schnell wie möglich wieder betriebsfähig zu machen. Die Werke wurden in Volkseigentum überführt, und mit der Gründung der Deutschen Demokratischen Republik wurde auch hier planmäßig am Aufbau einer sozialistischen Volkswirtschaft mitgewirkt. Arbeiterkader übernahmen die Verantwortung für die Leitung der Betriebe und organisierten gemeinsam mit den gesellschaftlichen Organisationen ihren schnellen Aufbau. Das frühere Gedingewesen wurde durch das Leistungslohnsystem nach dem Grundsatz „gleicher Lohn für gleiche Leistung“ abgelöst. Damit war eine gerechte Entlohnung besonders für Frauen und Jugendliche gesichert. Die Einführung technisch begründeter Arbeitsnormen war die Voraussetzung für die genaue Bestimmung der Produktionskennziffern des Betriebsplanes.

Die Rekonstruktion der Werke hat begonnen und wird im Rahmen des Siebenjahrplanes auf der Basis der modernen Technik mit dem Ziel der Senkung der Standzeiten und Kosten der Erhaltung der Lokomotiven planmäßig fortgeführt. Der Weg führt über die sozialistische Gemeinschaftsarbeit zur Verbesserung der Technologie der Lokomotivausbesserung, zur Einführung der fließenden Fertigung bei der Montage und in allen Aufarbeitungswerkstätten für Lokomotiveinzelteile, zur Erweiterung des Tauschverfahrens

durch Fortführung der Standardisierung, zur Einführung neuer Verfahrenstechniken, wie Spurkranzhärten, Flammenhärten von Bolzen und gleitenden Flächen, Anwendung von Plasten u. a., um die Verschleißgeschwindigkeit zu senken.
Für den weiteren Produktionsanstieg der Lokomotivausbesserungswerke ist die auf der Basis einer vervollkommneten Technologie verbesserte Produktion und die durch die Anwendung fortschrittlicher, von den Neuerern vermittelten Erfahrungen gesteigerte Arbeitsproduktivität von entscheidender Bedeutung. Die Übertragung der Erfahrungen der Neuerer durch die Rationalisatorenbewegung und die sozialistischen Wettbewerbe sind die Hebel für die schnelle weitere Entwicklung der Werke.

# 2. Erhaltungswirtschaft bei den Dampflokomotiven

## 2.1 Zweck der Erhaltungswirtschaft

Die Lokomotiven werden in den Bahnbetriebswerken für die stete einsatzbereite Dienstleistung „unterhalten" und „gepflegt". In den Reichsbahnausbesserungswerken werden die Lokomotiven „erhalten".
Der Anschaffungswert der Lokomotiven ist hoch. Sie stellen einen erheblichen Teil des Volksvermögens dar. Die Lokomotiven können nicht, wie zum Beispiel die Kraftfahrzeuge, in kurzen Zeitabständen durch neue ersetzt werden. Die Dienstzeit einer Lokomotive beträgt 30 Jahre und mehr. Deshalb ist es notwendig, die Lokomotiven planmäßig zu erhalten, d. h. durch planmäßige Ausbesserungen den Verschleiß zu beseitigen. Dennoch wird die Wertminderung durch Alterung der Großteile, wie Rahmen, Kessel, Zylinder, nicht in vollem Maße ausgeglichen. Durch Teilerneuerung oder Ersatz der Großteile, Umbauten und Verbesserungen wird der Wert der Lokomotiven wiederhergestellt.
Die Erhaltungswirtschaft wird mit der Festsetzung des Ausmusterungszeitraumes beendet. Wenn im Perspektivplan die Ausmusterung in den nächsten Jahren vorgesehen ist, werden an den Lokomotiven nur noch die Arbeiten ausgeführt, die zur Aufrechterhaltung der Betriebssicherheit und Betriebstüchtigkeit notwendig sind.

## 2.2 Grundsätze der Erhaltung

Die wichtigsten Grundsätze bei der Erhaltung des Lokomotivparkes in den Ausbesserungswerken sind
1. die Aufrechterhaltung der Betriebssicherheit und Betriebstüchtigkeit und
2. die Wirtschaftlichkeit.

Der Arbeitsumfang bei der Erhaltung darf nicht größer sein, als zur Wiederherstellung der Betriebssicherheit und Betriebstüchtigkeit, der Leistungsfähigkeit und der Energiewirtschaftlichkeit der Lokomotiven unbedingt nötig ist. Diese Grundsätze schließen nicht aus, daß der Anstrich der Lokomotiven haltbar und gepflegt sein muß.
Die Wirtschaftlichkeit der Erhaltung ist dann am besten, wenn die Ausbesserungskosten im Reichsbahnausbesserungswerk und im Bahnbetriebswerk und die Betriebskosten je Leistungseinheit am kleinsten sind. Die Leistungseinheit wird in Millionen Brutto-Tonnenkilometer (Mill. Brtkm)

und in Lokomotivkilometer (Lokkm) gemessen. Es muß also eine Lokomotive eine möglichst lange Zeit schadfrei durchlaufen.
Die Reichsbahnausbesserungswerke haben den Verschleiß durch mehr oder weniger materialintensive Erhaltungsarbeiten zu beseitigen und solche Bauteile zu ersetzen, die durch Verschleiß oder Korrosion austauschnotwendig geworden sind. In der Dienstvorschrift für die Erhaltung der Dampflokomotiven in den Reichsbahnausbesserungswerken (DV 946) sind Werkgrenzmaße festgelegt, die garantieren, daß die Lokomotiven die Zeit bis zur nächsten planmäßigen Untersuchung betriebstüchtig durchlaufen. Für die Bahnbetriebswerke sind die Betriebsgrenzmaße für den Abnutzungsgrad bestimmter Verschleißteile bindend.

## 2.3 Organisation der Erhaltung

### 2.301 **Erhaltungsabschnitte**

Aus den Grundsätzen der Erhaltungswirtschaft folgt, daß das Lebensalter einer Lokomotive in Erhaltungsabschnitte eingeteilt wird, die durch planmäßige Untersuchungen begrenzt werden. Darüber hinaus ist ein Erhaltungsabschnitt noch einmal unterteilt, und das Ende des Teilabschnittes ist wiederum von einer planmäßigen Untersuchung begrenzt. Ein Erhaltungsabschnitt rechnet vom Tag der Inbetriebnahme der Lokomotive oder nach der Hauptuntersuchung bis zur nächsten Hauptuntersuchung einschließlich dieser.
Es werden zwei Arten von Untersuchungen unterschieden; und zwar die Hauptuntersuchung und die Zwischenuntersuchung.
Die Erhaltungsarbeiten an den Lokomotiven werden planmäßig in den gesetzlich festgelegten Zeitabständen (siehe DV 300 und 303) ausgeführt und darüber hinaus in Abständen, die sich aus der Verschleißgeschwindigkeit der wichtigsten Bauteile ergeben. Die Lokomotiven werden zum Fälligkeitstermin aus dem Betrieb gezogen und dem Reichsbahnausbesserungswerk zugeführt, und zwar auch dann, wenn sie noch einsatzfähig sind.
Die an der Lokomotive vorzunehmenden Arbeiten werden bei einer Planausbesserung ebenfalls planmäßig ausgeführt. Die Grundlage hierfür ist die DV 946 (Erhaltung der Dampflokomotiven in den Reichsbahnausbesserungswerken). Eine Zusammenfassung der vorgeschriebenen Erhaltungsarbeiten und die dabei einzuhaltenden Werkgrenzmaße geben die „Richtlinien für die Arbeitsaufnahme an Dampflokomotiven“ (Merkblatt 999, 383 bis 385).

### 2.302 **Schadgruppeneinteilung**

Für die einzelnen Ausbesserungsarten werden besondere Kennzeichen verwendet. Es gibt sechs Schadgruppen, die wie folgt geordnet sind:

| Anfall | Ausbesserungsart | Schadgruppe | Ausührende Stelle |
|---|---|---|---|
| Außerplanmäßig | Bedarfsausbesserung | L0 | Bw oder Raw |
| Planmäßig | Betriebsausbesserung | L1 | Bw |
| Planmäßig | Zwischenausbesserung | L2 | Raw |
| Planmäßig | Zwischenuntersuchung | L3 | Raw |
| Planmäßig | Hauptuntersuchung | L4 | Raw |
| Außerplanmäßig | Generalreparatur | L5 | Raw |

Bedarfsausbesserungen (L0) sind außerplanmäßige Ausbesserungen und nicht abhängig vom Arbeitsumfang. Es werden nur die auf der Vormeldung angegebenen und darüber hinaus die im Reichsbahnausbesserungswerk festgestellten betriebsgefährlichen Schäden behoben. Auch Unfall-Lokomotiven werden im Rahmen einer L0-Ausbesserung wieder hergestellt, wenn nicht wegen der Nähe des Fristablaufes oder des aus dem Unfall sich ergebenden großen Arbeitsumfanges die nächste Planausbesserung damit verbunden wird. Unter die L0-Ausbesserung fallen auch Lokomotiven, die zur Abnahme, zur Ausmusterung oder zum Verwiegen dem Reichsbahnausbesserungswerk zugeführt werden.

Zu den Betriebsausbesserungen (L1) zählen die planmäßig vorgeschriebenen Betriebsuntersuchungen und Fristarbeiten für die Pflege und Instandhaltung der Lokomotiven im Bahnbetriebswerk.

Zwischenausbesserungen (L2) sind *die planmäßig* zwischen den gesetzlich vorgeschriebenen Untersuchungen (L3 und L4) durchgeführten Ausbesserungen, *besonders* die des Laufwerkes mit Berichtigung des Radreifenprofils. Außerdem werden im Reichsbahnausbesserungswerk die als betriebsgefährdend erkannten Schäden beseitigt.

Da die Zwischenausbesserung (L2) in erster Linie eine vom Verschleiß der Laufwerksteile abhängige Schadgruppe ist, sind Bestrebungen im Gange, durch richtige Materialpaarungen und durch Einbau verschleißfester Teile die Verschleißzeiten innerhalb einer Bauteilgruppe, zum Beispiel Lagerschalen und Achslagergleitplatten oder Rahmenbacken und -keile u. a., aufeinander abzustimmen und dadurch die Laufzeiten der Lokomotive zwischen den Untersuchungen (L3 und L4) und der Zwischenausbesserung (L2) zu verlängern oder die Zwischenausbesserung entfallen zu lassen. Umfangreiche Verschleißforschungen, die die Versuchs- und Entwicklungsstelle der Reichsbahnausbesserungswerke mit der Hochschule für Verkehrswesen, Lehrstuhl für Schienenfahrzeuge, an den verschiedensten Lokomotivgattungen durchführt, werden dazu die wissenschaftliche Begründung liefern.

Die Zwischenuntersuchung (L3) ist eine planmäßige Ausbesserung der Lokomotive, entsprechend den Forderungen der „Eisenbahn-Bau- und Betriebsordnung" (DV 300 bzw. 303). Bei der Zwischenuntersuchung wird zwischen einer L3 mit Wasserdruck (L3 mW) und einer L3 ohne Wasserdruck (L3 oW) unterschieden. Es wird *grundsätzlich* nur noch die Zwischenuntersuchung mit Wasserdruckversuch *des Kessels* ausgeführt, weil dieses Verfahren eine höhere Betriebssicherheit und Wirtschaftlichkeit ergibt. Es wird dadurch die gesetzlich mögliche Laufzeit zwischen zwei Hauptuntersuchungen voll ausgenutzt. Ausnahmegenehmigung davon wird nur in besonderen Fällen vom Ministerium für Verkehrswesen erteilt. Mit der gesetzlich vorgeschriebenen Hauptuntersuchung der Lokomotive (L4) nach den Forderungen der „Eisenbahn-Bau- und Betriebsordnung" wird die Hauptuntersuchung des Kessels verbunden.

In der Übergangsperiode von der Dampf- zur elektrischen und Motor-Zugförderung wird die Dampflokomotive zunächst noch den Hauptanteil der Transportaufgaben zu erfüllen haben. Der Deutschen Reichsbahn erwächst hieraus die Aufgabe, Maßnahmen zur Erhöhung der Wirtschaftlichkeit der älteren Dampflokomotiven einzuleiten. Zu diesem Zweck werden einige Lokomotiv-Baureihen, deren Erhaltung für einen längeren Zeitraum noch wirtschaftlich ist, einer Generalreparatur unterzogen (L5), die eine umfang-

reiche Erneuerung der Großteile beinhaltet. Dabei wird unterschieden nach Generalreparatur und Rekonstruktion.
Die *Generalreparatur* geht wesentlich über den Rahmen der Hauptuntersuchung hinaus. Sie ist keine planmäßige Schadgruppe. Bei der Generalreparatur werden die am meisten verbrauchten oder zur Störanfälligkeit neigenden Teile ersetzt. Außerdem sind engere Werkgrenzmaße vorgeschrieben, als sie bei der Hauptuntersuchung festgelegt sind. Es ist für die Generalreparatur charakteristisch, daß die Leistung des Kessels und der Dampfmaschine unverändert bleibt. Es finden keine konstruktiven Änderungen statt.
Die *Rekonstruktion* wird an den Lokomotiv-Baureihen vorgenommen, die noch drei Erhaltungsabschnitte und länger im Dienst verbleiben werden. Bei der Rekonstruktion werden Änderungen der Bauart ausgeführt, um die Leistung der Lokomotive zu erhöhen, erkannte Mängel der bisherigen Konstruktion auszuschalten, ihre Laufeigenschaften zu verbessern und die Lokomotive zu modernisieren. Die Änderung erstreckt sich auf den Einbau eines nach den neuesten Erkenntnissen konstruierten Kessels und den damit verbundenen notwendigen Änderungen am Fahrgestell, auf den Umbau der Steuerung u. a.
Durch die Rekonstruktion werden Leistungsfähigkeit und Wirtschaftlichkeit der Lokomotive erhöht.
Für die Teile, die vom Umbau nicht betroffen werden, gelten dieselben Richtlinien wie bei der Generalreparatur.

### 2.303 **Untersuchungsfristen**

Die äußerste Frist für die amtlichen Untersuchungen der Lokomotive sind in § 4, Abs. 3, der „Eisenbahn-Bau- und Betriebsordnung" festgelegt. Sie beträgt bei der Hauptuntersuchung fünf und bei der Zwischenuntersuchung drei Jahre. Wird bei der Zwischenuntersuchung ein Wasserdruckversuch vorgenommen, so kann die Untersuchungsfrist für die Hauptuntersuchung um ein Jahr auf sechs Jahre verschoben werden. Die Untersuchungsfristen können um die anrechnungsfähigen Abstelltage verlängert werden, wobei ein Jahr als Höchstgrenze festgelegt ist.
Verlängerungen sind nur unter ganz bestimmten Bedingungen möglich und bedürfen der urkundlichen Festlegung in den Betriebsunterlagen der Lokomotive durch den Kesselprüfer.

| | Zwischenuntersuchung (L3) | Hauptuntersuchung (L4) | | |
|---|---|---|---|---|
| | Nach der Indienststellung oder nach der letzten Hauptuntersuchung | Letzte Zwischenuntersuchung | | Neubaulok 2 Zwischenuntersuchungen L3 mW (Ausnahmefrist) |
| | | L3 oW | L3 mW | |
| | Jahre | Jahre | Jahre | Jahre |
| Normalfrist | 3 | 5 | 6 | 9 |
| Verlängerungsmöglichkeit | bis 1 | bis 1 | bis 1 | keine |
| höchstzulässige Frist | 4 | 6 | 7 | 9 |

Schema „Grafische Darstellung der Untersuchungsfristen“

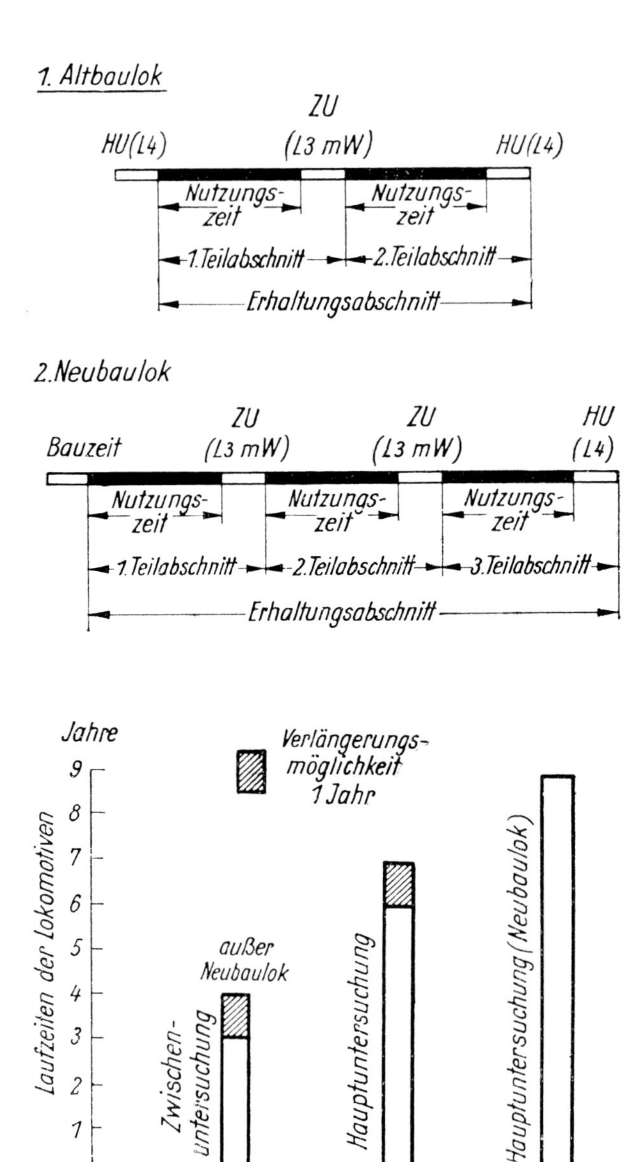


## 2.304 Arbeitsgrundlagen

### 2.304.1 *Dienstvorschriften, Richtlinien und Merkblätter*

Die Dienstvorschrift 946 mit der Hauptvorschrift und 20 Teilheften sowie die nachstehend benannten Vorschriften und Merkblätter geben einen umfassenden Überblick über die Erhaltung der Lokomotiven.
Die Hauptvorschrift der DV 946 enthält die grundsätzlichen Bestimmungen für die planmäßige Erhaltung, die Bestimmungen für die Indienststellung und die Ausmusterung von Lokomotiven.
In den Teilheften sind die in den einzelnen Schadgruppen auszuführenden Arbeiten, die Arbeitsverfahren mit den Arbeitsanweisungen für bestimmte

Arbeiten und die Produktionsmittel für die Aufarbeitung der Fahrzeugteile festgelegt, für die das Teilheft gilt.
Die Anlagenhefte zu den Teilheften enthalten für alle Lokomotiv-Baureihen Zusammenstellungen von Maßverzeichnissen mit den Angaben der Herstellungs- und Werkgrenzmaße, den Herstellungs- und Werkgrenzspielen, Muster für Meßlisten, Arbeitsanweisungen für die Ausführung bestimmter Arbeitsgänge, Meßpläne, Beschreibung der Anwendung von Vorrichtungen und Meßgeräten und ein Verzeichnis der Vorrichtungen und Meßgeräte für die Aufarbeitung der Teile, für die das Teilheft gilt.

**Zusammenstellung der Dienstvorschriften, Richtlinien und Merkblätter**

Für die Ausbesserung von Dampflokomotiven gelten folgende Dienstvorschriften, Richtlinien und Merkblätter:

DV 300 „Eisenbahn-Bau- und Betriebsordnung" (BO)
DV 303 „Eisenbahn-Bau- und Betriebsordnung für Schmalspurbahnen" (BOS)
DV 946 „Dienstvorschrift für die Erhaltung der Dampflokomotiven in den Reichsbahnausbesserungswerken".

Diese gliedert sich wie folgt:

Hauptheft
Teilheft 1a Kessel, Vorschriften und Kesselkörper
Teilheft 1b Kessel, Grobausrüstung
Teilheft 1c Kessel, Feinausrüstung
Teilheft 2a Lokomotivrahmen
Teilheft 2b Lager für Steuerungsteile an Lokomotivrahmen (in Vorbereitung)
Teilheft 3 Tenderrahmen, Wasserkasten und Kohlenkasten (in Vorbereitung)
Teilheft 4 Radsätze
Teilheft 5 Achslager für Lokomotiven und Tender (in Vorbereitung)
Teilheft 6a Drehgestelle für Lokomotiven (in Vorbereitung)
Teilheft 6b Drehgestelle für Tender (in Vorbereitung)
Teilheft 7 Lenkgestelle (in Vorbereitung)
Teilheft 8 Einstellachsen (in Vorbereitung)
Teilheft 9 Zylinder, Kolben, Gleitbahnen und Kreuzköpfe
Teilheft 10 Treib- und Kuppelstangen (in Vorbereitung)
Teilheft 11 Steuerung und Richtlinien für das Indizieren der Dampflokomotiven und Beurteilung der Dampfdruck-Schaubilder in den Reichsbahnausbesserungswerken
Teilheft 12 Federaufhängung und Bremsgestänge (in Vorbereitung)
Teilheft 13a Vorwärmer
Teilheft 13b Luft- und Speisepumpen
Teilheft 14 Beleuchtung und Zugbeeinflussung (in Vorbereitung)
Teilheft 15 Ab- und Zusammenbau, Anstrich- und Schlußarbeiten (in Vorbereitung)

999 383—385 „Richtlinien für die Arbeitsaufnahme an Dampflokomotiven der Schadgruppen L4, L3, L2"
999 368 „Richtlinien für das mechanische Vermessen und Berichtigen der Lokomotivrahmen"

DV 464 „Vorschriften für den Bremsdienst“ (Brevo)
DV 951 „Dienstvorschrift für das Schweißen in den Reichsbahndienststellen (Werkschweißvorschrift)
DV 952 „Vorschrift für geschweißte Fahrzeuge“ (Vogefa)
DV 961 „Vorläufige Dienstvorschrift für die elektrische Beleuchtung der Dampflokomotiven“ (durch Turbo-Generator)
DV 992 Vorläufige Vorschriften über die Behandlung der Dampfkessel von Lokomotiven und Triebwagen, der Land- und Schiffsdampfkessel, der Dampfgefäße und der Niederdruckdampfkessel bei der Deutschen Reichsbahn (Kesselvorschriften).
Merkblatt E 2 vom 15. 5. 1952 „Endprüfung von Dampflokomotiven“.
Richtlinien für die Aufarbeitung von Dampflokomotiven der Schadgruppe GR, Rekonstruktion und El.
ASAO 351 „Vorschriften für die technische Sicherheit und den Arbeitsschutz in den Reichsbahnbetrieben“
ASAO 800 „Dampfkessel“
Außerdem wurden Merkblätter für den Werkstättendienst herausgegeben.

2.304.2 *Maßbegriffe*

Für eine einheitliche Erhaltungswirtschaft in allen Ausbesserungswerken ist unumgänglich, daß einheitliche Maßbegriffe angewendet werden. Die wichtigsten Maßbegriffe für die Ausbesserung sind nachstehend zusammengefaßt:

Allgemeine Maßbegriffe (siehe DIN 7182, Blatt 1)

Nennmaß ist ein Maß, das zur Größenangabe dient und auf das die Abmaße bezogen werden;
Istmaß ist das durch die Messung an einem Werkstück ermittelte Maß;
Paßmaß ist ein Nennmaß, das durch ISO-Kurzzeichen oder Abmaße toleriert ist;
Grenzmaße sind zwei Maße (Größtmaß und Kleinstmaß), zwischen denen (die Grenzmaße selbst eingeschlossen) das Istmaß liegen muß;
Größtmaß ist das größere der beiden Grenzmaße;
Kleinstmaß ist das kleinere der beiden Grenzmaße;
Abmaß ist der Unterschied zwischen einem Grenz- oder Istmaß und dem Nennmaß;
Toleranz ist der Unterschied zwischen dem zugelassenen Größt- und Kleinstwert einer meßbaren Eigenschaft (Maß, Form u. a.);
Maßtoleranz ist der Unterschied zwischen dem Größtmaß und dem Kleinstmaß;
Einheitsbohrung Liegt die untere Grenze des Toleranzfeldes einer Bohrung an der Nullinie, so wird diese Bohrung in bezug auf das Paßsystem „Einheitsbohrung“ genannt;
Passung ist die Beziehung zwischen gepaarten Teilen, die durch den Maßunterschied bestimmt wird, den die Teile vor dem Paaren haben;
Spiel ist bei einer Passung der Abstand zwischen den Paßflächen des Außenteiles und den Paßflächen des Innenteiles, sofern das Istmaß des Außenteils größer ist als das des Innenteiles;
Größtspiel ist der Unterschied zwischen dem Größtmaß des Außenteiles und dem Kleinstmaß des Innenteiles;

Kleinstspiel ist der Unterschied zwischen dem Kleinstmaß des Außenteiles und dem Größtmaß des Innenteiles;

Übermaß ist bei einer Passung der vor dem Paaren der Paßteile bestehende Abstand zwischen den Paßflächen des Innenteiles und den Paßflächen des Außenteiles, sofern das Istmaß des Innenteiles größer ist als das des Außenteiles;

Größtübermaß ist der Unterschied zwischen dem Größtmaß des Innenteiles und dem Kleinstmaß des Außenteiles;

Kleinstübermaß ist der Unterschied zwischen dem Kleinstmaß des Innenteiles und dem Größtmaß des Außenteiles.

## Maßbegriffe für Verschleiß und Aufarbeitung einschließlich Kurzbezeichnung und Kennzeichen

Ur-Nennmaß (= Urmaß) ist das auf Zeichnungen, Schriftstücken usw. ge-
Um = U nannte Maß, auf das die Abmaße bezogen werden;

Stufen-Nennmaße (= Stufenmaße) sind die zwischen dem Urmaß und dem
Stm Werkgrenzmaß liegenden Nennmaße, die für das stufenweise Aufarbeiten eines Werkstückes vorgeschrieben sind;

Werkgrenz-Nennmaß (= Werkgrenzmaß) ist das Mindestmaß, mit dem ein
Wm = W Werkstück nach einer Planausbesserung des Fahrzeuges wieder in Betrieb gegeben werden darf;

Zwischenmaß ist das Istmaß, das nach dem Aufarbeiten vorhanden ist, wenn ein Werkstück lediglich unter dem Gesichtspunkt geringer Verspanung aufgearbeitet wird;

Formtoleranz ist die auf Zeichnungen und Schriftstücken zugelassene Abweichung des neugefertigten oder aufgearbeiteten Werkstückes von der Form (Kreis, Zylinder, Kegel, Ebene, Parallelität, Winkel).

| | |
|---|---|
| Kreistoleranz | Plantoleranz |
| Zylindertoleranz | Paralleltoleranz |
| Kegeltoleranz | Winkeltoleranz |

Werkgrenzformabweichung ist die höchstzulässige Abweichung von der Form (Kreis, Zylinder, Kegel, Ebene, Parallelität und Winkel), die ein Werkstück haben darf, ohne daß es aufgearbeitet werden muß.

Wfk = Fk Werkgrenzkreisabweichung
Wfz = Fz Werkgrenzzylinderabweichung
Wfc = Fc Werkgrenzkegelabweichung
Wfpl = Fpl Werkgrenzplanabweichung
Wfpa = Fpa Werkgrenzparallelabweichung
Wfw = Fw Werkgrenzwinkelabweichung

Urspiel ist das Spiel, das für die Neufertigung auf Grund der Toleran-
Usp = Us zen vorgeschrieben ist. Es gibt ein Größtspiel und ein Kleinstspiel;

Werkgrenzspiel ist das höchstzulässige Spiel zwischen zusammengefügten
Wsp = ⚠ Teilen, ohne daß diese aufgearbeitet zu werden brauchen;

Betriebsgrenzmaß ist das äußerst zulässige Maß, das aus Gründen der Betriebssicherheit nicht über- oder unterschritten werden darf;

Betriebsgrenzspiel ist das Spiel, das aus Gründen der Betriebssicherheit nicht überschritten werden darf;

Verschleißmaß ist das Maß, das bei der Arbeitsaufnahme am abgenutzten Teil gemessen wird;

Verschleißgröße ist der Unterschied zwischen dem Istmaß nach der Fertigung und dem Istmaß nach dem Verschleiß.

2.304.3 *Arbeits- und Zeitbegriffe; Arbeitsunterlagen*

Im Sprachgebrauch in der Werkstatt und im Schriftwesen sind die gleichen Arbeitsbegriffe anzuwenden, damit das gleiche verstanden wird und Mißverständnisse vermieden werden. Die einheitliche Benennung der Lokomotivteile ist in den LON 1 und den Teilheften der DV 946 festgelegt. Die wichtigsten Arbeitsbegriffe sind nachstehend genannt:

Arbeitsbegriffe

Besichtigen ist Feststellen des Zustandes von Bauteilen oder Aggregaten eines Fahrzeuges ohne besondere Hilfsmittel;

Untersuchen ist das Feststellen des Zustandes von Bauteilen und Aggregaten eines Fahrzeuges mit besonderen Hilfsmitteln (Vergrößerungsglas, Abklopfhammer, Härteprüfer usw.);

Befund ist das Ergebnis des Besichtigens und Untersuchens;

Arbeitsaufnahme ist das Bestimmen der Art und des Umfanges der Arbeiten, die nach dem Befund auszuführen sind;

Aufarbeiten ist Bearbeiten und Wiederherstellen schadhafter oder abgenutzter Werkstücke;

Fertigen ist Zusammenfassung der Begriffe „Neufertigen“ und „Aufarbeiten“.

Aufarbeiten nach Vormeldung bedeutet die Beseitigung der in der Vormeldung bezeichneten Mängel und Schäden;

Aufarbeiten nach Plan bedeutet die Ausführung planmäßiger Arbeiten;

Aufarbeiten nach Befund bedeutet die Beseitigung der durch Besichtigen, Untersuchen, Aufmessen oder Arbeitsversuch festgestellten Schäden und Mängel;

Vermessen ist Aufmessen, Prüfmessen oder Festlegen von Maßen für Anschlußteile, auf ein Bezugssystem (Bezugsebenen, -linien und -punkte) bezogen;

Vollvermessen Feststellen und Prüfen aller vorgeschriebenen Maße der Lage von Fahrzeugteilen;

Teilvermessen Feststellen und Prüfen nur einzelner Maße der Lage von Fahrzeugteilen;

Vorvermessen ist ein dem Aufmessen vorausgehendes Messen bestimmter Beanspruchungs- und Verschleißstellen der Fahrzeugteile als Entscheidung zum Bearbeiten oder Ersetzen;

Aufmessen Feststellen der Maße oder Spiele vor dem Aufarbeiten und Festlegen der Maße für das Bearbeiten;

Berichtigen ist das Richtigstellen der Lage eines Fahrzeugteiles zu Bezugsebenen, Bezugslinien oder Bezugspunkten des Fahrzeuges nach Zeichnung;
Grundberichtigen — alle Maße
Teilberichtigen — einzelne Maße

Vorn Bei Dampflokomotiven: am Schornstein;

Links Bei Dampflokomotiven durch die Blickrichtung vom Führerhaus zum Schornstein bestimmt;

Tauschstück ist ein für eine, mehrere oder alle Lokomotivbaureihen auf der Grundlage der Normen hergestelltes Ersatzstück;

Austauschbau ist die Fertigung und Anwendung austauschbarer Bauteile;

Fließarbeit ist eine örtlich fortschreitende, zeitlich bestimmte, lückenlose Folge von Arbeitsgängen;

Zeitbegriffe

Taktzeit ist die Arbeitsdauer am Fahrzeug auf einem Stand des Fließbandes oder Fließgleises;

Standbesetzungszeit ist Taktzeit × Zahl der Arbeitsstände des Fließbandes oder die Zeit, während der ein Fahrzeug oder Fahrzeugteil (Rahmen, Kessel oder Tender) einen Nutzausbesserungsstand besetzt;

Durchlaufzeit ist die Zeit vom Arbeitsbeginn am Fahrzeug bis zur Abnahme durch den Abnahmeinspektor. Die Zeiten für die Voraufnahme, Arbeitsaufnahme, Vorausbau, Abstellzeiten wegen besonderer Gründe und für Nacharbeiten zählen mit zur Durchlaufzeit;

Werkaufenthaltszeit ist die Zeit von der Übernahme der Lokomotive vom Betrieb durch das Reichsbahnausbesserungswerk bis zur Rückgabe an den Betrieb bzw. bis zur vollzogenen Abnahme der Lokomotive durch den Abnahmeinspektor. Dabei zählen Eingangs- und Ausgangstag als ein Tag (s. a. DV 946, Hauptheft).

Arbeitsunterlagen

Arbeitsablaufplan ist die technologische Ausarbeitung der zweckmäßigsten Arbeitsfolge;

Fließplan ist die zeichnerische Darstellung des Arbeitsablaufes im Werkplan;

Arbeitsdiagramm ist die Darstellung des Arbeitsablaufplanes mit der Angabe der aufzuwendenden Arbeitsstunden und der erforderlichen Arbeitskräfte;

Meßplan ist die zeichnerische Darstellung des zweckmäßigsten Ablaufes der Meßvorgänge;

Arbeitsanweisung ist eine Anweisung zur Durchführung des zweckmäßigsten Arbeitsverfahrens, mit dem die Forderungen der Dienstvorschrift unter Verwendung normal vorhandener Einrichtungen verwirklicht werden können;

Maßverzeichnis ist eine Zusammenstellung von Maßen aus Zeichnungen und Vorschriften; es erleichtert die Übersicht, stellt aber keinen Ersatz der Konstruktionszeichnungen dar;

Meßblätter dienen zur Eintragung der beim Aufmessen und Prüfmessen festgestellten Maße;

Maßskizzen sind die einfache zeichnerische Darstellung eines Werkstückes mit den notwendigen Maßangaben;

Meßliste ist ein Vordruck zum Eintragen der beim Aufmessen und Prüfmessen festgestellten Maße;

Werkgrenznormblätter enthalten die Werkgrenzmaße an Hand einfacher zeichnerischer Darstellungen der Verschleißteile. Sie bilden die Grundlage für die Aufarbeitung der Fahrzeugteile in der Werkstatt;

Betriebsgrenznormblätter enthalten die Betriebsgrenzmaße von Verschleißteilen. Sie bilden die Grundlage für die Untersuchung und Kontrolle der Fahrzeuge und Fahrzeugteile im Betrieb;

DIN DIN gilt als Name und Kennzeichen der Gemeinschaftsarbeit des Deutschen Normenausschusses (DNA);

DIN-Blätter stellen das abschließende Ergebnis der Normungsarbeit des Deutschen Normenausschusses (DNA) dar. Sie enthalten zeichnerische Darstellungen, Maße, Stoffe, Gütevorschriften, Lieferbedingungen und andere technische Angaben von Normteilen und sind Empfehlungen. Sie können mit dem Aufdruck „Verbindlich“ zum Standard erhoben werden und haben dann in der Deutschen Demokratischen Republik Gesetzeskraft. Sie stellen die höchste Stufe des „Staatlichen Standards“ dar;

TGL (Technische Normen, Gütevorschriften, Lieferbedingungen) sind Norm-Entwürfe, die aufgestellt werden, wenn
a) noch kein DIN-Blatt aufgestellt wurde,
b) ein DIN-Blatt aus volkswirtschaftlichen Gründen nur in einer Auswahl gelten soll.

Sie werden im Mitteilungsblatt „Standardisierung“ des Amtes für Standardisierung der Deutschen Demokratischen Republik veröffentlicht und nach Ablauf einer Einspruchsfrist zum „Standard“ erklärt.

Wird inzwischen ein neu aufgestelltes oder bestehendes DIN-Blatt zum Standard erhoben, so wird die inzwischen geschaffene TGL zurückgezogen;

Standard Staatliche Standards sind rechtsverbindliche technische Vorschriften und tragen das Kurzzeichen „TGL“.

DIN-Normen und VDE-Vorschriften werden durch Eintragung in das Zentralregister bei der Regierung der Deutschen Demokratischen Republik zu Staatlichen Standards erhoben.

Staatliche Standards müssen den neuesten Stand der fortschrittlichen Wissenschaft und Technik berücksichtigen und die Qualität gewährleisten (s. Verordnung über die Einführung Staatlicher Standards vom 30. September 1954, Gesetzblatt Nr. 86/1954).

Die Staatlichen Standards der Deutschen Demokratischen Republik sind die Grundlage einer geplanten Wirtschaft, liegen im Interesse aller und dienen dem Sparsamkeitsregime. Die Standardisierung ist die höchste Stufe der technischen Normung im Sozialismus. Die Standards haben Gesetzeskraft.

# 3. Organisation und Gestaltung der Werkstätten eines Lokomotiv-Ausbesserungswerkes

## 3.1 Organisation der Werkstätten

Die Reichsbahnausbesserungswerke gliedern sich in zwei Hauptgruppen, und zwar in die produzierenden Abteilungen und die Abteilungen für die Leitung und Lenkung.
Zu den *produzierenden Abteilungen* gehören die Richthallen, die Fertigungswerkstätten, die Sonderfertigungsbetriebe, wie Sägewerke, zentrale Fertigungswerkstätten usw., und Fertigungshilfsabteilungen.

Zu den *Abteilungen für Leitung und Lenkung* zählen:

Werkleitung, Technische Leitung, Produktionsleitung, Planung, Abteilung Arbeit, Kaufmännische Leitung einschließlich Materialversorgung, Hauptbuchhaltung, Kaderabteilung und Betriebs- und Brandschutz.

Die Produktionsabteilungen des Werkes gliedern sich:

1. in die Werkstätten, die die Produktion des Werkes herausbringen und
2. in die Fertigungshilfsabteilungen, die für die Instandhaltung der baulichen und maschinellen Anlagen und der Werkstattausrüstung verantwortlich sind, und werkeigene Energieerzeugungs- und -versorgungsanlagen für Dampf, Strom, Gas, Sauerstoff, Azetylen, Preßluft und Wasser.

Je nach Art der Fertigung werden Richthallen, Fertigungs- und Neufertigungswerkstätten unterschieden.

Zu den Richthallen gehören:
1. Lokomotivabbau und Reinigung,
2. Lokomotivmontage,
3. Kesselschmiede und
4. Tenderrichthalle.

Zu den Fertigungswerkstätten zählen:
1. die Radsatzwerkstatt,
2. sämtliche Lokomotiv-, Kessel- und Tenderteileaufarbeitungswerkstätten und
3. Werkstätten für die Aufarbeitung von Tauschteilen.

Die zentralen Aufarbeitungs- und Neufertigungswerkstätten nehmen in der Gruppe der Fertigungswerkstätten eine Sonderstellung ein. Sie werden zentral von der Hauptverwaltung der Reichsbahnausbesserungswerke angeleitet und führen Arbeiten aus, die über den Zuständigkeitsbereich des eigenen Werkes hinaus gehen.
Hierzu gehören:
1. Zentrale Tragfederschmieden,
2. Zentrale Bremsventil- und Bremsschlauchwerkstätten,
3. Zentrale Vorwärmerwerkstatt,
4. Zentrale Pumpenwerkstatt und
5. Zentrale Werkstätten für Schmierpumpen, Ölsperren, Manometer, Pyrometer, Geschwindigkeitsmesser und Turbogeneratoren.

Neufertigungsbetriebe sind:
1. Großschmieden,
2. Zentraldrehereien,
3. Grau- und Gelbgießereien,
4. Sägewerke und
5. Zentrale Holzersatzstückwerkstätten.

Die Fertigungshilfsabteilungen nehmen nicht unmittelbar teil an der Lokomotivausbesserung und der Fertigung von Ersatzteilen. Die Gliederung dieser Werkstätten ist in allen Werken gleich. Sie unterscheiden sich nur durch ihre Größe.

Als Fertigungshilfsabteilungen zählen:
1. die Betriebsschlosserei,
2. die Werkzeugmacherei,
3. die Werkstatt für elektrische Anlagen,
4. die Werkstatt für bauliche Anlagen,
5. die Werkstatt für Rohrnetzinstandhaltung des Werkes und
6. die innerbetriebliche Transportabteilung.

Energieversorgungs- und -erzeugungsanlagen sind:
7. das Kesselhaus mit Wärmekraftwerk (soweit vorhanden).
8. Elektrische Energie-, Preßluft-, Sauerstoff- und Azetylenerzeugungsanlagen, Wasserversorgungsanlagen u. a.

## 3.2 Neue Werkstattformen

### 3.201 **Richthallen**

Neue Werkstätten wurden in den Jahren nach 1920 als reine Lokomotiv- oder Wagenwerkstätten errichtet. Bei den zur Zeit noch bestehenden gemischten Werken sind die Hauptfertigungen so voneinander getrennt, daß gegenseitige fabrikationstechnische Abhängigkeiten nicht mehr bestehen. Solche Werke haben nur die allgemeine Verwaltung, die Instandhaltungsabteilung und die Stoffversorgung gemeinsam. Die Bestrebungen gehen dahin, alle Werke zu Spezialwerken auszubauen, also die Hauptfertigungen auch örtlich voneinander zu trennen.

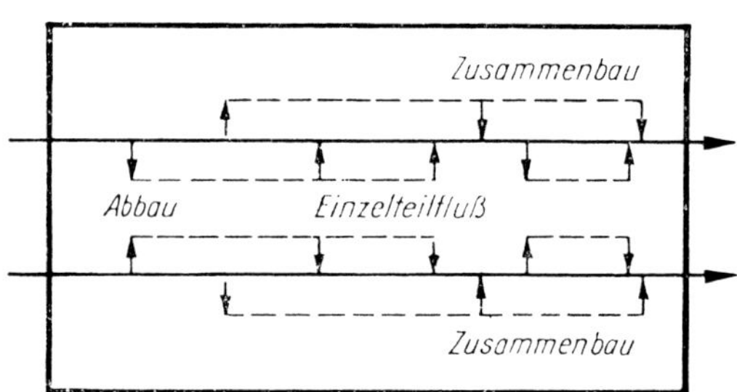


Bild 1: Geradliniger Arbeitsfluß

Die Werkstattgröße wird von der verlangten Leistung und dem gewählten Arbeitsfluß bestimmt. Man unterscheidet geradlinigen und U-förmigen Fluß. Es gibt aber auch Verbindungen beider Fließmöglichkeiten. Auch innerhalb der Fertigungswerkstätten für Lokomotivteile wird der U-förmige und der geradlinige Fluß angewendet. Beim geradlinigen Arbeitsfluß läuft die Lokomotive vom Abbau bis zum Zusammenbau in einer Richtung, während die Einzelteile parallel zu diesem Hauptfluß laufen (siehe Bild 1).

Beim U-förmigen Arbeitsfluß kehrt das Fahrzeug einmal um, so daß es in umgekehrter Richtung, wie es hineingekommen ist, die Werkstatt wieder verläßt. Die Einzelteile fließen senkrecht zum Hauptfluß (siehe Bild 2). Obwohl im allgemeinen der U-förmige Fluß günstigere quadratische Werkstattformen aufweist, ergeben sich in den Lokomotivwerken bei Längsfluß bessere Teilarbeitsflüsse.

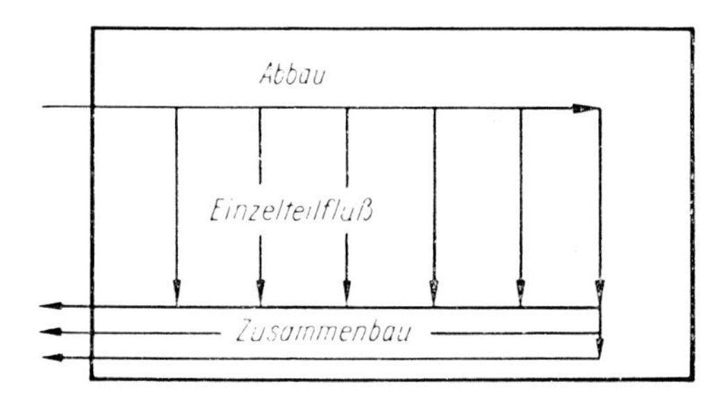


Bild 2: U-förmiger Arbeitsfluß

Die geschlossene Werkstattform ist aus Gründen der Bau-, Betriebs- und Erhaltungskosten am günstigsten. Es können einfache Rohr- und Stromleitungsnetze gewählt werden. Die Gebäudeausnutzung ist bei dieser Form vorteilhaft. Die Transportwege werden kurz und übersichtlich, die Heizung kann wirtschaftlicher ausgeführt werden, die Hallentore brauchen nicht so oft geöffnet zu werden, wodurch besonders dem Gesundheitsschutz für die Arbeiter Rechnung getragen wird. Es wird als günstig angesehen, wenn auch die Verwaltungsräume unmittelbar am oder neben dem Werkstattgebäude liegen. Die Ausbesserungswerke für S-Bahnwagen in Schöneweide und für elektrische Lokomotiven in Dessau sind Musterbeispiele einer solchen Bauweise.

Die Werkstätten für das Anheizen und für die Nacharbeiten nach der Probefahrt werden zweckmäßig in besonderen, an einer Schiebebühne bzw. an einer Drehscheibe gelegenen Gebäuden untergebracht (siehe Bild 3).

Bild 3: Anheizschuppen eines Reichsbahnausbesserungswerkes

### 3.202 **Fertigungswerkstätten für Lokomotivteile**

Die Einführung moderner Arbeitsverfahren hat bewirkt, daß die maschinelle Bearbeitung der Teile in den Fertigungswerkstätten selbst mit ausgeführt wird. Die Werkzeugmaschinen sind so aufgestellt, daß die Teile in einer geschlossenen Arbeitsgangfolge anbaufertig bearbeitet werden können, ohne daß ein Einzelteil die Werkstatt verlassen muß oder einen dem Arbeitsgang entgegenlaufenden Transportweg hat. Die frühere Bearbeitungsweise der Teile in geschlossener Anordnung der Werkzeugmaschinen nach dem Werkstättenprinzip brachte große Transportwege mit sich.
Die Vorteile der aufgelösten Anordnung der Werkzeugmaschinen beruhen darin, daß ein großes geschlossenes Werk in einzelne voneinander unabhängige Richt- und Fertigungswerkstätten aufgelöst ist. Dadurch, daß die Lokomotivteile innerhalb einer scharf umgrenzten Werkstatt bleiben, in der die Maschinen und Werkbänke dem Arbeitsablauf gemäß aufgestellt sind, werden die Transporte der Lokomotivteile auf ein Mindestmaß gesenkt.
Der Arbeitsablauf ist leicht übersehbar. Hieraus ergeben sich erhebliche Vorteile hinsichtlich der Verantwortlichkeitsgrenzen, der Kostenermittlung und der Fristenüberwachung. Die in sich geschlossenen Fertigungswerkstätten bilden je für sich eine Meisterei, und gleichzeitig stellen sie eine Kostenstelle dar. Da bei der aufgelösten Maschinenanordnung gleiche Arbeiten immer an derselben Stelle und derselben Maschine ausgeführt werden, ist es möglich, in viel größerem Umfange Sondereinrichtungen, Vorrichtungen und Einzweckmaschinen zu schaffen und anzuwenden.
Für die Bearbeitung neuer Teile in großem Umfange werden besondere zentrale Neufertigungswerkstätten eingerichtet. Die Werkzeugmaschinen und Arbeitsplätze werden hier ebenfalls nach dem Prinzip der fließenden Fertigung aufgestellt, oder es werden halb- und vollautomatische Taktstraßen eingerichtet.

## 3.3 Werkstattgrößen

### 3.301 **Ständezahl**

Mit steigender Größe eines Werkes erhöht sich der Ausnutzungsgrad der Werkstatteinrichtungen und es ergeben sich immer mehr Möglichkeiten der Spezialisierung. Die Größe eines Werkes ist abhängig von der Zahl der zu erhaltenden Lokomotiven, der Häufigkeit und dem Umfang der einzelnen Ausbesserungen sowie der Durchlaufzeit der Lokomotiven und ihrer Einzelteile. Diese drei Faktoren stehen wieder in sich in Abhängigkeit von einer großen Zahl weiterer Bedingungen, wie Leistung der Lokomotive zwischen zwei Ausbesserungen, Schadgruppeneinteilung, gewählte Taktzeiten und wirtschaftlich optimale Leistungsbemessung eines Werkes. Die Bemessung der Gesamtgröße und der Fertigungswerkstätten läßt sich unter Beachtung aller Abhängigkeiten ermitteln. Bei vorhandenen Werken kann nur unter Berücksichtigung aller Faktoren die Gesamtleistung berechnet werden.
Die erforderliche Fahrzeugständezahl ergibt sich bei vorgegebener Werkstattleistung aus folgender Formel nach Kühne:

$$St = \frac{1{,}2 \cdot Z\,(T + f \cdot T)}{R + 1{,}2\,T} \quad [\text{Stände}]$$

Es bedeutet:

$Z$ = Zahl der zu erhaltenden Fahrzeuge
$T$ = Ausbesserungsdauer in Werktagen
$f$ = Zuschlag für Arbeitspausen auf den Ständen und Unvorhergesehenes
$R$ = Zeitabstand zwischen zwei gleichen Schadgruppen in Kalendertagen

Der Faktor 1,2 entspricht dem Vielfachen der Kalendertage gegenüber den Werktagen. Bei Arbeit im Vierbrigadesystem entfällt dieser Faktor.
Die Ständezahl muß für jede Schadgruppe getrennt ermittelt werden, da die Standbesetzungszeit verschieden ist. Der Gesamtbedarf an Ständen ergibt sich aus der Summe der für jede Schadgruppe erforderlichen Stände.
Der Faktor f ist ein Zuschlag und ergibt sich aus Unvorhergesehenem, der bei der Ausbesserung der Fahrzeuge infolge Bauartänderungen u. a. zusätzliche Arbeit erfordert und für Pausen, die bei Verschiebung der Fahrzeuge zwischen den einzelnen Standbesetzungen entstehen.
Nach obiger Formel ergeben sich beispielsweise bei nachstehenden Annahmen folgende Standzahlen:

B e i s p i e l :

| | | | |
|---|---|---|---|
| Anzahl der zugeteilten Lokomotiven | $Z$ = | 600 | |
| Zeitraum zwischen 2 Hauptuntersuchungen | (L4)$R_{HU}$ = | 2200 | Tage |
| Zeitraum zwischen 2 Zwischenuntersuchungen | (L3)$R_{ZU}$ = | 2200 | Tage |
| Zeitraum zwischen 2 Zwischenausbesserungen | (L2)$R_{ZA}$ = | 900 | Tage |
| | $f$ = | 0,2 | |
| Standbesetzungszeit für Lokomotiven der Schadgruppe L4: | $T_{HU}$ = | 16 | Tage |
| Standbesetzungszeit einer Lokomotive der Schadgruppe L3: | $T_{ZU}$ = | 14 | Tage |
| Standbesetzungszeit einer Lokomotive der Schadgruppe L2: | $T_{ZA}$ = | 12 | Tage |

Angenommen ist zweischichtiger Betrieb.

Ständezahl der Lokomotiv-Schadgruppe L4:

$$St_{HU} = \frac{1{,}2 \cdot 600\,(16 + 0{,}2 \cdot 16)}{2200 + 1{,}2 \cdot 16} = \mathbf{6{,}2\ Stände}$$

Ständezahl der Lokomotiv-Schadgruppe L3:

$$St_{ZU} = \frac{1{,}2 \cdot 600\,(14 + 2{,}8)}{2200 + 16{,}8} = \mathbf{5{,}5\ Stände}$$

Ständezahl der Lokomotiv-Schadgruppe L2:

$$St_{ZA} = \frac{1{,}2 \cdot 600\,(12 + 2{,}4)}{900 + 14{,}4} = \mathbf{9{,}3\ Stände}$$

Gesamtbedarf im angenommenen Beispiel = **21 Stände**

Das Rechenbeispiel wird einfacher, wenn in einem vorhandenen Werk die monatliche Leistung bekannt ist. Die Ständezahl ergibt sich aus der Formel:

$$St = \frac{S}{T \cdot z} \cdot 1{,}2\ [\text{Stände}]$$

Es bedeutet:

St = erforderliche Ständezahl
T = Standbesetzungszeit in Werktagen
z = Leistung Lokomotiven je Monat
S = Anzahl der Arbeitstage je Monat
1,2 = Faktor für Überplan- und Sonderarbeit

B e i s p i e l :

Bei 600 beheimateten Lokomotiven ergibt sich folgende durchschnittliche monatliche Leistung:

8,35 Lokomotiven der Schadgruppe L4
8,35 Lokomotiven der Schadgruppe L3
16,70 Lokomotiven der Schadgruppe L2

Erforderlicher Ständebedarf bei Lokomotiven der Schadgruppe L4:

$$St_{HU} = \frac{16 \cdot 8{,}35}{25} \cdot 1{,}2 = 6{,}4 \text{ Stände}$$

Erforderliche Ständezahl bei Lokomotiven der Schadgruppe L3:

$$St_{ZU} = \frac{14 \cdot 8{,}35}{25} \cdot 1{,}2 = 5{,}6 \text{ Stände}$$

Erforderliche Ständezahl bei Lokomotiven der Schadgruppe L2:

$$St_{ZA} = \frac{12 \cdot 16{,}7}{25} \cdot 1{,}2 = 9{,}6 \text{ Stände}$$

Insgesamt erforderliche Ständezahl **21,6**

### 3.302 Standlängen

#### 3.302.1 *Querstände*

Es müssen die längsten Lokomotiven ohne Schlepptender aufzustellen und die Heiz- und Rauchrohre herausziehbar sein. Bei einer Standlänge von 27 m für die längsten Lokomotiven ohne Schlepptender müssen 18 m unter dem Kranhaken liegen und mit Arbeitsgrube einschließlich Treppe versehen sein. Standbreite 6,5 m, Flächenbedarf 175 $m^2$ je Stand.

#### 3.302.2 *Längsstände*

Abbaustand: Standlänge 27 m, Standbreite 6,5 m,
Flächenbedarf 175 $m^2$
Rahmenstände: Standlänge 18 m, Standbreite 5 m,
Flächenbedarf 90 $m^2$
Einachsstände: Standlänge 27 m, Standbreite 6,5 m,
Flächenbedarf 175 $m^2$
Montagestände: Standlänge 17 m, Standbreite 6,5 m,
Flächenbedarf 110 $m^2$.
Daraus ergeben sich folgende durchschnittliche Abmessungen:
Durchschnittliche Standlänge 20,3 m
Durchschnittliche Standbreite 5,9 m
Durchschnittliche Standfläche 120,0 $m^2$.

3.302.3 *Sonstige Stände*

Auf den Ständen im Anheizgebäude müssen je eine Lokomotive mit Tender aufgestellt werden können. Außerdem muß noch soviel Raum vorhanden sein, daß Heiz- und Rauchrohre herausgezogen werden können. Die Standlänge beträgt 30 m und die Standbreite im Mittel 6 m. Der Flächenbedarf ergibt sich zu 180 m².

3.302.4 *Kesselstände*

Der Platzbedarf muß so bemessen sein, daß ein Kessel auf dem Stand um seine Längsachse gedreht werden kann. Standlänge 20 m und Standbreite im Durchschnitt 5 m.
Werden zwei Reihen Kessel in einem Feld gegenüber angeordnet und die Kessel versetzt aufgestellt, so verringert sich die Standlänge auf 15 m. Der Flächenbedarf beträgt dann 75 m².

3.302.5 *Tenderstände*

Standlänge 10 m, Standbreite 5,5 m, Flächenbedarf 55 m².

3.302.6 *Abmessungen für Transportwege und Arbeitsplätze*

Der Abstand zwischen den Ständen und den Seitenwänden der Halle dient dazu, Werkbänke, Arbeitsplätze und Transportwege aufzunehmen. Bei Lokomotiv-Querständen beträgt er 5 m, bei Längsständen 2,5 m, bei Kessel- und Tenderständen 2,5 m.

3.302.7 *Gesamtwerkstattflächenbedarf*

Der Gesamtwerkstattflächenbedarf beträgt nach Kühne für eine Lokomotive etwa 700 m². Davon entfallen

| | |
|---|---|
| auf die Lokomotiv-Richthalle | 25 % |
| auf die Kesselschmiede | 12 % |
| auf die Tenderrichthalle | 6 % |
| auf die Fertigungs- und allgemeinen Werkstätten | 45 % |
| auf die Lager | 12 %. |

3.302.8 *Hallenhöhe*

Bei Richthallen mit schwerem Lokomotiv-Hebekran und Konsolkran beträgt die Hallenhöhe 12 m. Bei Richthallen mit unten laufendem schweren Lokomotiv-Hebekran und oben laufendem leichten Laufkran beträgt die Hallenhöhe 14 m. Bei Richthallen mit einem oben laufendem schweren Lokomotiv-Hebekran, in der Mitte laufendem leichten Laufkran und darunterlaufenden Konsolkränen beträgt die Hallenhöhe 16 m.
Für Drehereien reicht eine Werkstatthöhe von 5 m aus, falls keine Laufkräne verwendet werden. Für Radsatzwerkstätten und Drehereien mit Laufkränen muß eine Werkstatthöhe von mindestens 6 m eingehalten werden.

## 3.4 Anordnung der Richtstände

Nach Kühne lassen sich die Lokomotiv-Ausbesserungswerke hinsichtlich der Anordnung der Richthallen in drei Gruppen einteilen.

1. Gruppe: Anordnung mit Querständen
2. Gruppe: Anordnung mit Längsständen
3. Gruppe: Anordnung mit Längs- und Querständen

Innerhalb dieser drei Gruppen sind die Anlageformen durch folgende Merkmale gekennzeichnet:

| | | |
|---|---|---|
| 1. Gruppe | 1. Merkmal: | Anwendung von Querständen mit innen- oder außenliegender Schiebebühne (siehe Bilder 4 und 5) |
| | 2. Merkmal: | Anwendung von Querständen mit Lokomotiv-Hebekran ohne Schiebebühne (siehe Bilder 6 und 7) |
| | 3. Merkmal: | Anwendung von Querständen mit Lokomotiv-Hebekran und Schiebebühne |
| 2. Gruppe | 4. Merkmal: | Anwendung von Längsständen mit durchlaufenden Arbeitsgleisen |
| | 5. Merkmal: | Anwendung von Längsständen mit unterbrochenen Arbeitsgleisen (siehe Bilder 8 und 9) |
| 3. Gruppe | 6. Merkmal: | Anwendung von Längsständen bei der Haupt- und Zwischenuntersuchung und von Querständen bei der Zwischenausbesserung |
| | 7. Merkmal: | Anwendung von Längs- und Querständen bei der Haupt- und Zwischenuntersuchung und bei der Zwischenausbesserung |

Zum 1. Merkmal

Querstände mit Schiebebühne haben den Vorteil, daß die einzelnen Stände für die Lokomotive selbst und auch für den An- und Abtransport der Einzelteile sehr leicht zugänglich sind. Das ist besonders zu beachten bei vielen unterschiedlichen Lokomotivgattungen. Der Nachteil besteht darin, daß erheblich höherer Flächenbedarf benötigt wird, da jeder Stand nach der längsten Lokomotive berechnet sein muß und die Schiebebühne wertvollen Werkstattraum beansprucht. Ein anderer Nachteil liegt darin, daß eine Werkstatt mit Querständen gegenüber Veränderungen schlecht anpassungsfähig ist.

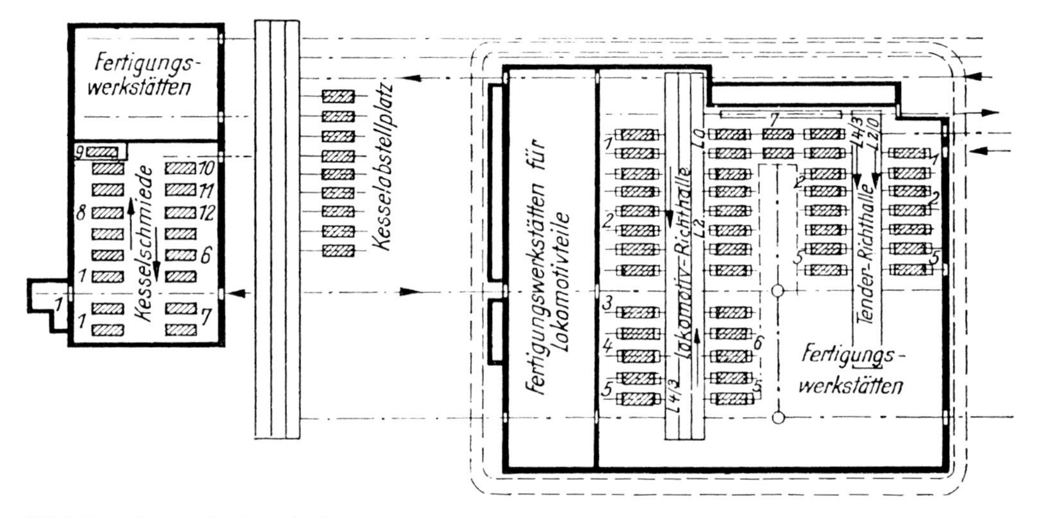


Bild 4: Querstände mit innenliegender Schiebebühne

| | | |
|---|---|---|
| 1 Abbau und Reinigung | 5 Einachsstand | 9 Röntgenstand |
| 2 Rahmenaufarbeitung | 6 Endmontage | 10 Nietstand |
| 3 Meßstand | 7 Prüfung | 11 Stehbolzenstand |
| 4 Vormontage | 8 Kessel-Richtstände | 12 Rohreinbau |

3 *

Bild 5: Außenschiebebühne für Tender

Zum 2. Merkmal

Unterhaltungskosten werden durch Wegfall der Schiebebühnenhallen niedriger. Jedoch ist hier nachteilig, daß die Lokomotiven über die Arbeitsstände gehoben werden müssen. Für kleinere Werke oder Werke mit wenig Lokomotivgattungen ist diese Form günstig. Als Beispiel soll das Reichsbahnausbesserungswerk Stendal genannt werden.

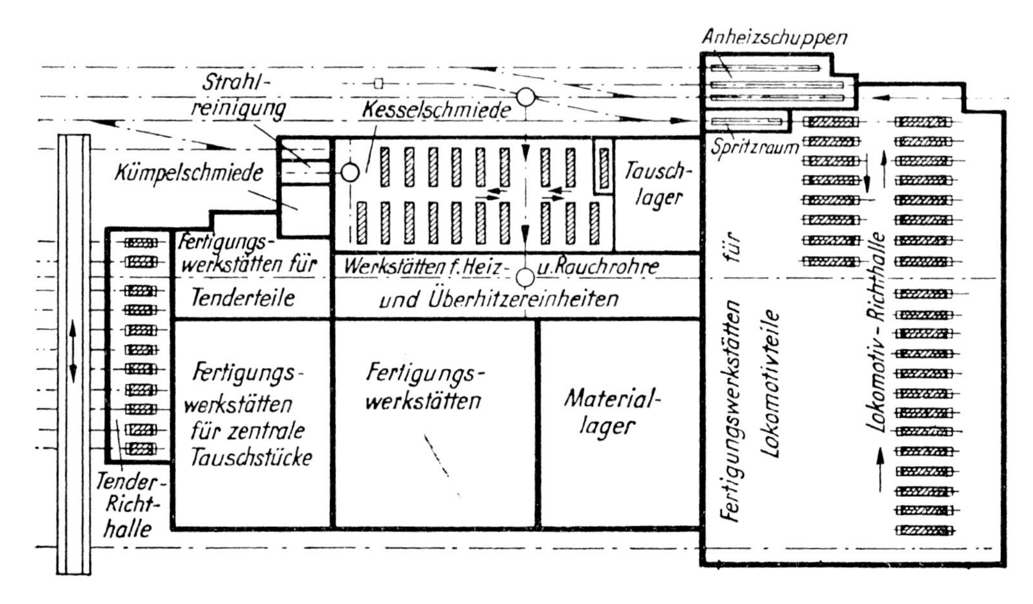


Bild 6: Querstände mit Lokomotiv-Hebekran

Bild 7: Umsetzen einer Lokomotive mit Lokomotiv-Hebekran

Zum 3. Merkmal
Diese Bauform bietet die größte Sicherheit und ermöglicht auch einfachste Durchführung der Transporte. Die Unterhaltungskosten sind jedoch hoch.

Zum 4. Merkmal
Werkstattform bei Längsgleisen ist im Bau und in der Unterhaltung billig, da die Schiebebühne erspart wird und infolge der besseren Ausnutzbarkeit der Stände der gesamte Richthallenraum kleiner sein kann. Die Arbeitsgruben werden billiger, weil nicht viele kurze, sondern wenige lange Arbeitsgruben vorgesehen werden können. Die Lokomotive rollt auf ihren eigenen Radsätzen bzw. der Rahmen auf besonderen fahrbaren Untergestellen über das Längsgleis.
Die gegenseitige Abhängigkeit der Stände ist sehr groß. Auf den Rahmenständen können Schwierigkeiten durch teilweise recht große Unterschiede des Arbeitsumfanges auftreten, die den planmäßigen Arbeitsablauf stören.

Zum 5. Merkmal
Bei Arbeitsgleisen mit unterbrochenen Längsständen wird die Rahmenaufarbeitung nicht auf den Fließgleisen ausgeführt, sondern der Rahmen wird vom Abbaustand mit Kran unmittelbar auf die Rahmenstände gesetzt und dort wieder hergestellt. Der Rahmenstand steht nicht in unmittelbarer Abhängigkeit von den Taktzeiten wie die Ab- und Aufbaustände. Die Ausführung größerer Arbeiten, wie das Zylinderwechseln, stört hier nicht den taktmäßigen Arbeitsablauf. Da die Rahmenstände auch nicht soviel Platz erfordern, werden die Kosten für die Arbeitsgleise und Arbeitsgruben geringer.

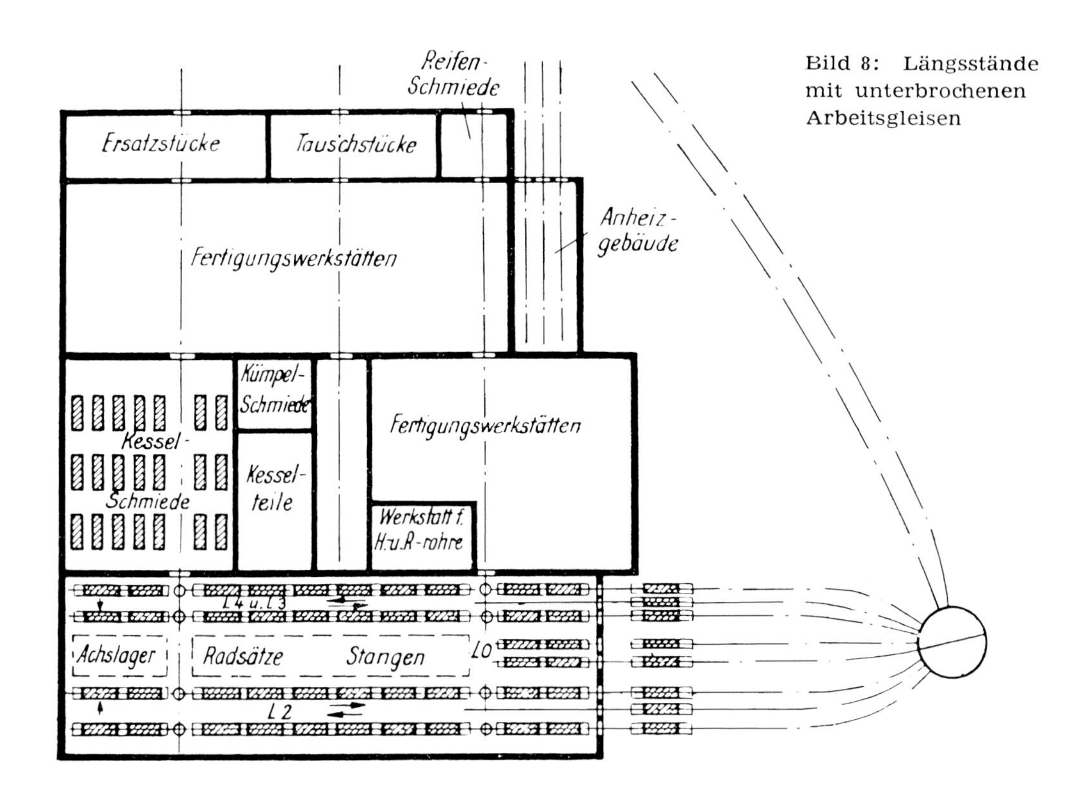


Bild 8: Längsstände mit unterbrochenen Arbeitsgleisen

Bild 9: Blick in eine Richthalle mit Längsständen

Zum 6. Merkmal

Diese Anlageform hat für die Lokomotive der Schadgruppe L2 Vorteile. Jedoch muß jeder Querstand von der Schiebebühne aus zugänglich sein. Diese Bauart bringt aber eine Erschwerung der Transporte der Einzelteile für die Lokomotiven der Schadgruppe L2 zu den Einzelfertigungswerkstätten mit sich.

Zum 7. Merkmal

Die Vereinigung von Längs- und Querständen innerhalb der Haupt- und Zwischenuntersuchung hat fertigungstechnische Vorteile, da bei dieser Werkstattform Umstellungen auf veränderbare Fabrikationsmethoden oder Fahrzeugtypen leichter durchführbar sind. Diese Werkstattform ist bei der Deutschen Reichsbahn noch nicht angewandt worden.
Es wird besonders darauf hingewiesen, daß die für die Aufarbeitung des Rahmens benötigten Schweißstände, Hobel-, Schleif- und Drehmaschinen in unmittelbarer Nähe der Rahmenrichtstände aufzustellen sind.

## 3.5 Anordnung der Fertigungswerkstätten

Neue Werkstätten für die Ausbesserung von Dampflokomotiven werden nicht mehr gebaut. Die vorhandenen Werkstätten sind jedoch nach den neuesten Erkenntnissen der Ausbesserungstechnik umzustellen, um eine wirtschaftliche Fertigung zu erzielen. Diese Werkstätten sind in der Anordnung der Gebäude zueinander und in der Ausrüstung sehr verschieden und untereinander so vielseitig, daß es in jedem Falle einer eingehenden Ermittlung der günstigsten Eingruppierung der Werkstätten nach fließtechnischen Gesichtspunkten bedarf. Es gibt aber einige grundsätzliche Abhängigkeiten, die beachtet werden müssen.
So muß zum Beispiel die Radsatzwerkstatt in jedem Falle so angeordnet sein, daß der Anfang des Arbeitsganges in der Nähe des Lokomotiv-Abbaues liegt und das Ende zum Einachsstand führt. Der Radsatzwerkstatt benachbart liegen der Rahmenmeßstand und die Achslagerwerkstatt, um einfache Maßübermittlung zu erhalten. Um Transportwege zu sparen, muß die Rahmenteilewerkstatt — sofern sie erforderlich ist — in unmittelbarer Nähe der Rahmenstände liegen. Die Treib- und Kuppelstangen- und die Steuerungswerkstatt sind wegen einfacherer Maßübermittlung und kürzerer Transportwege neben der Radsatzwerkstatt anzuordnen. Achslager- und Stangenwerkstatt sind wegen der gemeinsamen Lagergießerei nebeneinander einzurichten, damit Transportweg für Achs- und Stangenlagerschalen eingespart wird.
Gleichartige Werkstätten sind möglichst zusammenzulegen, um die Werkstatteinrichtungen besser ausnutzen zu können. Die Werkstatt für das Rohrnetz ist möglichst nahe an die Montagestände zu legen.
Die Instandsetzungswerkstätten, wie Betriebsschlosserei und -tischlerei, Werkzeugmacherei, Bauhof und die zentrale Transportleitung, sind möglichst in den Schwerpunkt des Werkes zu legen, jedoch so, daß sie den Zusammenhang zwischen Richthallen und den Fertigungswerkstätten nicht stören.
Die sozialen Anlagen, wie Toiletten, Wasch- und Garderobenräume, sind so anzuordnen, daß möglichst wenig Wege zurückzulegen sind. Es ist zweckmäßig, die Garderobenräume für Straßen- und Werkstattkleidung zu trennen und dazwischen den Waschraum anzuordnen.

# 4. Arbeitsvorbereitung und Arbeitsüberwachung

## 4.1 Operative Produktionsplanung, Fristenwesen

Aus Gründen der Spezialisierung werden jedem Ausbesserungswerk bestimmte Lokomotivgattungen zur Erhaltung zugewiesen. Jedes Reichsbahnausbesserungswerk hat für die ihm zugewiesenen Lokomotiven eine Lokomotivwerkkartei nach dem System der Kerblochkarte anzulegen, in der alle technischen Angaben über die Lokomotive enthalten sind.
Die Werkkartei ist ein ihrer Bedeutung nach operatives Mittel der Produktionslenkung und -planung. Aus der Kartei müssen laufend auf einfache und schnelle Art Aussagen über den Schadgruppenanfall, über die baulichen Merkmale und über den Bedarf an großen Ersatzteilen entnommen werden.

Zu diesem Zweck sind zwei Kerblochkarteien eingeführt und zwar:
die Lokwerkkartei und
die Ersatzteilbedarfskartei.

Die Karten für beide Karteien haben DIN-A4-Format und besitzen an den Rändern Lochreihen. Alle wichtigen Merkmale einer Lokomotive werden vorgekerbt und sind damit ein wichtiges Hilfsmittel für die vorausschauende Planung.

Die L o k o m o t i v w e r k k a r t e i besteht aus der
Werkkarte der Dampflokomotive (siehe Beilage XIX)
Kesselwerkkarte,
Tenderwerkkarte und dem
Erhaltungsplan.

Die Werkkartei dient dazu, wichtige Daten, wie Betriebsleistung, Erhaltungskosten, Bauartänderungen, Versuchsanordnungen, Schadgruppenfolge, Angaben über Fahrgestell, Kessel und Tender, Lokomotivnummer u. a., bis zur Ausmusterung der Lokomotive festzuhalten.

Die E r s a t z t e i l b e d a r f s k a r t e i, ebenfalls nach dem Kerblochkartensystem aufgebaut, ist ein wichtiges Hilfsmittel bei der Vorausbestimmung des Bedarfs an Großersatzteilen und wichtigen Verschleißteilen für einen bestimmten Planungszeitraum. Es hängt hiervon die rechtzeitige Bereitstellung und die richtige Planung der Mittel für den Richtsatzplan ab.

Die Ersatzteilbedarfskartei umfaßt die
Bedarfskarte für Fahrgestell-Ersatzteile (siehe Beilage XX)
Bedarfskarte für Kessel-Ersatzteile
Bedarfskarte für Tender-Ersatzteile

Zu den Ersatzteilbedarfskarten gehören fünf Aufnahmekarten (Beispiel siehe Seite 42), in denen die Angaben über den Materialbedarf vorgesammelt werden.
Den Aufbau der Ersatzteilbedarfskartei zeigt folgendes Schema:
Anhand der Lokomotivwerkkarteien und des von der Hauptverwaltung Maschinenwirtschaft zusammengestellten Nummernplanes der Lokomotiven, die entsprechend der Quartalsabsprache zwischen den Reichsbahndirektionen und den Heimat-Reichsbahnausbesserungswerken zur Ausbesserung vorgesehen sind, wird vom Produktionsplaner eine Übersicht über die in einem Monat auszubessernden Lokomotiven, nach Schadgruppen unterteilt, aufgestellt. Die

Schema „Aufbau der Ersatzteilbedarfskartei“

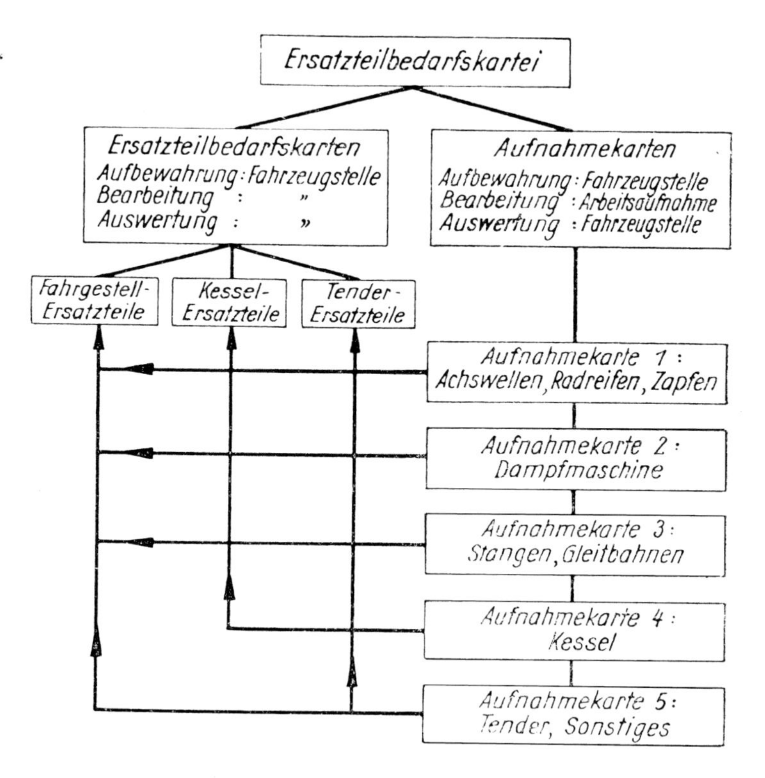


Jahres-Produktionsplanauflage des Raw und die Dringlichkeit der Ausbesserung bestimmter Lokgattungen bzw. Versorgung einzelner Betriebswerke werden bei der Quartalsabsprache berücksichtigt, und Abkommen sind von beiden Seiten einzuhalten.
Diese Übersicht, die schriftliche Vormeldung, die Lokomotivwerkkartei, das Übergabeprotokoll der Lokomotive und das Protokoll des Voraufnahmemeisters sind eine Grundlage für die Aufstellung des Fristenplanes für den folgenden Monat. Bei der Aufstellung des Fristenplanes bedient man sich außerdem der Arbeitsdiagramme, aus denen sich die Ausbesserungszeiten aus der senkrechten Projektion des Diagrammes ergeben.
Ein geregeltes und straff organisiertes Fristenverfahren ist bei der Lokomotivausbesserung nicht zu entbehren. Um den Fristenplan übersichtlich zu gestalten, ist es zweckmäßig, nur die wichtigsten Merkmale darin aufzunehmen (siehe Bild 10). An Hand dieses Fristenplanes führt der Fristenmeister eine weitgehendste Aufschlüsselung der Fristen durch. Diese Fristen dienen zur täglichen Planvorgabe für die Brigaden, die nach der Christoph-Wehner-Methode arbeiten.

## 4.2 Übernahme der Lokomotive durch das Reichsbahnausbesserungswerk

Der Produktionsplaner des Reichsbahnausbesserungswerkes ruft die Lokomotive vom Bahnbetriebswerk ab. Die Zuführung erfolgt entweder mit eigener Kraft oder als Schlepplokomotive in kaltem Zustand, wobei im letzteren Falle die Bestimmungen der DV 947 zu beachten sind.

RAW:

# Aufnahme-Karte 1

Lok-Nr.:

Angabe der bei nächster Ausbesserung oder Untersuchung voraussichtlich zu ersetzenden Verschleißteile
(Ersatz erforderlich: Angabe der Stückzahl 1, 2, 3 usw., Ersatz nicht erforderlich: –)

**Achswellen:**

*Kuppel- und Laufachsen*

| | Um | Ⓦ |
|---|---|---|
| ds | | |
| ls | | |
| lsa | | |
| lsi | | |

| | Um | Ⓦ |
|---|---|---|
| ds | | |
| ls | | |
| lsa | | |
| lsi | | |
| dm | | |
| lm | | |
| lm1 | | |
| lm2 | | |
| dv | | |
| lv | | |
| lva | | |
| lvi | | |

**Radreifen:**

*Laufkreisebene*

Ⓦ = 37,5

**Zapfen:**

| | Um | Ⓦ |
|---|---|---|
| dt | | |
| lt | | |
| lta | | |
| lti | | |
| dk | | |
| lk | | |
| lka | | |
| lki | | |

| | | 1. | 2. | 3. | 4. | 5. |
|---|---|---|---|---|---|---|
| dk | Um | | | | | |
| | Ⓦ | | | | | |
| lk | Um | | | | | |
| | Ⓦ | | | | | |
| lka | Um | | | | | |
| | Ⓦ | | | | | |
| lki | Um | | | | | |
| | Ⓦ | | | | | |

| Bauteil / Datum | | L | L | L | L | L | L | L | L | L | L | L | L | L | L |
|---|---|---|---|---|---|---|---|---|---|---|---|---|---|---|---|
| Kuppelachsen | | | | | | | | | | | | | | | |
| Laufachsen, vorn | | | | | | | | | | | | | | | |
| Laufachsen, hinten | | | | | | | | | | | | | | | |
| Treibachsen | | | | | | | | | | | | | | | |
| F. d. Eintrag verantwortl. | | | | | | | | | | | | | | | |
| Kuppelachsen | | | | | | | | | | | | | | | |
| Laufachsen | vorn | | | | | | | | | | | | | | |
| | hinten | | | | | | | | | | | | | | |
| Tenderachsen | | | | | | | | | | | | | | | |
| F. d. Eintrag verantwortl. | | | | | | | | | | | | | | | |
| Treibzapfen | rechts | | | | | | | | | | | | | | |
| | links | | | | | | | | | | | | | | |
| Kuppelzapfen links \| rechts | Kuppelachse 1. | | | | | | | | | | | | | | |
| | 2. | | | | | | | | | | | | | | |
| | 3. | | | | | | | | | | | | | | |
| | 4. | | | | | | | | | | | | | | |
| | 5. | | | | | | | | | | | | | | |
| F. d. Eintrag verantwortl. | | | | | | | | | | | | | | | |

Aufnahme-Karte 1

| Soll-Leistung im Monat............ 19.... | | | | | | | | | | | | | | | | | | | | | |
|---|---|---|---|---|---|---|---|---|---|---|---|---|---|---|---|---|---|---|---|---|---|
| Betr.-Plan | 3 | | | | 12 | | | | 6 | | | | 4 | | | | 2 | | | | 27 |
| Oper.-Plan | 4 | | | | 10 | | | | 7 | | | | 3 | | | | 4 | | | | 28 |
| Tag | LO | | | | L2 | | | | L3 | | | | L4 | | | | Rekonstr. | | | | EK |
| | Ab | K | A | | Ab | K | A | | Ab | K | A | | Ab | K | A | | Ab | K | A | | |
| 1 | | | | | 18. | 27. | 28. | ..-201 | | | | | | | | | | | | | ⊖ |
| 2 | | | | | | | | | 15. | 27. | 29. | ..-301 | | | | | | | | | (31) |
| 3 | | | | | 21. | 29. | 30. | ..-202 | | | | | | | | | | | | | ⊖ |
| 4 | 26. | | 1. | ..-001 | | | | | | | | | | | | | 12. | 26. | 1. | ..-501 | (51) |
| 5 | | | | | | | | | 20. | 30. | 2. | ..-302 | | | | | | | | | (32) |
| 6 | | | | | 23. | 2. | 3. | ..-203 | | | | | 19. | 29. | 3. | ..-401 | | | | | (42) |
| 7 | | | | — | | | | — | | | | — | | | | → | | | | — | ⊖ |
| 8 | | | | | 26. | 3. | 4. | ..-204 | | | | | | | | | | | | | ⊖ |
| 9 | | | | | | | | | 22. | 3. | 5. | ..-303 | | | | | | | | | ⊖ |
| 10 | | | | | | | | | | | | | | | | | 16. | 2. | 6. | ..-502 | (52) |
| 11 | | | | | 29. | 6. | 8. | ..-205 | | | | | | | | | | | | | ⊖ |
| 12 | 29. | 9. | 10. | ..-002 | | | | | 28. | 6. | 9. | ..-304 | | | | | | | | | (33) |
| 13 | | | | | | | | | | | | | 25. | 5. | 10. | ..-402 | | | | | (41) |
| 14 | | | | — | | | | — | | | | — | | | | — | | | | — | ⊖ |
| 15 | | | | | 1. | 10. | 11. | ..-206 | | | | | | | | | | | | | ⊖ |
| 16 | | | | | | | | | 30. | 10. | 12. | ..-305 | | | | | | | | | (35) |
| 17 | | | | | 4. | 12. | 13. | ..-207 | | | | | | | | | | | | | ⊖ |
| 18 | | | | | | | | | | | | | | | | | 27. | 9. | 15. | ..-503 | (53) |
| 19 | 5. | 18. | – | ..-003 | | | | | 3. | 13. | 16. | ..-306 | | | | | | | | | ⊖ |
| 20 | | | | | | | | | | | | | 2. | 12. | 17. | ..-403 | | | | | (43) |
| 21 | | | | — | | | | — | | | | — | | | | — | | | | — | ⊖ |
| 22 | | | | | 8. | 17. | 18. | ..-208 | | | | | | | | | | | | | ⊖ |
| 23 | | | | | | | | | 6. | 17. | 19. | ..-307 | | | | | | | | | (34) |
| 24 | | | | | | | | | | | | | | | | | 1. | 15. | 20. | ..-504 | (54) |
| 25 | | | | | 11. | 20. | 22. | ..-209 | | | | | | | | | | | | | ⊖ |
| 26 | 12. | – | – | ..-004 | | | | | 9. | 20. | 23. | ..-308 | | | | | | | | | (36) |
| 27 | | | | | 13. | 22. | 24. | ..-210 | | | | | | | | | | | | | ⊖ |
| 28 | | | | — | | | | — | | | | — | | | | — | | | | — | ⊖ |
| 29 | | | | | | | | | | | | | 10. | 22. | 25. | ..-404 | | | | | (44) |
| 30 | | | | | 16. | 25. | 26. | ..-211 | | | | | | | | | | | | | ⊖ |
| 31 | | | | — | | | | — | | | | — | | | | — | | | | — | |

Ab = Abbau
K = Kesseltermin
A = Achstermin

Raw..............., den...... 19....

Bild 10: Monats-Fristenplan

Deutsche Reichsbahn
Reichsbahndirektion Dresden

Bw
Lokbf

den 195

# Begleitzettel
## für die Überführung von Lokomotiven

Betriebsnummer ........ Eigentumsbezeichnung

Abgangsbahnhof ........ Ziel

**Auf der Lokomotive befinden sich:**

| Anzahl | Gegenstand | Anzahl | Gegenstand |
|---|---|---|---|
| | Aschkratzen | | Schlüssel für Gasfüllhahn |
| | Behälter für Leistungsbuch | | Schlüssel für Gasleitung |
| | Brechstangen | | Schlüsselringe mit Schlüsseln |
| | Feuerhaken | | Sitze, lose |
| | Feuerkrücken | | Schraubenkupplungen mit geschlossenen Bügeln an beiden Enden |
| | Flaschenkannen | | Vorhängeschlösser |
| | Fußgestelle, federnde | | Vierkantschlüssel |
| | Kohlenhacken | | Aufsteckrohre für Schraubenschlüssel |
| | Kohlenschaufeln | | Blitzzangen |
| | Kurbeln für Kipprost | | Durchschläge |
| | Mappen für Leistungsbuch | | Feilen |
| | Ölspritzer | | Flachmeißel |
| | Schlackenheber | | Gabelschlüssel, gezahnte |
| | Schmierdeckelöffner | | Hakenschlüssel |
| | Schmierkannen | | Handhämmer |
| | Büchsen mit 6 Knallkapseln | | Kneifzangen |
| | Signallaternen mit je 1 roten Vorsteckscheibe | | Kreuzmeißel |
| | Signalscheiben aus Blech | | Schlüssel mit geschlossenem Sechskant |
| | Rotbeleuchtungseinrichtung für Lichtpatronen | | Schlüssel mit geschlossenem Vierkant |
| | Abölampen | | Schraubenschlüssel, verstellbar |
| | Handlampen, elektr mit Stecker | | „ gewöhnliche |
| | Wasserstands- und Arbeitslaternen für Karbid | | „ für Luftpumpe |
| | Wasserstandslaternen, elektr | | „ „ Speisepumpe |
| | Wasserstandslaternen für Ölbeleuchtung | | „ „ Schwingkurbelbolzen |
| | Behälter mit elektr Beleuchtungsteilen | | Schraubenzieher |
| | Kasten mit Glühkörpern, Düsen und Mundstücken | | Sonderschlüssel für Achslagerstellkeilschrauben |
| | Behälter mit Lampenzylindern | | Steckschlüssel für Kesselhahn |
| | „ „ Dichtringen | | Steckschlüssel für Ölsperren |
| | „ „ Knallkapselbüchse, Vierkantschlüssel | | Vorschlaghämmer |
| | „ und Meldeblock | | Sonderschlüssel für Schmierpumpe |
| | „ mit Schaugläsern zum Tropfanzeiger | | Zapfenschlüssel |
| | „ mit einem Satz Schmiernadeln | | Führungsringe zum Wasserstandsanzeiger |
| | Büchsen für Putzstoffe | | Gummiringe zum Wasserstandsanzeiger |
| | „ „ Seife | | Klinger-Wasserstandseinsätze |
| | „ „ Talg | | Besen |
| | „ „ Karbid | | Roststäbe |
| | Eimer, eiserne | | Verbandpäckchen in Blechbüchse |
| | Fahrplanbuch- und Zettelhalter | | Ersatzbremskupplungen mit Gewindeanschlußstutzen |
| | Kasten mit ........ Wasserstandsgläsern | | Kasten für Stangenlagerbeilagen |
| | Petroleumkannen | | Wetterschutzvorhänge |
| | Ölkannen, große | | Spreizhölzer zum Festlegen der Kolben |
| | Ölkannen, kleine | | Radkeile |
| | Anschließketten | | Ölpinsel |
| | Haken zum Abheben des Bodens im Führerhaus | | |
| | Kohleneinsatzbretter für Schlepptender | | |
| | Handfeger | | |
| | Schieberstichmaße | | |

947 D [illegible] Begleitzettel A 4 b Gb Dresden III 9/51 II 51 5000

Bild 11: Begleitzettel nach DV 947 (Vorderseite)

| Anzahl | Gegenstand | Anzahl | Gegenstand |
|---|---|---|---|
| | | | |

Die Lokomotive wurde mit den vorstehend aufgeführten Geräten und Ausrüstungsstücken ordnungsgemäß übergeben und übernommen.

| Bf oder Bw | Ankunft | | | übernommen durch | | übernommen durch | |
|---|---|---|---|---|---|---|---|
| | Tag | Std | Min | Name | Dienststellung | Name | Dienststellung |
| | | | | | | | |

Der Begleitzettel ist von den die Lokomotive begleitenden Bediensteten zu führen, auf dem Ablösebahnhof dem Ablöser ordnungsmäßig, nachdem dieser durch Namensunterschrift das vollzählige Vorhandensein der Geräte bescheinigt hat, zu übergeben.

Auf dem Zielbahnhof ist er an das zuständige Bw abzugeben, welches ihn erforderlichenfalls an den Überwachungsangestellten des betreffenden Werkes leitet.

Bild 12: Begleitzettel nach DV 947 (Rückseite)

Bei Eingang im Reichsbahnausbesserungswerk wird die Lokomotive im Beisein des Lokomotivpersonals oder eines Begleiters übernommen. Die Lokomotive wird ebenfalls im Beisein des Personals auf fehlende Teile untersucht. Diese Untersuchung ist bei kalt zugeführten Lokomotiven besonders gründlich vorzunehmen, da hier die Stangen und sonstigen Teile abgebaut sind und auf dem Tender mitgeführt werden. Für die Übernahme der Lokomotive ist ein Vordruck entsprechend der DV 947 zu verwenden (siehe Bilder 11 und 12).
Die auf der Lokomotive befindlichen Werkzeuge und Geräte sind im Reichsbahnausbesserungswerk zu hinterlegen; eine Durchschrift des Geräteverzeichnisses ist dem Personal mitzugeben. Bei Abholung der Lokomotive werden gegen Vorlage dieses Verzeichnisses die hinterlegten Werkzeuge und Geräte wieder ausgegeben. Sie werden nur auf Verlangen des Bahnbetriebswerkes vom Reichsbahnausbesserungswerk aufgearbeitet. Auftragserteilung erfolgt mit Bestellzettel (DRBz).

## 4.3 Arbeitsaufnahme

Durch die Arbeitsaufnahme werden Art und Umfang der Arbeiten bestimmt, die planmäßig oder nach dem Befund entsprechend der DV 946 auszuführen sind. Die Ermittlung des Arbeitsumfanges und die Ausfertigung der Auftragsunterlagen lagen früher in der Hand des Meisters, der gleichzeitig einer Meisterei vorstand. Dieses Aufgabengebiet ist heute vom Produktionsmeister abgetrennt und der Gruppe Arbeitsaufnahme unterstellt. Die Arbeitsaufnehmer sind im Ausbesserungswesen bewährte Fachkräfte, die mit den Grundsätzen der Erhaltungswirtschaft und den Ausbesserungsvorschriften und Bestimmungen bestens vertraut sind und die sich der ökonomischen Auswirkungen ihrer Arbeit voll bewußt sein müssen. In der Gruppe Arbeitsaufnahme werden die Kosten während der Ausbesserung überwacht und die Unterlagen für die Planung des nächsten Jahres geschaffen. Es muß ständig das Ziel des Arbeitsaufnehmers sein, mit dem geringsten Aufwand die Ausbesserung so durchzuführen, daß die Lokomotive störungsfrei bis zur nächsten planmäßigen Ausbesserung läuft und aufwändige Arbeiten mit der nächsten planmäßigen Haupt- oder Zwischenuntersuchung zusammenfallen. Durch die Arbeitsaufnahme wird die Wirtschaftlichkeit der Lokomotiverhaltung grundlegend beeinflußt, denn die Ausbesserungskosten hängen von der Art und dem Umfang der durch die Arbeitsaufnahme festgelegten Arbeit ab.
Andererseits müssen die Lokomotiven die Nutzungszeit zwischen zwei Schadgruppen in vollem Umfange durchhalten.
Der durch die Arbeitsaufnahme an einer Lokomotive festzulegende Arbeitsumfang richtet sich nach der Vormeldung, dem Protokoll des Voraufnehmers und nach den vorgeschriebenen Plan- und Teilplanarbeiten, wie sie in den „Richtlinien für die Arbeitsaufnahme an Dampflokomotiven der Schadgruppen L4, L3 und L2“ festgelegt sind. In den Vorbemerkungen zu diesen Richtlinien sind die vorgenannten Begriffe folgendermaßen erläutert:

Planarbeiten bezeichnen den Arbeitsumfang, der nach der DV 946 in der jeweiligen Schadgruppe auszuführen ist.

Teilplanarbeiten sind Arbeiten, die bei einer Schadgruppe in wechselndem Umfange anfallen können. In den Richtlinien wird auf diese Arbeiten durch den Vermerk „nach Befund“ oder „nach Vormeldung“ besonders hingewiesen.

Bei der Hauptuntersuchung (L4) müssen die Lokomotivteile so aufgearbeitet werden, daß die Lokomotive bis zur nächsten Hauptuntersuchung betriebssicher und betriebstüchtig bleibt und daß zwischenzeitlich nur die bei den Schadgruppen L3 und L2 vorgeschriebenen Planarbeiten ausgeführt werden müssen.

Bei der Zwischenuntersuchung (L3) muß die Lokomotive so aufgearbeitet werden, daß sie bis zur nächsten Hauptuntersuchung durchhält und daß dazwischen nur die bei der Schadgruppe L2 vorgeschriebenen Planarbeiten auszuführen sind.

Der Arbeitsaufnehmer hat nach Beendigung der Arbeitsaufnahme dafür zu sorgen, daß den zuständigen Meistern und Brigadieren der von ihm festgelegte Arbeitsumfang schnellstens durch die Arbeitsscheine vor Beginn der Arbeit übergeben wird. Der Arbeitsaufnehmer ist in seinem Arbeitsgebiet auch für die Materialbestellung verantwortlich.

## 4.4 Grenzmaße

Die Eigenart der Ausbesserungsarbeit bedingt die Einführung verschiedener Grenzmaße. Es wird unterschieden nach

Grenzmaßen für die Neufertigung,
Grenzmaßen für die Ausbesserung und
Grenzmaßen für den Betrieb.

### 4.401 **Grenzmaße für die Neufertigung**

Die Grenzmaße für die Neufertigung sind das „Urgrößtmaß“ und das „Urkleinstmaß“, wie es sich aus der Zeichnung ergibt. Es behandelt die Beziehungen zwischen zwei zusammengefügten Teilen.

B e i s p i e l :

Herstellungsmaß: $30_{n6}$

Bei dieser Toleranzangabe beträgt das
Urgrößtmaß 30,028 mm
Urkleinstmaß 30,015 mm

Das „Urgrößtspiel“ und das „Urkleinstspiel“ ergibt sich aus der Passung von Welle und Bohrung.

### 4.402 **Grenzmaße für die Ausbesserung**

Die dem Verschleiß unterliegenden Lokomotivteile besitzen nicht mehr die Urmaße nach der Zeichnung, wenn sie dem Reichsbahnausbesserungswerk zur Untersuchung zugeführt werden. So wird zum Beispiel ein Achsschenkeldurchmesser durch die Abnutzung kleiner. Deshalb ist aber noch nicht gleich Ersatz nötig, da die Teile so bemessen sind, daß Abnutzungen bis zu einem gewissen Grad zulässig sind. Das Grenzmaß, mit dem ein Lokomotivteil nach einer Planausbesserung wieder in Betrieb genommen werden darf, wird „Werkgrenzmaß“ genannt. Die Werkgrenzmaße sind in der DV **946** für die Lokomotivteile festgelegt.

Das „Werkgrenzspiel“ ist das höchstzulässige Spiel, mit dem zusammenarbeitende Lokomotivteile nach einer Planausbesserung wieder in Betrieb

genommen werden dürfen. Die Werkgrenzspiele sind in der DV 946 festgelegt und in den „Richtlinien für die Arbeitsaufnahme an den Dampflokomotiven, Schadgruppe L4, L3 und L2“ zusammengestellt.
Die „Werkgrenzformabweichung“ ist die äußerste zulässige Abweichung von der Form (Kreis, Zylinder, Kegel usw.), mit der ein Lokomotivteil nach einer Planausbesserung wieder in Betrieb gegeben werden darf. Die Werkgrenzformabweichung hat zum Beispiel bei den Achsschenkeln, Treib- und Kuppelzapfen die Bedeutung, daß sie angibt, wie weit diese von der Form abweichen dürfen, bevor sie aufgearbeitet werden müssen.
Die Werkgrenzmaße und Werkgrenzspiele sind für die einzelnen Schadgruppen verschieden bemessen. Man will dadurch erreichen, daß der größere Arbeitsaufwand bei der Hauptuntersuchung anfällt. In einigen Fällen sind die Werkgrenzmaße und -spiele für schnellfahrende oder für hochbeanspruchte Lokomotiven enger als für die übrigen Lokomotiven festgelegt.

### 4.403 **Grenzmaße für den Betrieb**

Betriebsgrenzmaße sind das äußerst zulässige Maß, das aus Gründen der Betriebssicherheit nicht überschritten bzw. unterschritten werden darf. Ist das Betriebsgrenzmaß über- oder unterschritten, so muß das Teil ausgewechselt oder die Lokomotive außer Betrieb gesetzt werden. Ebenso verhält es sich bei den Betriebsgrenzspielen. Zwischen dem Betriebsgrenzmaß und dem Urmaß liegt immer das Werkgrenzmaß.
Die Grenzmaße für den Betrieb sind in der DV 947 „Dienstvorschrift für die Behandlung der Dampflokomotiven und Tender im Betrieb“ enthalten. Die Grenzmaße für den Betrieb werden so festgelegt, daß die Bruchsicherheit der Lokomotivteile und die Laufsicherheit der Lokomotive gewährleistet sind.

## 4.5 Aufarbeiten der Lokomotivteile

Die Fld-Zeichnungen (F-Fahrzeuge, l-Lokomotiven, d-Dampf) und die in den Dienstvorschriften festgelegten Grenzmaße und Abmaße sind bei der Aufarbeitung der Lokomotivteile die Grundlage. Ein Lokomotivteil wird beim Aufarbeiten nur dann wieder auf Urmaß, das heißt auf Zeichnungsmaß gebracht, wenn seine Abmessung bereits außerhalb des Werkgrenzmaßes gekommen ist, denn das Werkgrenzmaß ist das äußerste Maß, mit dem das Lokomotivteil nach einer Planausbesserung dem Betrieb wieder übergeben werden darf.
Hat ein Lokomotivteil, das aufgearbeitet werden muß, sein Werkgrenzmaß noch nicht erreicht und würde auch nach der Bearbeitung das Werkgrenzmaß noch nicht erreicht sein, so wird es im allgemeinen auf ein Zwischenmaß gebracht. Dieses Zwischenmaß ergibt sich aus einer spansparenden Bearbeitung, mit dem die vorgeschriebene Form und Güte der Oberfläche noch eben wiederhergestellt wird.
Verschiedene Lokomotivteile werden auf Stufenmaß aufgearbeitet. Das Stufenmaß wird in solchen Fällen angewandt, wenn das aufzuarbeitende Teil zu einem anderen Teil passen muß, das auf Stufenmaß in Serie gefertigt wird, zum Beispiel Kolbenringe für Kolbenschieber.
Ist ein Aufarbeiten durch Schweißen nötig, so ist die DV 951 „Dienstvorschrift für das Schweißen in den Reichsbahndienststellen (Werkschweißvorschrift)“ zu beachten.

## 4.6 Arbeitsprüfung

Durch die laufende Arbeitsprüfung soll nicht allein mangelhafte Arbeit oder Ausschuß festgestellt werden, sondern es ist dafür zu sorgen, daß durch unmittelbare Beeinflussung des Produktionsprozesses Ausschuß vermieden wird und die Lokomotiven mit der erforderlichen Qualität ausgebessert werden.

Die Qualität der Arbeit ist durch die Zeichnung festgelegt, nach der das Lokomotivteil wieder herzustellen oder neu anzufertigen ist.

Je nach der Art und den Produktionserfordernissen werden verschiedene Organisationsformen der Arbeitsprüfung angewandt und zwar:

1. die *laufende* Prüfung aller Teile, zum Beispiel bei der Neufertigung,
2. die *stichprobeweise* Prüfung, in der nur ein bestimmtes Teil der gefertigten Werkstücke untersucht wird,
3. die Prüfung nach der Montage von Baugruppen und
4. die Endprüfung.

Darüber hinaus gibt es noch die vorbeugende Prüfung, die sich auf die Arbeits- und Meßwerkzeuge und auf die verwendeten Materialien erstreckt, um einer an Qualität mangelnden Bearbeitung vorzubeugen, einheitliche Abmessungen zu gewährleisten und zu vermeiden, daß minderwertiges Material verwendet wird.

Zur Arbeitsprüfung gehören auch Durchführung von Festigkeitsproben oder Dichtigkeitsproben mit Wasser und Dampf und Wasserdruckversuche und Dampfdruckproben an Lokomotivkesseln. Für die Durchführung der Wasserdruckversuche sind nur ausdrücklich dafür zugelassene Ingenieure (Kesselprüfer) berechtigt.

Eine Prüfung besonderer Art ist der Arbeitsversuch, zum Beispiel beim Probelauf der Pumpen, die Funktionsprüfung der Bremsventile und der Sicherheitsventile auf den Prüfständen und die Probefahrten der Lokomotiven in Form von Leer- und Lastfahrt.

Im Rahmen der Arbeitsprüfung kommen auch besondere Untersuchungsverfahren zur Anwendung, wie die Röntgenprüfung, das Schlämmkreideverfahren, das Magnetpulververfahren, die chemischen Untersuchungsverfahren und die Ultraschalluntersuchungen. Radioaktive Isotope werden zur Zeit bei der Deutschen Reichsbahn noch nicht angewendet.

Nachstehend werden die wichtigsten Prüfbegriffe erläutert:

Prüfen umfaßt die Tätigkeit der Arbeitsabnahme und Gütekontrolle;

Prüfmessen ist ein Kontrollmessen der Maße oder Spiele nach Bearbeitung oder Zusammenbau neugefertigter oder aufgearbeiteter Werkstücke;

Arbeitsprobe ist Feststellen der Funktionen eines Werkstückes oder Aggregates unter seinen natürlichen Arbeitsbedingungen;

Funktionsprüfung ist die Prüfung des Zusammenwirkens der Einzelteile einer vollständigen Anlage.

## 4.7 Lokomotivabnahme

Für die Abnahme der Lokomotiven setzt die Hauptverwaltung Maschinenwirtschaft Abnahmeinspektoren ein, die über ausgezeichnete Erfahrungen bei der Lokomotivausbesserung und im Lokomotivfahrdienst verfügen. Die Abnahmeinspektoren haben das Recht, Einzelteile in der Werkstatt auf ihre Arbeitsgüte zu prüfen. Sie führen die Probefahrten aus, stellen die Mängel fest und achten auf ihre Beseitigung. Ihnen wird die Lokomotive vom Endprüfer des Werkes übergeben und, nachdem sie sich von der Betriebstüchtigkeit der Lokomotive überzeugt haben, das Abnahmeprotokoll unterschrieben. Dem Abnahmeinspektor steht das Recht zu, sämtliche Zeichnungen, technische Vorschriften usw., soweit es die Ausbesserung von Lokomotiven betrifft, einzusehen.

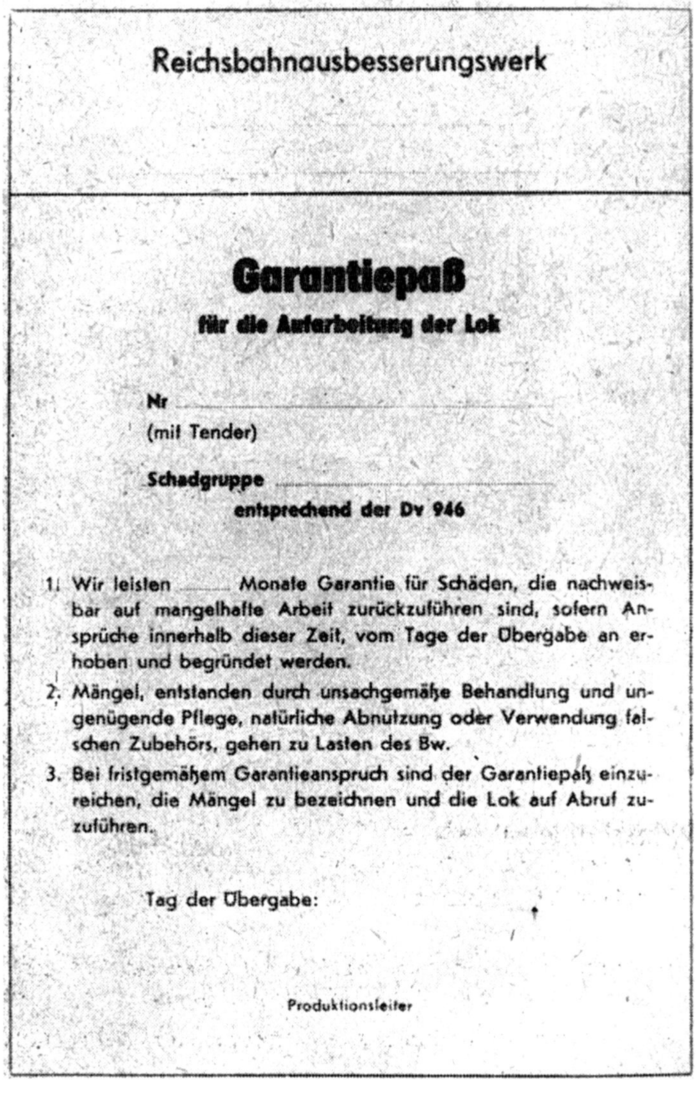

Reichsbahnausbesserungswerk

**Garantiepaß**

**für die Aufarbeitung der Lok**

Nr ..........

(mit Tender)

Schadgruppe ..........

entsprechend der Dv 946

1. Wir leisten ...... Monate Garantie für Schäden, die nachweisbar auf mangelhafte Arbeit zurückzuführen sind, sofern Ansprüche innerhalb dieser Zeit, vom Tage der Übergabe an erhoben und begründet werden.
2. Mängel, entstanden durch unsachgemäße Behandlung und ungenügende Pflege, natürliche Abnutzung oder Verwendung falschen Zubehörs, gehen zu Lasten des Bw.
3. Bei fristgemäßem Garantieanspruch sind der Garantiepaß einzureichen, die Mängel zu bezeichnen und die Lok auf Abruf zuzuführen.

Tag der Übergabe:

Produktionsleiter

Bild 13: Garantiepaß für Lokomotiven

## 4.8 Garantiepaß

Die Arbeitsgüte hängt nicht allein von der richtigen Arbeitsausführung, sondern auch vom richtig festgelegten Ausbesserungsumfang und von den angewendeten Fertigungsverfahren ab, im wesentlichen jedoch von der handwerklich guten Ausführung der Arbeit, die auch verdeckte Mängel ausschließt. Wenn auch das Reichsbahnausbesserungswerk gegenüber dem Bahnbetriebswerk entsprechend den Dienstvorschriften eine Garantieverpflichtung zur unentgeltlichen Beseitigung dieser Mängel bei späterer Reklamation hat, so wird die Qualität der Reichsbahnausbesserungswerkarbeit jedoch in letzter Zeit durch die Garantiepaß-Bewegung der Arbeitsbrigaden sehr gesteigert. Diese übernehmen im Zuge der sozialistischen Bewußtseinsentwicklung die Garantie für die einwandfreie Funktion der von ihnen ausgebesserten Fahrzeugteile für einen bestimmten Zeitraum (meist ½ Jahr). Etwaige spätere Beanstandungen beseitigen die Brigaden auf Grund ihrer Verpflichtung, ohne einen besonderen Lohnschein zu fordern. Einen Garantiepaß zeigt Bild 13.

# 5. Grundsätze für die Einführung der fließenden Fertigung

## 5.1 Allgemeine Grundlagen

Ein Werk für die Ausbesserung von Fahrzeugen unterliegt in seiner ökonomischen Zielsetzung den gleichen Bedingungen wie ein Neufertigungswerk. Es sind hauptsächlich drei Forderungen, die gestellt werden müssen. Es ist die Forderung nach dem geringsten Kostenaufwand, nach der niedrigsten Durchlaufzeit des Fahrzeuges durch die Werkstatt und nach der höchsten Arbeitsgüte.
Bei der Neufertigung wird die Arbeit nach Zeichnung ausgeführt, die alle für die Neuanfertigung wichtigen Angaben über die Form, Baustoffe, Abmessungen, Bearbeitungsart und deren Genauigkeit enthalten. Die Zeichnungen legen die Arbeitsausführungen so eindeutig fest, daß der Arbeitsumfang und der Zeit- und Kostenaufwand aller danach angefertigten Teile hierdurch feststehend ist.
Im Gegensatz dazu hängt der Arbeitsumfang der Ausbesserungsarbeit vom jeweiligen Abnutzungsgrad der einzelnen Teile ab, der Arbeitsumfang ist deshalb verschieden groß. Die Zeichnungen sind nur für den Fall zu verwenden, daß neue Teile hergestellt werden müssen, und auch dann nur mit der Einschränkung, daß Paßflächen, die mit denen gebrauchter Teile übereinstimmen sollen, nicht nach den Urgrößen, sondern nach den infolge der Abnutzung vorliegenden Abmessungen zu bearbeiten sind. Der Arbeitsumfang kann erst nach eingehender Besichtigung oder Aufmessung von Fall zu Fall festgelegt werden. Das ist auch die Ursache, weshalb sich lange Zeit hindurch die Ausbesserungsarbeit in rein handwerksmäßiger Weise abgespielt hat.

## 5.2 Arbeitsfluß bei der Lokomotivausbesserung

Das Arbeitsflußdiagramm für die Dampflokomotivausbesserung (siehe Bild 14) zeigt, wie sich nach dem Zerlegen der Lokomotive die Einzelteile vom Hauptfluß — das ist der Rahmen — abzweigen und sich zur bestimmten Zeit wieder in den Hauptfluß einordnen. Die Zeit zwischen Abbau und Montage steht für die Aufarbeitung der Teile zur Verfügung. Sie reicht in den meisten Fällen auch dazu aus, wenn eine straffe Organisation und Fristenplanung eingeführt ist. Für die Aufarbeitung des Kessels und der zugehörigen Armaturen steht, wie aus dem Schema ersichtlich ist, nicht die ausreichende Zeit zur Verfügung. Der Kessel wird als letztes Teil vom Rahmen abgehoben und zuerst wieder auf den Rahmen aufgesetzt. Hier können zwei verschiedene Wege eingeschlagen werden, um die Aufarbeitung des Rahmens mit der Aufarbeitung des Kessels aufeinander abzustimmen:

1. Der Kessel wird getauscht.

2. Der Kessel wird abgebaut und in der Kesselschmiede aufgearbeitet. Der Lokomotivrahmen wird in der Zwischenzeit auf dem Hof abgestellt und erst dann in Arbeit genommen, wenn die Fertigstellungsfrist des Kessels festliegt. Der Rahmen wird einige Tage vor der Kessellieferungsfrist in Arbeit genommen. Der genaue Zeitpunkt ist abhängig vom Arbeitsumfang des Rah-

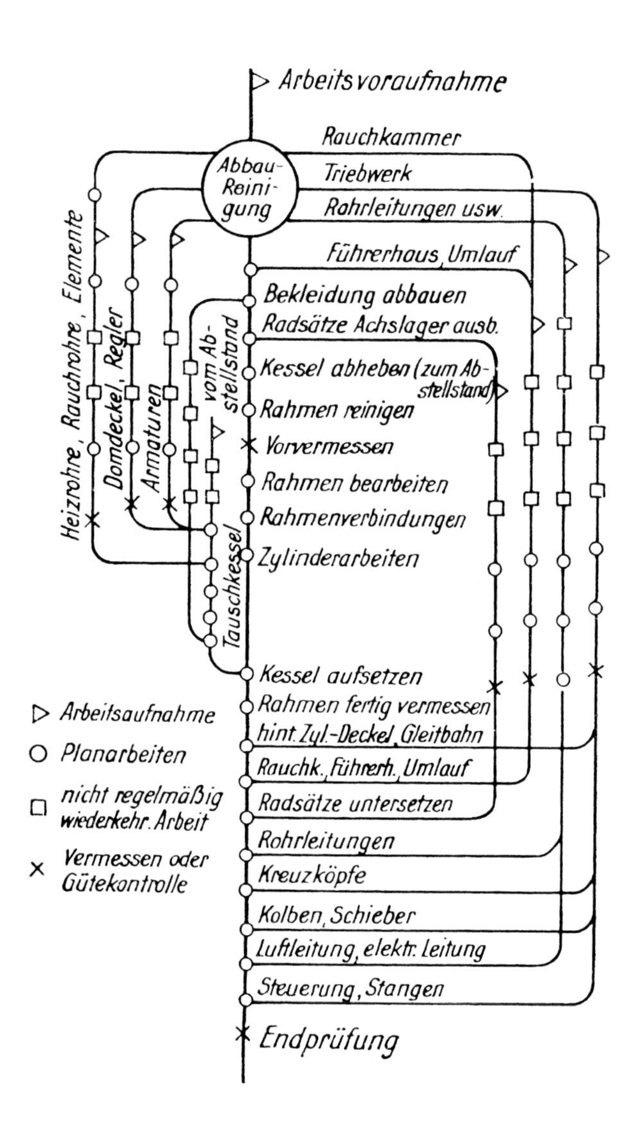


Bild 14: Arbeitsflußdiagramm

mens. Der Arbeitsumfang kann verschieden sein. Er wird hauptsächlich beeinflußt vom Zustand der Querträger, der Rahmenwangen und der Zylinder. Obwohl der Arbeitsumfang bei der Wiederherstellung der Lokomotivteile unterschiedlich ist, beweist das Arbeitsflußdiagramm die Möglichkeit einer modernen Fertigungsweise. Sie besteht in der Arbeitsteilung und einer straffen Organisation der Fristenüberwachung. Der Abbau, die Rahmenaufarbeitung und die Montagen liegen im Hauptfluß. Die Aufarbeitung des Kessels und der übrigen Lokomotivteile laufen parallel zum Hauptfluß.

## 5.3 Maßnahmen zur Einführung der fließenden Fertigung

Neben der Klarstellung des technologischen Arbeitsablaufes muß noch eine Reihe von Maßnahmen erfüllt sein, die die fließende Fertigung ermöglichen. Dazu gehören:

1. Die Spezialisierung der Werke nach Fahrzeugarten und innerhalb dieser nach Baureihen, um eine große Anzahl möglichst gleichartiger Lokomotiven

zu erhalten. Je mehr die Werke spezialisiert werden, umso wirtschaftlicher lassen sich die Arbeitsabläufe gestalten. Diese Spezialisierung ist bei der Deutschen Reichsbahn wegen ihres engen Streckennetzes wirtschaftlich möglich. Jedoch muß innerhalb der Werke mit Rücksicht auf wechselnden Arbeitsanfall ein Ausgleich möglich sein.

2. Gleichmäßiger Lokomotivzulauf zum Reichsbahnausbesserungswerk, um eine gleichmäßige Belastung und damit einen kontinuierlichen Arbeitsfluß in den Werkstätten zu erhalten. Das wird durch die Jahresplanung und die gemeinsame quartalsmäßige Festlegung des Feinplanes nach Loknummern zwischen dem Betriebsmaschinendienst und Werkstättendienst festgelegt.

3. Bei den Neubaulokomotiven muß durch gute Zusammenarbeit zwischen den Konstrukteuren in den Neubaubetrieben und den Fachkräften in den Reichsbahnausbesserungswerken gesichert sein, daß die Grundsätze der Standardisierung, der Normung und des Austauschbaues beachtet und die Möglichkeiten zum einfachen Ab- und Anbau der wichtigsten Verschleißteile und die gute Zugänglichkeit der häufig zu behandelnden Teile gewährleistet werden.

4. Die Einführung der vorbeugenden Ausbesserung nach dem Schadgruppensystem, das den Arbeitsumfang an der Lokomotive je Schadgruppe festlegt, ist ein weiterer Fortschritt zur Einführung der fließenden Fertigung bei der Ausbesserung von Dampflokomotiven.

5. Die Einführung des Austauschbaues gestattet die Aufarbeitung der Tauschteile, unabhängig von der Aufarbeitung der Dampflokomotive. Die Tauschteile brauchen, da sie standardisiert sind, nicht mehr für das Fahrzeug, von dem sie stammen, verwendet zu werden. An ihre Stelle treten einbaufertig aufgearbeitete Teile, die in einem der Bedarfsstelle naheliegenden Tauschlager bereitgehalten werden.

6. Die Einführung des Tauschverfahrens setzt die Standardisierung und Normung der Einzelteile voraus. Durch die Standardisierung werden alle für den Gebrauch bestimmten Lokomotivteile auf wenige Sorten beschränkt und durch zeichnungsmäßige Festlegung der Toleranzen nach dem ISO-Passungssystem austauschbar gemacht. Die Einschränkung der Sorten ermöglicht die wirtschaftliche Wiederherstellung der Teile in Serienfertigung. Durch die Standardisierung der Fahrzeugteile sind große Vorteile entstanden. So ist zum Beispiel die Zahl der Federstahlquerschnitte von 39 auf 9, die der Roststäbe von 189 auf 39 verringert worden. Die durch die Verringerung erreichte Austauschbarkeit von Fahrzeugteilen trägt entscheidend zur Senkung der Werkaufenthaltszeiten und der Lagerbestände bei.

Für die Unterhaltung der Lokomotiven sind wegen der besonderen Abnutzungsverhältnisse die Toleranzen und Gütegrade der für den allgemeinen Maschinenbau geltenden Passungssysteme nicht in allen Fällen anwendbar. Aus diesem Grunde wurden vom „Lokomotiv-Normenausschuß" Normen unter der Bezeichnung LON herausgegeben, die seit einigen Jahren in das DIN-Normenwerk des Deutschen Normenausschusses aufgenommen worden sind. Sie sind maßgebend für den Neubau der Lokomotiven, bei denen alle Teile austauschbar sein sollen.
Für die Ausbesserung von Lokomotiven sind sie nicht ohne weiteres anwendbar, weil die Fahrzeuge in abgenutztem Zustand zugeführt werden. Die be-

sondere Schwierigkeit liegt hier darin, daß Teile, die ineinander einzupassen sind, wie Kolbenringe und Zylinderbohrung, Achslagergehäuse und Rahmenbacken, Paßschrauben und Paßschraubensitze, beiderseits nicht mehr ihre ursprünglichen Maße haben. Die Normungsvorschriften müssen deshalb angeben, daß der eine Teil der Passung entweder nach dem Urmaß oder nach bestimmten, von den Urmaßen abweichenden Abnutzungsstufen wieder herzustellen ist. Diese für die Wiederherstellung der Teile in den Reichsbahnausbesserungswerken und den Bahnbetriebswerken bestimmten Normen heißen „Werknormen“ (WEN).
Für den Eisenbahnfahrzeugbau ergeben die für den allgemeinen Maschinenbau festgesetzten Passungen teilweise zu enge Toleranzen. Es ist deshalb der Gütegrad „Große Spiele“ eingeführt worden.
Das ISO-Einheitsbohrungssystem ist das Passungssystem der Deutschen Reichsbahn, weil es bei der Fahrzeugausbesserung gegenüber dem System der Einheitswelle den Vorteil der einfachen Werkzeughaltung gewährt. Die Bohrungen einer Qualität sind einheitlich. Die Wellen sind um die für die verlangte Passung erforderlichen Spiele oder Übermaße kleiner oder größer als die Bohrung. Es gibt Preßpassungen, Übergangspassungen und Spielpassungen.

## 5.4 Organisation der fließenden Fertigung

### 5.401 **Anwendbarkeit bei der Lokomotivausbesserung**

Die Forderungen nach der niedrigsten Durchlaufzeit der Dampflokomotive durch die Werkstatt zwingen zur Arbeitsteilung und zur Ausführung einer Reihe von Arbeiten parallel zueinander. Dazu sind Sonderwerkstätten nötig, die die Aufarbeitung der einzelnen Teile übernehmen, wie Treib- und Kuppelstangen, Steuerteile, Dampfkolben, Kreuzköpfe, Gleitbahnen, Achslager, Drehgestelle, Brems- und Federungsteile, Kesselausrüstungsteile, Überhitzerelemente, Heiz- und Rauchrohre, Armaturen, Druckluftbremsteile, Luft- und Speisepumpen, Vorwärmer usw.
Die Gliederung der Zusammenarbeit in eine Reihe zeitlich und örtlich nebeneinander auszuführender Arbeitsgänge erfordert eine bestimmte Planmäßigkeit der Reihenfolge für die in Arbeit zu nehmenden Teile und für die Fertigstellung der Teile. Die Überwachung und Kontrolle erfolgt mit Hilfe des Fristenplanes (siehe Bild 10).
Die Sonderwerkstätten haben alle für die Bearbeitung erforderlichen Arbeitsplätze, Maschinen und Vorrichtungen zu erhalten, die in einer solchen Reihenfolge angeordnet sein müssen, daß das Lokomotivteil die Werkstatt von einem Arbeitsplatz zum anderen in einer Richtung durchläuft. Dazu ist notwendig, daß für die Aufarbeitung jedes Teiles ein genauer Arbeitsablaufplan ausgearbeitet wird, in dem die Reihenfolge der Arbeiten und die Art und Zahl der dazu erforderlichen Maschinen und Vorrichtungen festgelegt sind und ihnen die Plätze in der Werkstatt zuweist. Maßgebend ist die Reihenfolge des technologischen Arbeitsablaufes. Daraus ergibt sich die fließende Fertigung, die folgende Vorteile hat:
Kürzeste Transportwege der Dampflokomotivteile, größte Übersichtlichkeit der Fertigung, beste Ausnutzung der Maschinen, gute Arbeitsteilung, Entwicklung und Einsatz von Sondervorrichtungen, niedrigste Verlustzeiten.

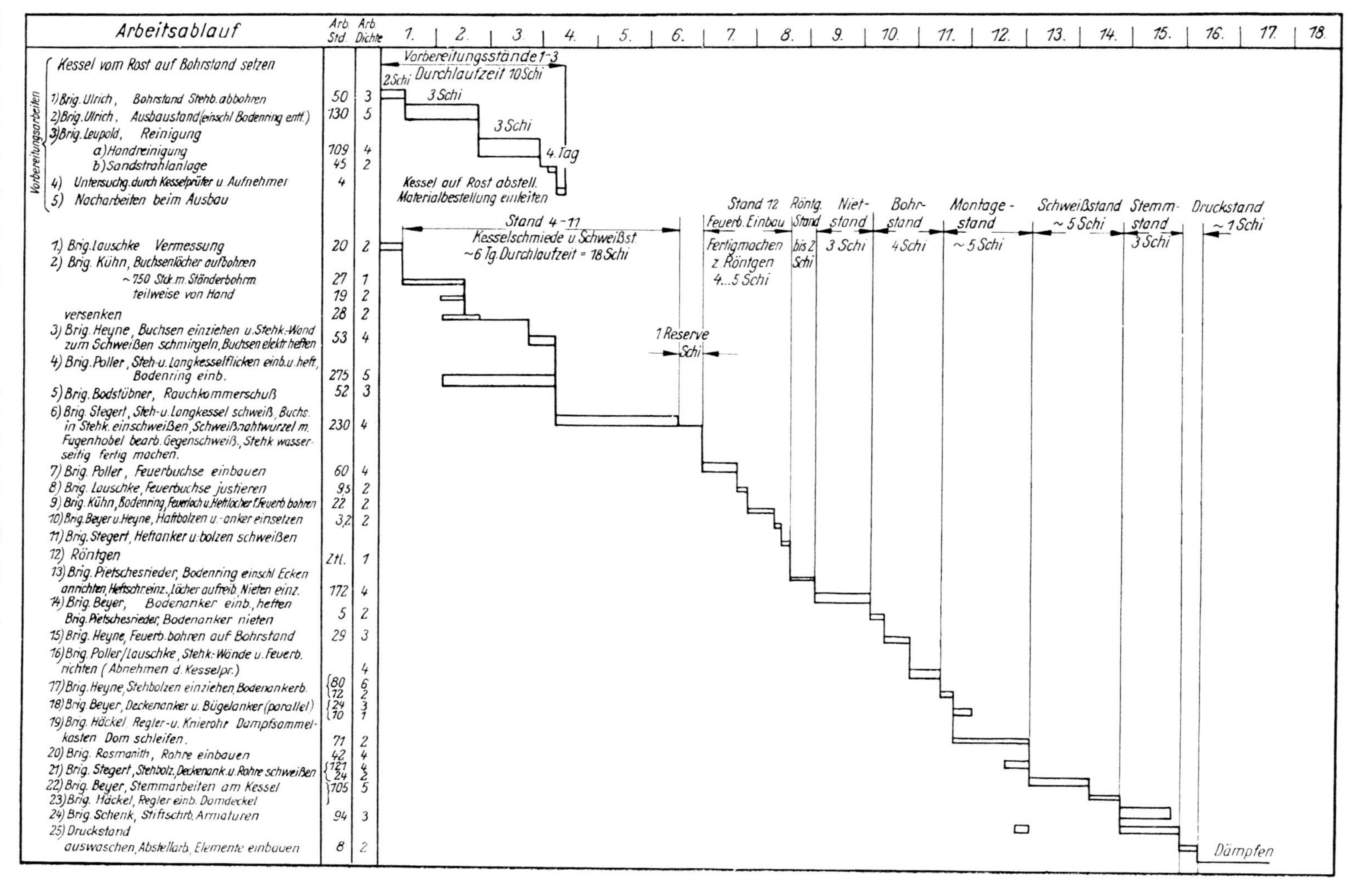


Bild 15: Beispiel der Ermittlung von Arbeitsstufen für Kessel

Bei der Aufarbeitung des Lokomotivrahmens und Kessels und der Ausführung der Montagearbeiten ist eine fließende Fertigung in der Weise, wie sie bei den Einzelteilen möglich ist, nicht durchführbar. Hier wird die Gesamtzeit in eine Anzahl Arbeitsstufen zerlegt (siehe Bild 15) und für jede Arbeitsstufe eine Anzahl Stände vorgesehen (siehe Bild 16), auf denen die zur Arbeitsstufe gehörenden Einzelarbeiten nebeneinander ausgeführt werden. Nach Beendigung der Arbeiten einer Stufe wird die Lokomotive auf einen Stand der nächsten Stufe umgesetzt. Auf diese Weise erhält man eine Art der fließenden Fertigung, bei der das Fahrzeug von Stand zu Stand der Vollendung entgegengeht. Dieses Verfahren bezeichnet man als das Aufbaustufenverfahren.

Die Arbeitsteilung und die fließende Fertigung verlangen aber noch weitere Maßnahmen, die den ungestörten Fortgang der Arbeiten bei der Lokomotivmontage sichern. Dazu gehört das Tauschverfahren. Beim Aufkommen einer größeren Zahl gleicher Arbeitsstücke werden diese nicht sofort in Arbeit genommen, sondern erst, nachdem sich eine größere Anzahl davon angesammelt hat.

Die in einem Verzeichnis als Tauschteile benannten Lokomotivteile werden in einem Tauschlager gesammelt und in größeren Stückzahlen der Aufarbeitungswerkstatt zugeführt. Die Aufarbeitungswerkstatt ist ebenfalls nach dem Prinzip der fließenden Fertigung eingerichtet. Sie kann entweder im gleichen Reichsbahnausbesserungswerk oder in einem anderen Reichsbahnausbesserungswerk untergebracht sein, das dann die Aufarbeitung für mehrere Werke übernimmt. Dadurch, daß eine Reihe gleicher Arbeitsstücke auf einmal in Auftrag gegeben wird, gleicht sich der Arbeitsanfall aus, und somit wird auch der Arbeitsfluß durch die betreffende Fertigungsabteilung gleichmäßiger. Dies führt zu einer besseren Ausnutzung der Maschinen und zu einem planvollen Ablauf der Arbeit in der Werkstatt. Um Verzögerungen der Montage bei der Dampflokomotive zu vermeiden, muß eine bestimmte, dem Bedarf angepaßte Zahl solcher Teile in einbaufertigem Zustand vorrätig gehalten werden. Zur Ermittlung der Tauschstückzahlen kann folgende Formel angewendet werden:

$$V_T = (A - D) \cdot n \cdot z_d + V_s$$

A = Aufarbeitungszeit des Einzelteiles in Tagen (bei zentraler Aufarbeitung in einem anderen Werk ist die Transportzeit hinzuzurechnen)

D = Zeitdifferenz zwischen Demontage und Montage des Teiles in Tagen

n = Zahl der täglich zu behandelnden Fahrzeuge

$z_d$ = auszuwechselnde Teile je Fahrzeug

$V_s$ = Sicherheitsvorrat (Höhe ist abhängig vom Fahrzeugteil)

Das Tauschverfahren gewann nach der Beseitigung der Vielgestaltigkeit der Lokomotivteile zwischen den einzelnen Lokomotivgattungen große Bedeutung. Der Aufbau des Verfahrens wurde vor 35 Jahren in Zusammenarbeit mit der Fahrzeugindustrie durch eine großzügige Normung der Ersatzstücke an vorhandenen und neu beschafften Lokomotiven begonnen und später immer mehr erweitert. Es gestattet den Austausch einzelner Teile von einem Fahrzeug zum anderen ohne jede Nacharbeit.

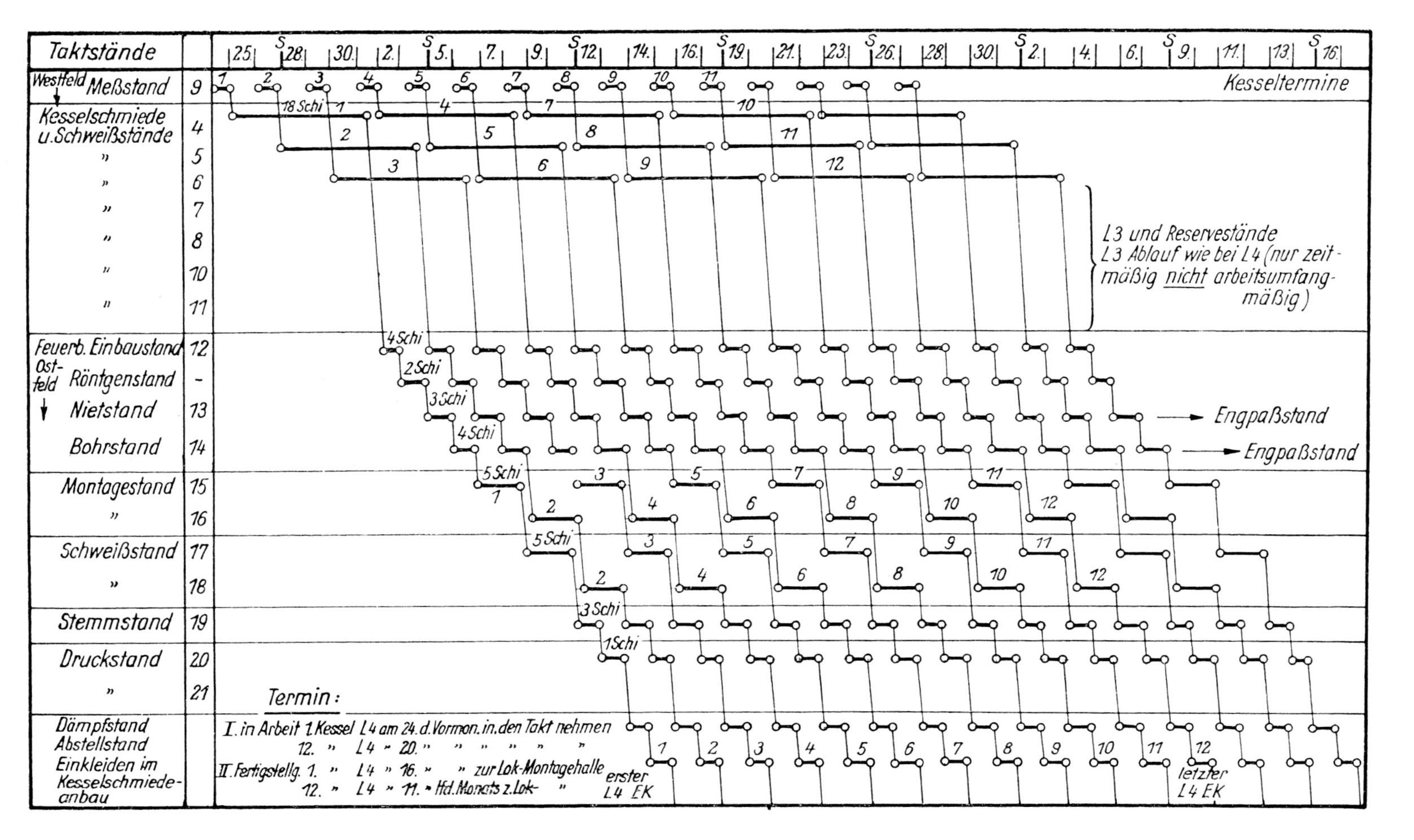


Bild 16: Graphische Standermittlung für Kessel

## 5.402 Innerbetriebliches Transportwesen im Rahmen der fließenden Fertigung

Die sinnvolle Ausgestaltung der Arbeitsverfahren und ihre Einordnung in die Arbeitsabläufe, durch die alle an der Fertigung beteiligten Menschen, Maschinen und Geräte in Abhängigkeit voneinander gebracht worden sind, haben die Förderwege innerhalb der einzelnen Abteilungen sehr stark eingeschränkt. Dennoch ist dem Transportwesen auch zukünftig größte Beachtung zu schenken. Ein geordnetes und reibungslos durchgeführtes Transportwesen trägt entscheidend zur Verlustzeitsenkung bei. Der Abtransport der aufgearbeiteten Teile, der Antransport der Neustoffe von den Lagern zu den Bearbeitungsstellen, der Abtransport der Altstoffe zu den Schrottbansen usw. muß pünktlich erfolgen und ist in den Förderplänen festzulegen. Der Transport der aufzuarbeitenden Teile und der Stoffe in der Fertigungswerkstatt selbst muß flüssig und ohne besondere Anstrengungen des Menschen durchführbar sein. Das wird durch eine sinnvolle Anordnung und Eingliederung von Kränen aller Art, Hebezeugen, Hebevorrichtungen, Rollenbahnen, Hängebahnen, Ablegestellen usw. in den technologischen Arbeitsablauf erreicht. Hier wird das Fördermittel oder das Gerät direkt Bestandteil des Fertigungsprozesses und dient ausschließlich der Senkung der Verlustzeiten und der Erleichterung der Arbeit.

Der Mechanisierung des innerbetrieblichen Transportwesens kommt im Rahmen der Selbstkostensenkung und der Steigerung der Arbeitsproduktivität wachsende Bedeutung zu. Es besteht die Notwendigkeit zur Mechanisierung auch deshalb, weil die sozialistische Rekonstruktion der Betriebe eine Beseitigung der körperlich schweren Arbeit beinhaltet.

Der innerbetriebliche Transport kann in drei Gruppen eingeteilt werden, die sehr eng miteinander verbunden sind, aber doch verschiedene Transportmittel bedingen:

1. Transporte von Arbeitsplatz zu Arbeitsplatz,
2. Transporte zwischen den Fertigungswerkstätten und
3. Transporte zwischen den Fertigungswerkstätten und dem Lager sowie zwischen der Richthalle und den Fertigungswerkstätten.

Für den innerbetrieblichen Transport sind folgende Transportmittel geeignet:

1. *Flurförderer* bei breiten markierten Wegen und ausreichendem Platz zwischen den Maschinen, wie Elektro- oder Dieselkarren, Gabelstapler, Hub- oder Handhubkarren mit Palette oder Stapelbehälter,
2. *Schwerkraftförderer*, wie leicht geneigte Rollenbahnen, Rutschen usw.,
3. *Hubförderer*, wie Kräne, Aufzüge, Hängebahnen, pneumatisch, hydraulisch und elektrisch betriebene Hebezeuge und
4. *sonstige* Transportmittel und Transporthilfsmittel.

## 5.403 Verfahrenstechnik in den Fertigungswerkstätten

### 5.403.1 *Meßwesen*

Der Arbeitsanfall bei der Wiederherstellung der Lokomotivteile ist eine Funktion des jeweiligen Abnutzungsgrades. Ohne Meßblätter ist eine moderne Ausbesserungstechnik nicht durchführbar. Am Anfang jedes Arbeitsablaufes ist der Meßstand angeordnet. Die Meßblätter und die Arbeitsauf-

nahme bestimmen den Arbeitsumfang und sind die Grundlage für die Aufarbeitung der Lokomotivteile.
Die Meßwerkzeuge waren früher allgemeiner Art und nur für einfache Messungen geeignet. Die Bestimmung der Lage der einzelnen Teile zueinander war mit den vorhandenen Werkzeugen sehr umständlich, ungenau und zeitraubend. Auch die frühere Art der Messungen, von Flächen ausgehend, die mehr oder weniger dem Verschleiß ausgesetzt sind, haben die Basis für den Ausgang der Messungen und die Bestimmung von Mittenlagen von Ausbesserung zu Ausbesserung verschoben. Durch diese ungenaue Methode wurden die Teile nicht zeichnungsgerecht eingebaut, was viel umständliche Nacharbeiten durch die Schlosser in den Richthallen und das rein handwerkliche Einpassen der einzelnen Lokomotivteile erforderlich machte.
Mit der Arbeitsteilung und der Modernisierung der Fertigungswerkstätten wurde auch das Meßverfahren gründlich verbessert. Beim Vermessen wird von Mittenebenen ausgegangen. An Stellen, die dem Verschleiß nicht ausgesetzt und gut sichtbar sind, werden in den Zeichnungen angegebene Mittenlinien mit Körner und Kontrollkreisen auf den einzelnen Teilen angezeichnet, wie das zum Beispiel bei den Treib- und Kuppelstangen, den Steuerungsteilen und den Achslagergehäusen geschieht.
Am Lokomotivrahmen setzte sich die Anbringung von Meßmarken durch. Damit liegen die Ausgangspunkte für die Vermessung eindeutig fest und jede Änderung, die durch Verschleiß oder sonstwie an einem Teil vorgekommen ist, kann einwandfrei gemessen und bei der Ausbesserung berücksichtigt werden. Dadurch wird nicht nur die Urform der Teile, sondern auch ihre ursprüngliche Lage in Zusammenhang mit anderen Teilen gebracht.
Für die Vermessung der Lokomotivteile sind Meßwerkzeuge vorhanden, die dem jeweiligen Zweck besonders angepaßt wurden. Für große Fahrzeugteile, wie Lokomotivrahmen und Lokomotivkessel oder die Radsätze, sind besondere Meßstände vorhanden, auf denen mit großer Genauigkeit und in kürzester Zeit die Vermessung ausgeführt werden kann.
Die Vermessungsarbeiten werden erfahrenen Meßschlossern übertragen. Die Verbindung zwischen den Meßschlossern und den Beschäftigten in den Fertigungswerkstätten stellen die Meßblätter und Meßlisten her. Sie enthalten in guter Darstellung mit Buchstaben bezeichnet die Maße, auf die es bei der Wiederherstellung besonders ankommt. Das Meßbild enthält in Skizzenform das Teil, für das es gilt.
Die Meßblätter werden den Betriebsbüchern beigeheftet und sind Unterlage für die spätere Bestellung von Ersatzteilen durch die Betriebsdienststellen, zum Beispiel Kolbenringe, oder bei der Aufarbeitung von Lokomotivteilen im Bahnbetriebswerk, zum Beispiel Achs- und Stangenlager.
Bezugslinien und Bezugsebenen sind gedachte Linien und Ebenen, die am Rahmen und Untergestell nicht markiert sind. Sie sind durch Bezugspunkte bestimmt.
Bezugspunkte sind meist Schnittpunkte von Bezugslinien oder genau festgelegte „Meßkörner“, zum Beispiel:

am Rahmen:

es-Bezugskörner
= Meßkörner auf den Achslagerführungen im Abstand Rahmenmittenebene — Achsschenkelmittenebene.

K-Körner
= Meßkörner auf dem Kontrollkreis für die Achslagerführung beim mechanischen Vermessen.

Ur- und Systemmeßbuchsen
= Festpunkte beim System-Meßverfahren.

a m R a d s a t z

Radsatzmittenkörner
= Meßkörner zwischen den Stirnflächen der Achswelle.

a m A c h s l a g e r g e h ä u s e :

Wal- und Qal-Körner
= Meßkörner auf einem Kontrollkreis um die Achslagermittellinie, zweckmäßig in der Wal-Ebene (waagerechte Mittenebene des Achslagers) bzw. Qal-Ebene (senkrechte Querebene des Achslagers).

Bezugslinien sind meist Mittellinien von Rotationskörpern, wie Achswellenmittellinien, Bohrungsmittellinien (Schnittlinien von Ebenen), zum Beispiel:

a m K e s s e l :

Kesselmittellinie
= Schnittlinie der Wk-Ebene (waagerechte Mittenebene) mit der Lk-Ebene (senkrechte Mittenebene).

a m R a h m e n :

Treibachsmittellinie
= Schnittlinie der Qtr-Ebene (senkrechte Querebene des Rahmens durch die zeichnungsgerechte Treibachsmittellinie) mit der Wa-Ebene (waagerechte Parallelebene zur W-Ebene durch die Achsmittellinie).

Zylindersollachse
= zeichnungsgerechte Längsachse des Zylinders.

a m R a d s a t z :

Achswellenmittellinie
= Verbindungslinie der Mittelpunkte der beiden Nabensitzkreise.

a m A c h s l a g e r :

Achslagermittellinie
= Schnittlinie der Wal-Ebene mit der Qal-Ebene.

Bezugsebenen sind:

a m R a h m e n :

L-Ebene
= Senkrechte Längsmittenebene des Rahmens oder Untergestelles.

W-Ebene
= Waagerechte Bezugsebene des Rahmens oder Untergestelles.

Q-Ebene
= Senkrechte Quermittenebene des Rahmens oder Untergestelles.

a m K e s s e l :

Lk-Ebene
= Senkrechte (längsverlaufende) Kesselmittenebene (Hauptbezugsebene).

Wk-Ebene
= Waagerechte Kesselmittenebene

Parallel-Ebenen zu diesen Bezugsebenen werden zusätzlich mit einem zweiten Buchstaben und gegebenenfalls mit einem Index benannt. Zum Beispiel: „$Qk_2$“-Ebene = senkrechte Quermittenebene des Rahmens durch die zeichnungsgerechte Mittellinie der 2. Kuppelachswelle.

### 5.403.2 *Spanabhebende Verformung*

Es wurde bereits darauf hingewiesen, daß bei der Neuordnung der Werkstätten und der Einführung der fließenden Fertigung die Werkbänke und Werkzeugmaschinen in der Reihenfolge des technologischen Arbeitsablaufes angeordnet wurden.
Die Zerspanung spielt in den Radsatzdrehereien eine große Rolle. Die Zapfenlöcher in den Radkörpern werden, soweit es notwendig ist, auf dem Strasmann-Meßstand, der mit einem Feinbohrwerk ausgerüstet ist, mit großer Genauigkeit ausgedreht.
Die Leistungsfähigkeit der Radsatzdrehmaschine wurde durch die Anwendung des Hartmetalls HS 40 noch weiter verbessert.
Die Zerspanungsarbeiten an den Achslagergleitplatten sind durch die Verwendung von Preßstoff FS 74 statt Grauguß erheblich verringert worden.
Die Bauart der Lokomotivteile bedingt in einigen Fällen die Verwendung von Spezialmaschinen, zum Beispiel Kropfachsschleifwerken für die Mittelschenkel der Radsätze, Zapfenschleifmaschinen für das Schleifen der Zapfen in eingepreßtem Zustand, Sonderschleifmaschinen für das Schleifen der Schwingen, Stangen- und Kreuzkopf-Ausbohrwerke und andere.
An den Zerspanungsmaschinen wird mehr und mehr durch die technische Entwicklung und die Anwendung von Neuerermethoden die Arbeitsproduktivität erhöht. Dazu gehört die Verwendung von Drehmeißel mit Schneidkeramik, Hartmetall HS 40 und HG 10, die Verwendung neuer Schneidengeometrien, die Verwendung von Stahlhaltern mit patentierter Innenspannung (besonders bei Fräsköpfen), die Anwendung des Gewindewirbelns bei Spitz- und Trapezgewinde und des Gewinderollens, die Verwendung schnellspannender Vorrichtungen (wie Drehfutter mit Preßluft oder hydraulischer Spanneinrichtung), Preßluftschraubstöcke usw.

### 5.403.3 *Spanlose Verformung*

Maschinen für die spanlose Verformung sind hauptsächlich in den Schmieden anzutreffen. Bei der Fertigung von Massenartikeln wurden auch hier die Maschinen in der Reihenfolge des technologischen Arbeitsablaufes aufgestellt, wie zum Beispiel bei der Schrauben- und Stehbolzenfertigung usw.
Die Schmieden stellen vorzugsweise eisenbahntypische Teile her. Dazu sind sie mit Pressen, Luft- und Dampfhämmern aller Art ausgerüstet. Für Klein- und Massenteile sind Friktionspressen, Waagerechtpressen und gasbetriebene Spezial-Glühöfen aufgestellt.
Die Federschmiede ist von der Schmiede abgetrennt und als selbständige Werkstatt eingerichtet worden. In der Regel ist sie als zentrale Werkstatt mit den modernsten Bearbeitungsmaschinen ausgestattet. Die fließende Fertigung ist hier in vorbildlicher Weise eingeführt.
Auch die Kupplungs- und Pufferaufarbeitungsstellen sind von den Schmieden getrennt worden.
Das Materiallager, die Zuschneiderei, die Schmiede und die Neufertigungswerkstätten sollen möglichst dicht beieinander liegen, da sie im stärksten gegenseitigen Verkehr stehen.

5.403.4 *Schweiß- und Schneidverfahren, Metallspritzen und Härteverfahren*

In den Kesselschmieden werden die Verformungswerkzeuge, wie Preßlufthämmer usw., in zunehmendem Maße durch Verfahren ersetzt, die den Lärm vermindern. Solche Verfahren sind das Nietpressen und das elektrische oder autogene Schweißen und Schneiden. Die Verfahrenstechnik hat sich in den Kesselschmieden grundsätzlich gewandelt. Das Dornen und Bördeln ist weitestgehend durch das Schweißverfahren abgelöst. Kesselflicken werden nicht mehr mit Preßluftwerkzeugen behauen, sondern mit Secator geschnitten; die Risse und Wurzeln an den Schweißnähten werden nicht mehr mit Preßluftwerkzeugen bearbeitet, sondern mit autogenem oder elektrischem Fugenhobler ausgebrannt.
Auch für die übrigen Verschleißteile an der Lokomotive hat die Schweißtechnik entscheidend zur Kostensenkung beigetragen.
Das Schweißen wurde durch die Einführung der Unterpulver- und $CO_2$-Schweißverfahren noch wirtschaftlicher gestaltet.

Bild 17: Metallspritzen am Arbeitsplatz (Achslagergehäuse)

Durch das Metallspritzen werden heute arbeitsintensive Ersatzstücke wieder verwendungsfähig gemacht, wie durch das Aufspritzen der Nabensitze an Kuppelzapfen und Achswellen.
Die Metallspritzerei ist in einem besonderen Raum untergebracht, weil Absauganlagen erforderlich sind. Das schließt jedoch nicht aus, daß Spritzarbeiten am Arbeitsplatz (Bild 17) ausgeführt werden können, wenn dadurch umständliche Transportarbeiten erspart werden. In solchen Fällen sind besondere Sicherheitsmaßnahmen zu beachten.
Die Härtetechnik hat sich von Grund auf verändert. An die Stelle des Einsatzhärtens ist das zeitsparende Flammen- und induktive Härten getreten. Dadurch hat die Härtetechnik entscheidenden Einfluß auf die Verschleiß-

geschwindigkeit der dem Verschleiß besonders stark unterliegenden Lokomotivteile gewonnen. Das trifft besonders auf das Spurkranzhärten zu. Die Aufstellung der Spurkranzhärtemaschine in der Radsatzwerkstatt ist ein typisches Beispiel, daß ein neues Verfahren auch nachträglich in den technologischen Arbeitsablauf eingeordnet werden kann.

## 5.5 Technologische Planung bei der Lokomotivausbesserung

### 5.501 Aufgaben und Verantwortungsbereich

Die technologische Planung hat die Aufgabe, mit Hilfe technisch-wirtschaftlicher Kennzahlen Unterlagen zu schaffen, die eine wissenschaftliche und exakte Vorbereitung und Kontrolle aller für den wirtschaftlichen Produktionsprozeß notwendigen technologischen und arbeitsorganisatorischen Vorgänge ermöglichen.
Der Schwerpunkt der technologischen Planungsarbeit liegt darin, daß mit Hilfe gut ausgearbeiteter und wissenschaftlich begründeter Planungsunterlagen der Aufwand für die gesamte Fertigung so weit wie möglich gesenkt werden kann.

### 5.502 Produktionszyklus

Der Produktionszyklus ist die Reihenfolge der Produktionszeit für eine Lokomotive gleicher Schadgruppe und Gattung, nach deren Ablauf sich dieser gleiche Produktionsprozeß wiederholt. Die Dauer des Produktionszyklus be-

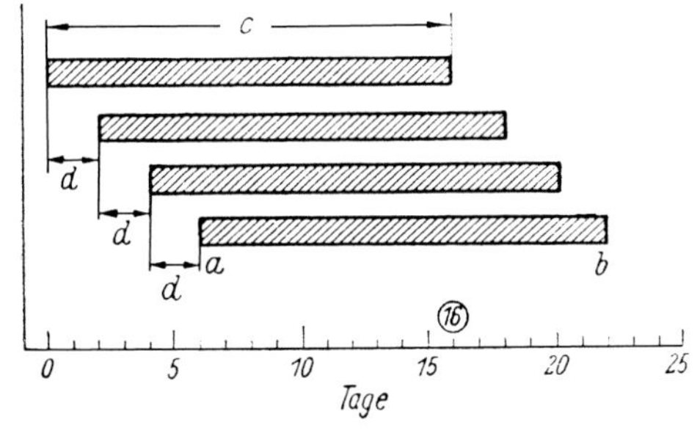


Bild 18: Produktionszyklus bei Lokomotiven der Schadgruppe L4

inhaltet den Zeitabschnitt vom Beginn der ersten Arbeitsoperation bis zur endgültigen Fertigstellung der Lokomotive. Die Ermittlung der Dauer des Produktionszyklus ist notwendig, damit das Produktionsprogramm aufgestellt und die Anlauftermine für die einzelnen Arbeitsoperationen richtig festgelegt werden können. Sie ist die Grundlage für die Aufstellung der Termine und Produktionspläne zur Durchführung einer möglichst rhythmischen, insbesondere störungsfreien Produktionsarbeit. Sie ist ferner eine unbedingte Voraussetzung zur realen Festlegung des Normalbestandes an unvollendeter Produktion und damit zur richtigen gesellschaftlich vertretbaren Festlegung der Umschlaggeschwindigkeit der Umlaufmittel. In einigen Beispielen sind Reihenfolge und Dauer des Produktionszyklus dargestellt.
Beispiel der Reihenfolge eines Produktionszyklus bei Lokomotiven der Schadgruppe L4 siehe Bild 18.

Bild 19: Produktionszyklus bei Lokomotiven der Schadgruppen L4 und L3

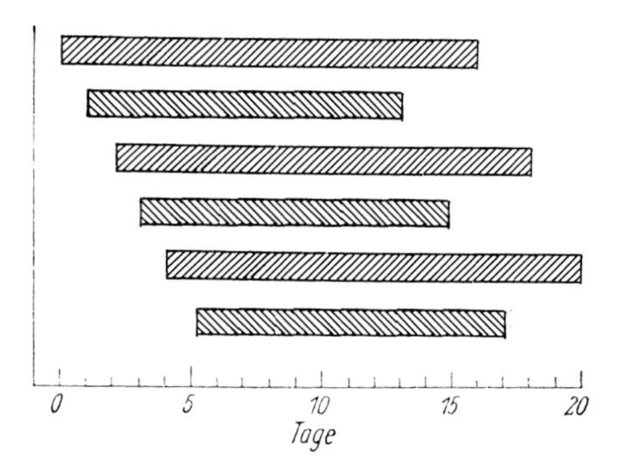


a Beginn der ersten Arbeitsoperation
b Ende der letzten Arbeitsoperation
c Dauer des Produktionszyklus (16 Tage)
d Reihenfolge des Produktionszyklus (2 Tage)

Beispiel der Reihenfolge eines Produktionszyklus, in der sich Lokomotiven der Schadgruppen L4 und L3 einander abwechseln siehe Bild 19. Jeden Tag verläßt eine Lok das Werk. Die wechselweise Folge der Schadgruppen ist die Regel. Dieser Wechsel wird erleichtert, wenn bei den Lokomotiven der Schadgruppe L3 der Kessel getauscht und nicht auf dem Rahmen aufgearbeitet wird. Bei der Aufarbeitung des Kessels auf dem Rahmen wird die Standbesetzungszeit der Lokomotive, Schadgruppe L3, wesentlich verlängert. Wie das Aufbaustufenverfahren in ein Taktverfahren mit 2tägigem Zyklus eingeordnet werden kann, unter Berücksichtigung des günstigsten Mischungsverhältnisses nach Lokomotiv-Gattungen und Schadgruppen, zeigt das Bild 20. Die Standbesetzung für das Taktverfahren bei der Lokomotiv-Montage ist im Bild 21 graphisch ermittelt.
In der Richthalle werden aber auch Lokomotiven der Schadgruppe L2 und L0 aufgearbeitet. In diesem Falle ist es zweckmäßig, wenn die einzelnen Schadgruppen getrennt behandelt werden und erst zu dem Zeitpunkt in den taktmäßigen Ablauf fließen, wenn gleicher Arbeitsumfang gewährleistet ist.
Den Lokomotiven der Schadgruppe L0 werden jeweils besondere Gleise zugewiesen, weil sie völlig aus dem Rahmen herausfallen.
Wie das Bild 19 zeigt, ist der L3-Zyklus kürzer als der L4-Zyklus, und zwar in dem Falle, wenn der Kessel getauscht wird. Die Verkürzung der Dauer des Zyklus liegt in der Aufarbeitung des Rahmens, einschließlich der Rahmenvermessung. Der Zeitaufwand für die Montage der Lokomotivteile ist bei beiden Schadgruppen nahezu gleich.
Bei den Lokomotiven der Schadgruppe L2 beginnt etwa gleicher Arbeitsumfang mit dem Einachsen. Für die davorliegenden Arbeiten sind Sondergleise vorzusehen. Die Einordnung der Lokomotiven, Schadgruppe L2, in den taktmäßigen Arbeitsablauf der Lokomotiven, Schadgruppe L3 und L4, kann erst mit dem Einachsen beginnen. Daraus ergibt sich die Aufteilung der Aufarbeitungs- und Montagestände in den Richthallen.
Auf den Abbauständen werden alle Lokomotiven abgebaut.
Die Aufarbeitungsstände für die Lokomotivrahmen sind für die Schadgruppen L4 und L3 getrennt, weil der Arbeitsumfang verschieden ist. Die Einordnung der beiden Schadgruppen in den gleichen taktmäßigen Ablauf beginnt hier zu dem Zeitpunkt, zu dem der Rahmen bei aufgesetztem

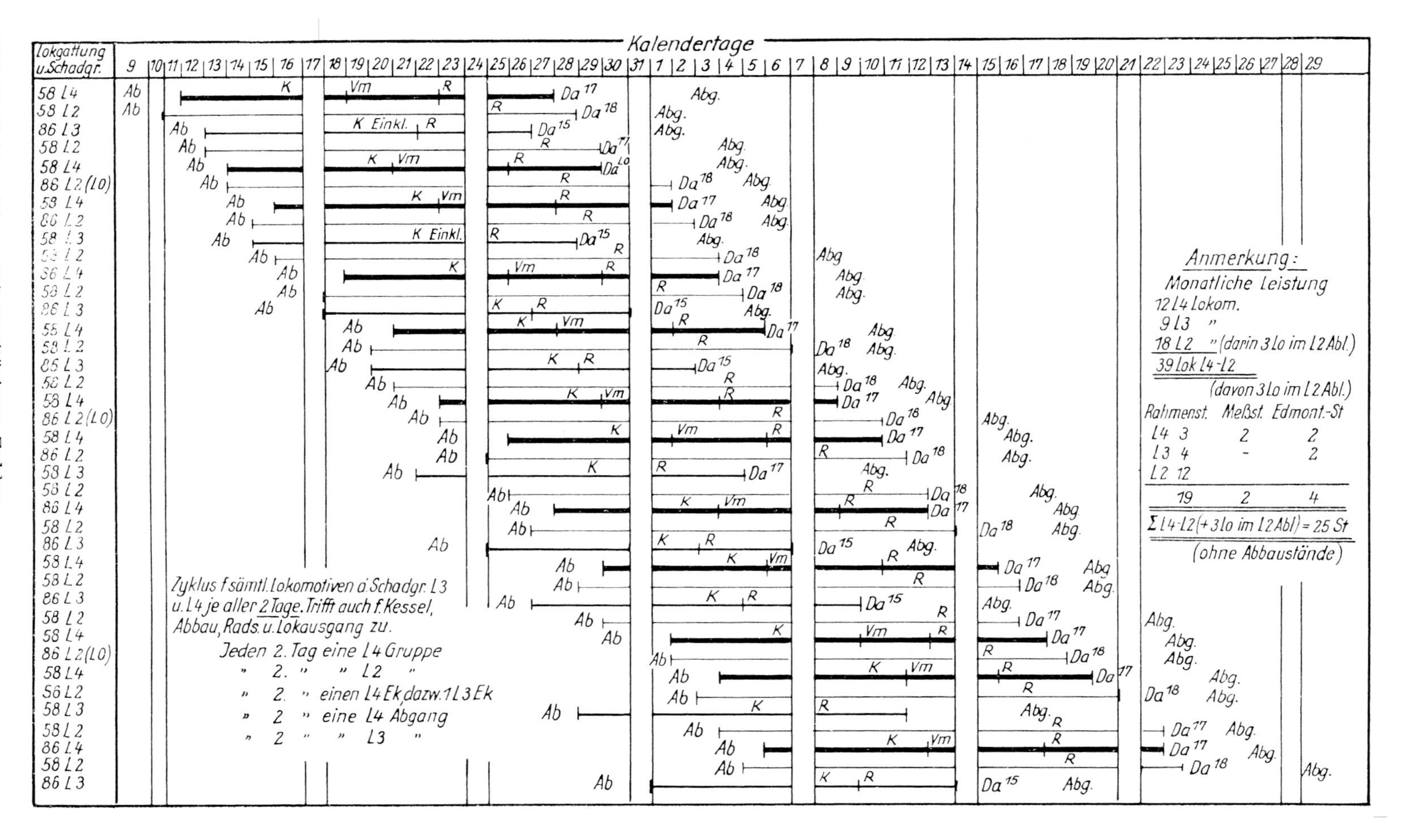


Bild 20: Taktverfahren mit zweitägigem Zyklus

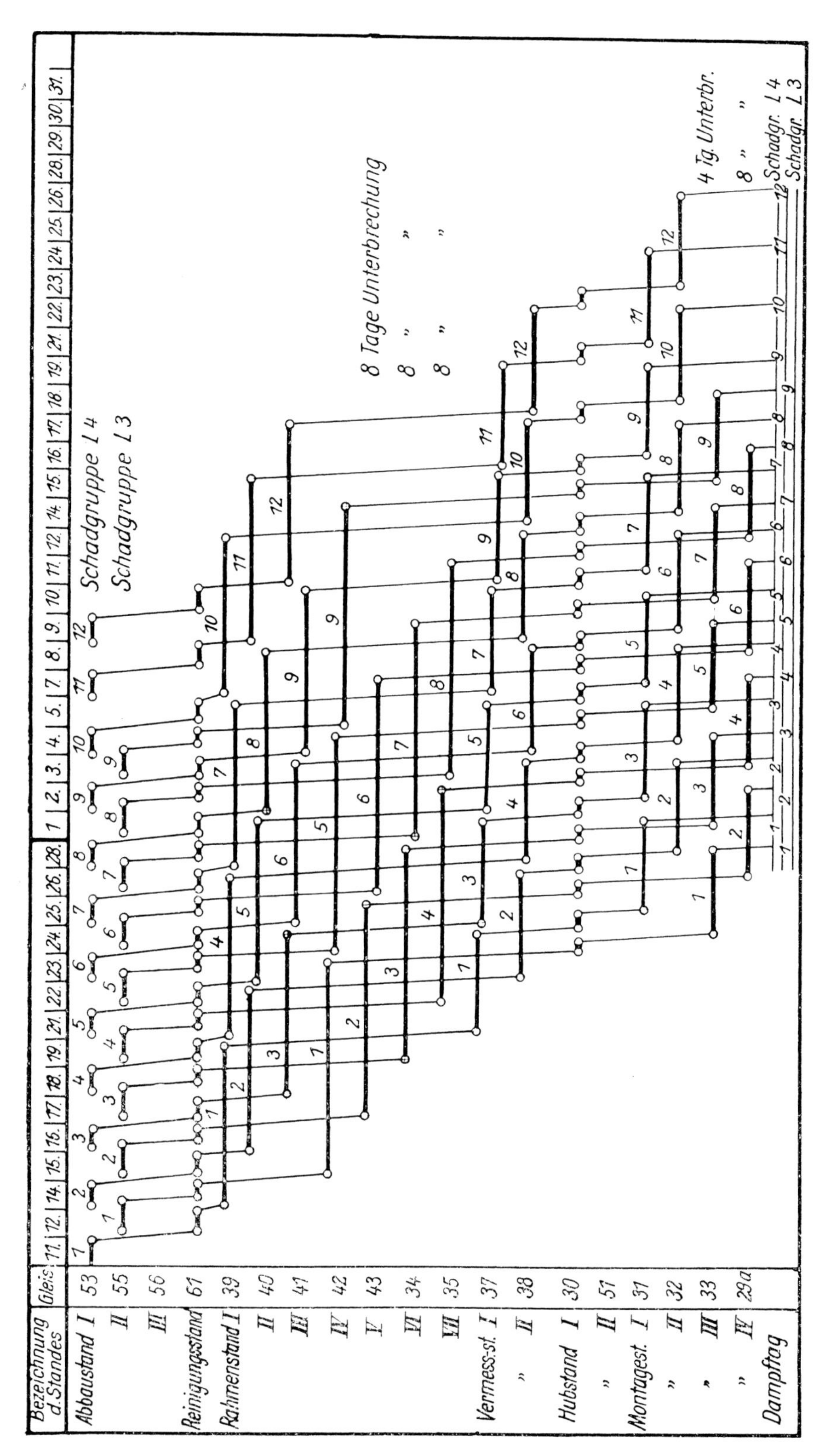


Bild 21: Graphische Standermittlung für Lokomotiv-Montage

Kessel vermessen ist. Bei den Lokomotiven der Schadgruppe L2 beginnt die Einordnung in den taktmäßigen Ablauf, wie schon erwähnt, zu dem Zeitpunkt, wenn Rahmen und Kessel aufgearbeitet sind und das Einachsen beginnt.
In den Bildern 10 und 20 ist das Beispiel eines Produktionszyklus mit Lokomotiven der Schadgruppen L4, L3, L2 und L0, wie er in allen Lokomotivwerken die Regel ist, gezeigt.

## 5.503 Bildliche Darstellung der Arbeitsabläufe

### 5.503.1 *Arbeitsablaufplan*

Der Arbeitsablaufplan (siehe Beilagen I und IX) stellt die nacheinanderfolgenden Arbeiten in richtiger Reihenfolge mit allen Abzweigungen in gut übersichtlicher Weise dar und ist die Grundlage für alle weiteren Pläne.

### 5.503.2 *Plan für Werkplatzausrüstung*

Der Plan für die Werkplatzausrüstung (siehe Beilagen II bis VI und X bis XIII) enthält Angaben über die benötigten Vorrichtungen und Werkzeuge und auch über die günstigsten Zerspanungswerte an den Werkzeugmaschinen.

### 5.503.3 *Fließplan*

Aus dem Arbeitsablaufplan entwickelt sich der Fließplan (siehe Beilagen VII und XIV bis XVII), der in einer Grundrißdarstellung den Durchfluß der Werkstücke durch die Werkstatt zeigt. In diesem Plan sind die Werkzeugmaschinen, die Arbeitsplätze und die Fördermittel in der Reihenfolge des technologischen Arbeitsablaufes angeordnet. Rückläufige Wege sind möglichst vermieden. Auf die zweckmäßigste Beförderung der Teile von Arbeitsplatz zu Arbeitsplatz ist in diesem Plan besonders geachtet.

### 5.503.4 *Arbeitsdiagramm*

Aus dem Arbeitsablaufplan und den Normzeiten hat sich das Arbeitsdiagramm (siehe Beilagen VIII und XVIII) unter Berücksichtigung der höchstmöglichen Arbeitsdichte aufzubauen. Jedes Rechteck gibt die durchschnittlich zu leistende Arbeit an, die notwendig ist, um die Teilarbeit auszuführen. Das Arbeitsdiagramm gibt in der Gesamtdarstellung die Durchlaufzeit eines Werkstückes bzw. der Lokomotive an, vom Eingang bis zum Ausgang aus der Werkstatt. Die senkrechte Projektion des Diagrammes ist die Standbesetzungszeit, die die Grundlage für die Aufstellung des Fristenplanes ist.

### 5.503.5 *Plan für die Kennzahlenermittlung*

Aus den erarbeiteten Plänen werden die wichtigsten und aussagekräftigsten Kennzahlen ermittelt, die die Grundlage für die Aufstellung der Betriebspläne und für die Kapazitätsermittlungen sind.

Musterkennzahlen

Die Grundlage der Musterkennzahlen ist der Soll-Arbeitszeitaufwand je Arbeitsgang aus dem Musterarbeitsablauf (mkz). Diese Kennzahlen sind die Sollzahlen für das jeweilige Werk.

mkz = Soll-Arbeitzeitaufwand je Arbeitsgang aus Musterarbeitsablauf [ h ].

$f_{hw}$ = Häufigkeitsfaktor je Arbeitsgang [%]. Faktor ist werksbedingt und berücksichtigt Bauart.

$mkz \cdot f_{hw}$ = durchschnittlicher Soll-Arbeitszeitaufwand je Arbeitsgang [h].

MKZ = durchschnittlicher Soll-Arbeitszeitaufwand je Arbeitsablauf oder je Teilarbeitsablauf [h].

$$MKZ = \sum_{1}^{n} mkz \cdot f_{hw} = mkz_1 \cdot f_{hw1} + \ldots + mkz_n \cdot f_{hw_n}$$

n = Anzahl der Arbeitsgänge

$AK_{Erz.}$ = durchschnittlicher Arbeitszeitaufwand für Arbeits- oder Teilarbeitsablauf, dividiert durch Arbeitszeitausnutzungsfaktor ($F_{s_{AK}}$) ergibt die Anzahl der Soll-Arbeitskräfte je Erzeugnis

$$AK_{Erz.} = \frac{MKZ}{F_{s_{AK}}} \left[\frac{AK}{Erz}\right]$$

$$F_{s_{AK}} = S \cdot t \cdot \frac{100-(U+K+sonst)}{100} \left[\frac{h}{AK}\right]$$

U = Urlaubsanteil [%]
K = Krankenanteil [%]
sonst = sonst. Ausfall [%]
S = Anzahl der Arbeitstage je Monat
t = Arbeitsstunden je Arbeitstag und Arbeitskraft [h]

$AK_L$ = Arbeitskräfte für eine bestimmte Leistung

$$AK_L = AK_{Erz.} \cdot z = \frac{MKZ}{F_{s_{AK}}} \cdot z \left[\frac{\text{Arbeitskräfte}}{\text{Monat}}\right]$$

z = Anzahl der Erzeugnisse/Monat

$PM_{Erz.}$ = durchschnittlicher Arbeitszeitaufwand für Arbeitsgang oder Teilarbeitsablauf, dividiert durch Arbeitszeitausnutzungsfaktor, bezogen auf mögliche maschinelle Ausnutzung, ergibt die Anzahl der Maschinen oder Vorrichtungen je Erzeugnis.

$$PM_{Erz.} = \frac{mkz \cdot f_{hw}}{F_{s_{PM}}} \left[\frac{PM}{Erz.}\right]$$

$$F_{s_{PM}} = S \cdot t \cdot i \cdot \frac{(100-R)}{100} \left[\frac{h}{PM}\right]$$

R = Reparatur- und Wartungszeitanteil [%]
i = Anzahl der Schichten je Arbeitstag

$PM_L$ = Anzahl der Maschinen für eine Leistung „z"

$$PM_L = PM_{Erz.} \cdot z$$

AP = Arbeitsproduktivität

$$AP = \frac{z}{AK_L} = \frac{z}{AK_{Erz.} \cdot z} = \frac{1}{AK_{Erz.}} \quad \left[\frac{\text{Erzeugnisse}}{\text{AK}}\right]$$

$t_{s\ durch}$ = durchschnittliche Vorgabezeit/Erzeugnis

$$t_{s\ durch} = MKZ \cdot E \cdot 60 \ [\text{min}]$$

$$E = \frac{\text{Normerfüllung}}{100}$$

$Lohn_{durch}$ = durchschnittlicher Lohnaufwand [ DM ]

$$Lohn_{durch} = t_{s\ durch} \cdot \frac{\text{durchschn. Leistungs-Std.-Lohnsatz}}{60} \ [\text{DM}]$$

$FA_L$ = Werkstattflächenausnutzung

$$FA_L = \frac{\text{Leistung}}{\text{Werkstattfläche}} = \frac{z}{Fl} \quad \left[\frac{\text{Erzeugnis}}{m^2}\right]$$

Werkkennzahlen

Damit die Werke einen Vergleich ihrer eigenen Fertigung mit dem Musterarbeitsablauf anstellen können, ist statt der Musterkennzahl (mkz) die Werkkennzahl (wkz) je Arbeitsgang einzusetzen, die z. Z. im jeweiligen Werk als TAN oder VAN angewendet werden, reduziert um den durchschnittlichen Überverdienst.

## 6. Arbeitsablauf in den Richthallen und Fertigungswerkstätten

Der technologische Arbeitsablauf vollzieht sich in einem immer wiederholenden Zyklus.
Die Zahl der Arbeitsgänge ist nicht bei jeder Lokomotive gleich. Sie verringert sich dann, wenn Teile keiner Aufarbeitung bedürfen. Die Ordnung in der Reihenfolge ist bauart- und werkbedingt.
In den folgenden Beschreibungen werden Arbeitsabläufe unter Berücksichtigung einer fortschrittlichen Technik erläutert. Eine örtliche Angleichung wird von Fall zu Fall notwendig sein.

### 6.1 Vorbereitung auf dem Werkhof

Die Lokomotiven werden den Reichsbahnausbesserungswerken mit eigener oder fremder Kraft zugeführt. Das begleitende Lokomotiv-Personal meldet sich in der Regel beim Meister der Heizhausmeisterei (siehe Bild 22).
Der Geräteverwalter übernimmt Werkzeug, Gerät und Signallaternen und legt es für jede Lokomotive gesondert ab. Beim Abholen der Lokomotive werden diese Zubehörteile wieder ausgehändigt.
Bei unter Dampf stehenden Lokomotiven wird das Feuer an die Rohrwand geschoben und zum langsamen Erlöschen vorbereitet. Die Luftklappen sind zu schließen und die Schmierdochte zu ziehen.
Das Kesselwasser wird nach dem Abkühlen abgelassen. Hierbei ist zugleich die gesamte Lokomotive zu entwässern. Kalt zugeführte Lokomotiven sind, soweit es nicht schon im Heimat-Bahnbetriebswerk geschehen ist, sofort nach Eingang zu entwässern. Dem Entwässern ist besonders im Winter größte Aufmerksamkeit zu widmen, um Frostschäden zu vermeiden. Bei Frostgefahr sind die Zuleitungen zu den Druckmessern abzubauen, damit die Membranen nicht beschädigt werden.
Die Lokomotiven sind nach Erledigung dieser Arbeiten zum Abbau bereitzustellen, andernfalls werden sie als Arbeitsvorrat auf dem Werkhof abgestellt. Die Produktionsleitung bestimmt den Termin des Arbeitsbeginns.

Bild 22: Heizhausmeisterei

Bild 23: Lokomotiv-Abspritzstand

Die Lokomotiven werden zunächst mit heißem Wasser abgespritzt, um die Abbauarbeiten zu erleichtern (siehe Bild 23). Die Rauchkammer und der Aschkasten werden entleert und ausgespritzt. Die Roststäbe werden herausgenommen und sortiert gestapelt, die Schlepptender abgekuppelt und die restliche Lokomotivkohle abgeladen.
Für das Vorreinigen der Lokomotiven werden zur Arbeitserleichterung Abspritzeinrichtungen verwendet. Die Entwicklung ging über das Einsprühen mit Ätznatron und anschließendem Abspritzen mit Heißwasser, zunächst von Hand, und später mit portalartigem Spritzrahmen zur automatischen Lokomotiv-Reinigungsanlage. In einer vollautomatischen Lokomotiv-Reinigungsanlage wird die durch eine Rangierlokomotive bereitgestellte Schadlokomotive mit Hilfe eines Spills durch die Anlage gezogen, so daß die einzelnen Arbeitsstufen der Reinigung, ohne daß eine menschliche Hand etwas dazu tut, durchfahren werden. Eine Programmsteuerung sorgt für das zeitgerechte Zu- und Abschalten der Pumpen. Am Schluß wird das Spill abgeschaltet. Der Wrasen wird aus der Anlage abgesaugt. Der Bedienungsmann steht außerhalb der Spritzkabine in einem glasgeschützten Beobachtungsstand.
Die so vorbereiteten Lokomotiven und Tender werden vor der Richthalle bereitgestellt.

## 6.2 Abbau und Reinigung

Die Abbaustände sind erst dann neu zu besetzen, wenn sie von Teilen der vorher abgebauten Lokomotive geräumt und Stände und Kanäle gereinigt worden sind.
Der Umfang der Abbauarbeiten ist von der Schadgruppe abhängig. Der Arbeitsaufnehmer bestimmt, ob darüber hinaus weitere Teile abzubauen sind. Die Reihenfolge der Hauptarbeitsgänge beim Abbau ist von der Werksausrüstung abhängig. Ist ein Lokomotiv-Hebekran mit ausreichender Hubhöhe vorhanden, dann werden auf dem Abbaustand alle Teile so abgebaut, daß zum Schluß der Rahmen von den Radsätzen abgehoben wird (siehe Bild 24).
Ist ein Lokomotiv-Hebekran nicht vorhanden, so wird die Lokomotive auf einem Ausachsstand mit Hebewerk ausgeachst (siehe Bild 25). Das Hebewerk

Bild 24: Lokomotiv-Ausachsstand mit Lokomotiv-Hebekran

Bild 25: Ausachsstand mit Lokomotiv-Hebewerk

besteht aus vier Hebeböcken mit zwei Traversen, die elektrisch angetrieben werden und eine Synchroneinrichtung besitzen, damit die Lokomotive gleichmäßig gehoben werden kann.
Die Schaltung muß darüber hinaus so eingerichtet sein, daß die einzelnen Hebeböcke beliebig zu- und abgeschaltet werden können.
Der Abbau der Lokomotiven bei Schadgruppe L0 richtet sich ausschließlich nach der Vormeldung. Die abzubauenden Teile werden durch den Arbeitsaufnehmer festgelegt. Die Reihenfolge der einzelnen Arbeitsgänge richtet sich nach dem Umfang der erforderlichen Abbauarbeiten.
Der Arbeitsumfang der Abbauarbeiten bei den Lokomotiven der Schadgruppen L2 bis L4 ist in der DV 946 festgelegt und in den „Richtlinien für die Arbeitsaufnahme an Dampflokomotiven" zusammengefaßt.
Um die Werkaufenthaltszeiten bei den Lokomotiven der Schadgruppe L3 zu senken, ist möglichst mit Tauschkesseln zu arbeiten. Diese Tauschkessel haben eine Zwischenuntersuchung erhalten. Um den Erhaltungsabschnitt voll ausnützen zu können, soll dieser Kessel möglichst keine Abstelltage aufweisen.
Die ausgebauten Radsätze werden auf dem Absattelstand abgesattelt. Die Drehgestelle, Lenkgestelle und Einstell-Achsen werden auf dem gleichen Stand ausgeachst.
Alle abgebauten Teile werden dauerhaft gekennzeichnet. Hierzu werden Blechstreifen mit eingestempelter Loknummer mit Bindedraht an die Transportkörbe oder direkt an die Teile gebunden. Diese Blechschilder werden mit einer Hilfsvorrichtung in rationeller Weise hergestellt.

Bild 26: Metallwaschmaschine für Lokomotivteile

Die Reinigung der abgebauten Teile erfolgt am zweckmäßigsten in Metallwaschmaschinen (siehe Bild 26). Die kleineren Teile werden in Stapelbehälter eingelegt, die zum Durchlauf durch die Waschmaschine geeignet sind. Große Teile werden direkt auf das Band der Metallwaschmaschine gelegt. Anstelle der Metallwaschmaschine werden zum Teil Abkochbottiche benutzt. Der Lokomotivrahmen wird mit Heißwasser abgespritzt, sofern nicht eine automatische Reinigung der Lokomotive vor dem Abbau erfolgte. In diesem Fall ist nur eine kleine Nachreinigung von Hand notwendig.
In neuester Zeit wurde eine Reinigungseinrichtung nach dem Saugsystem entwickelt, mit der auch ölhaltiger und festgetrockneter Schmutz durch Hochvakuum abgesaugt werden kann. Für den Transport dieser Einrichtung, die an jedes Kraftnetz angeschlossen werden kann, reicht ein Mann aus. Bei der Deutschen Reichsbahn ist zur Zeit eine derartige Einrichtung noch nicht in Betrieb.
Die Lokomotivrahmen, die eine Hauptuntersuchung erhalten, werden in einer Strahlanlage nachgereinigt. Entsprechend der ASAO 622 sind diese mit Stahlkies oder Korund zu betreiben. Die Lage und die Einrichtung der Strahlanlage ist unter 6.502.2 beschrieben. Nach dem Strahlen ist sofort ein rostschützender Grundanstrich aufzubringen. Zuvor ist der Rahmen durch den Arbeitsaufnehmer auf Anrisse und Brüche zu untersuchen. Werden solche Schäden vorgefunden, so sind sie mit Ölfarbe oder Ölkreide zu kennzeichnen. Diese Stellen dürfen keinen Anstrich erhalten. Es wird empfohlen, daß die Anrisse und Brüche in eine Rahmenskizze eingetragen werden. Die Rahmenrichtbrigade erhält eine Durchschrift. Eine zweite Durchschrift ist den Unterlagen der Lokomotive, die im Werk verbleiben, beizufügen. Auf diese Weise besteht die Möglichkeit, die Rißanfälligkeit bestimmter Stellen zu ermitteln.
Trotz der guten Reinigung in der Metallwaschmaschine wird es nicht ausbleiben, daß einige Teile nachgereinigt werden müssen. Dies trifft vor allem bei den Teilen zu, die mit Ölkohle behaftet sind. Zum Lösen der Ölkohle haben bis jetzt alle chemischen Mittel versagt. Bei kleinen Teilen hat sich das Einweichen in Putzöl als nützlich erwiesen, wie zum Beispiel bei Halbschalen, Dicht- und Deckringen.
Nachdem alle Abbau- und Reinigungsarbeiten ausgeführt sind, wird der Lokomotivrahmen auf den Rahmenrichtstand gesetzt.
Der Abbau und die Reinigung des Tenders erfolgen sinngemäß.

## 6.3 Arbeitsablauf in der Lokomotiv-Richthalle

Der Arbeitsablauf in der Richthalle wird vom Schadumfang bestimmt. Er umfaßt die Arbeiten am Rahmen und die Montagearbeiten. Soweit die Kessel auf den Rahmen bleiben, werden die Kesselschmiedearbeiten in der Richthalle in der unter 6.5 beschriebenen Reihenfolge ausgeführt.
Die Aufarbeitung der abgebauten Teile erfolgt in Fertigungswerkstätten (Abschnitt 6.4).

### 6.301 Arbeitsablauf in der Richthalle bei Lokomotiven der Schadgruppe L4 (Hauptuntersuchung)

Die Arbeitsstände in der Richthalle sind entsprechend dem unter 5.401 beschriebenen Aufbaustufenverfahren eingeteilt.

6.301.1 *Rahmenrichtstand*

Die Rahmen der Lokomotiven der Schadgruppe L4 werden mit angebauten Achsgabelstegen auf den Rahmenrichtstand gestellt. Hier wird der Rahmen in Waage gelegt und so unterstützt, daß er bei abgenommenen Achsgabelstegen nicht durchhängen kann. Sind Drehgestell-Druckplatten vorhanden, so sind auch diese zu unterstützen.
Es wird je ein Querlineal an die Oberkante der Rahmenausschnitte für den Treibradsatz und ersten Kuppelradsatz angelegt. Über diese beiden Querlineale wird ein drittes in Längsrichtung gelegt. Durch Nachstellen der Untersetzspindeln sind die auf den Linealen aufgesetzten Wasserwaagen einzuspielen. Anstelle der Wasserwaagen können auch Schlauchwasserwaagen benutzt werden, wobei der Schlauch eine lichte Weite von 20 mm haben soll. Auf dem Rahmenbackenschleifstand und dem Rahmenmeßstand wird der Rahmen in die gleiche Lage gebracht. Die auf dem Richtstand ausgeführten Vorbereitungsarbeiten und die Ermittlung des Arbeitsumfanges können dann unter sparsamstem Materialeinsatz durchgeführt werden.
Als nächste Arbeit erfolgt das Aufarbeiten und Anpassen der Achsgabelstege, die kraftschlüssig den durch die Achsausschnitte unterbrochenen Untergurt der Rahmenwange verbinden. Zwischen die Paßflächen darf sich eine Fühllehre von 0,05 mm Dicke nicht einführen lassen. Die Paßflächen am Rahmen können bis zu ihrem Werkgrenzmaß nachgearbeitet werden. Erst dann sind sie aufzuschweißen und auf Urmaß zu bringen. Dadurch wird der größte Teil der Schweißarbeit in die Achsgabelstege gelegt, die einfacher aufzuschweißen und zu bearbeiten sind als die Rahmenpaßflächen. Nach dem Anpassen der Achsgabelstege sind die Paßschraubenlöcher spansparend nachzureiben. Die Paßschrauben liegen vorgearbeitet im Lager, so daß nur noch der Schraubenschaft auf Paßübermaß (0,1 bis 0,2 mm) gedreht wird.
Parallel zu diesen Arbeiten sind die Anrisse, Brüche und Verschleißstellen zu schweißen und zu bearbeiten.
Alle Schraub- und Nietverbindungen am Rahmen sind auf festen Sitz und Abzehrung zu untersuchen. Lose oder abgezehrte Paßschrauben oder Niete sind zu ersetzen. Bauteile, die gegeneinander gearbeitet haben oder lose sind, werden ausgebaut, aufgearbeitet und wieder eingebaut.
Die Rahmenbacken werden zum Schleifen auf der Rahmenbackenschleifmaschine vorbereitet. Hierzu müssen sie vorvermessen werden. Es wird von der Qtr-Ebene ausgegangen, die am Rahmen gekennzeichnet ist. Fehlen die Kontrollkörner, so wird die Qtr-Ebene im Abstand „wa" von der senkrechten Rahmenwangenfläche des Achsausschnitts für den Treibradsatz festgelegt. Es ist wichtig, daß die Qtr-Ebene ihre einmal bestimmte Lage behält, weil dadurch ein rationelles Aufarbeiten und die genaue Funktion des Fahrgestells, besonders der Steuerung, gewährleistet bleibt.
Die Rahmenbacken und Achsstellkeile werden entsprechend dem Meßergebnis beim Vorvermessen erneuert oder belassen. Die Entscheidung ist durch den Arbeitsaufnehmer so zu fällen, daß das Werkgrenzmaß für die Schadgruppe L4 eingehalten, andererseits aber eine Erneuerung der Teile vor der nächsten L4 nicht notwendig wird. Ist der größere Teil der Rahmenbacken und Achsstellkeile zu ersetzen, werden alle Achslagerführungen auf Urmaß aufgearbeitet.
Die noch vorhandenen Rahmenbacken und Achsstellkeile aus St 50.11 oder anderen Sorten sind durch solche aus C45 oder MSt6 zu ersetzen. Sind die

Achslagerführungen am Rahmen aus Stahlguß, z. B. Stg 38.81 R, so sind leicht auswechselbare gehärtete Backen aus C45 oder MSt6 anzubringen. Da in zunehmendem Umfange Achslager-Gleitplatten aus Plaste verwendet werden, müssen die Gleitflächen am Rahmen unbedingt gehärtet sein, da sonst der Verschleiß an den Stahlteilen unzulässig hoch wird. Die Rahmenbacken und Achsstellkeile sind auf der Universal-Flammenhärtemaschine ES—1 (siehe Bild 27) zu härten.

Bild 27: Flammenhärten von Achsstellkeilen

Die Stehkesselträger sind aufzuarbeiten. Angebrochene oder gebrochene Träger sind auszubauen und voll aufzuarbeiten oder zu ersetzen. Hierzu gehören auch die Auflageflächen für die Stehkesselfüße und die Paßflächen für die Schlingerkeile, die gleichzeitig auf Urmaß zu bringen sind. Die Flächen sind maschinell zu bearbeiten, da diese Bearbeitung wirtschaftlicher und genauer ist. Die gleichen Arbeitsgänge sind bei den Rahmenverbindungen, Drehzapfenträgern, Gleitbahnträgern und Rauchkammerstühlen durchzuführen.

Ist die Werkgrenzformabweichung für den Drehzapfen überschritten, so kann dieser mit einer Auspreßvorrichtung ausgepreßt und auf einer Drehmaschine bis zum Werkgrenzmaß nachgearbeitet werden. Hiernach ist er wieder einzupressen. Der Drehzapfensitz kann mit einer Drehvorrichtung nachgedreht werden. Bei verschiedenen Lokomotiv-Baureihen wurden versuchsweise Verschleißbuchsen auf den Drehzapfen aufgezogen. Dieses Verfahren bewährt sich und ist auf die anderen Lokomotiv-Baureihen zu übertragen. Hierdurch verringert sich die Zahl der Drehzapfen, die ausgepreßt werden müssen. Die Verschleißbuchse wird bei eingebautem Drehzapfen aufgezogen.

Die Dampfzylinder sind frühzeitig einer Wasserdruckprüfung zu unterziehen, um undichte und poröse Stellen zu erkennen. Wird diese Prüfung zu

spät durchgeführt und werden dabei Schäden festgestellt, treten empfindliche Störungen im Arbeitsablauf auf. Die Zylinder sind aufzumessen. Liegt die Zylinderbohrung über Werkgrenzmaß, so ist der Zylinder zu ersetzen oder eine Laufbuchse einzuziehen. Die Zylinderlaufbuchsen werden mit Hilfe einer hydraulischen Presse eingezogen. Der Zylinder wird dabei nicht abgebaut.
Muß die Zylinderbohrung bearbeitet werden, so wird ein transportables Zylinderbohrwerk (siehe Bild 28) eingesetzt und die Bohrung spansparend nachgedreht. Ein Endausschalter schaltet den Antrieb aus, wenn die Drehmeißel die Bohrung fertig bearbeitet haben. Dadurch bleibt die Bedienung auf Kontrollen beschränkt.
Die Dichtflächen für die Zylinderdeckel sind mit einer Dichtflächenschleifmaschine zu schleifen. Dampfstraßen oder größere Beschädigungen dürfen vorher verstiftet werden.
Lose Schieberbuchsen (Einschleifbuchsen) sind auszubauen, nachzudrehen

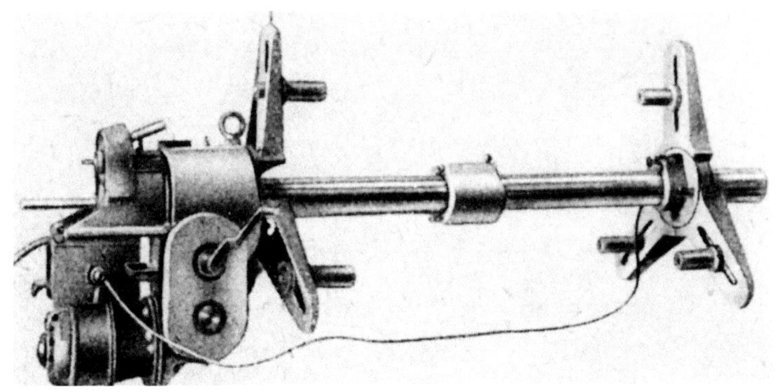

Bild 28: Transportables Zylinderbohrwerk

oder zu ersetzen und wieder einzubauen, wobei die Dichtflächen ebenfalls aufzuarbeiten sind. Einpreßbuchsen werden auf das nächste Stufenmaß ausgedreht, wenn sie noch dicht sind. Die Dichtheit ist vorher zu prüfen.
Wenn dabei die letzte Aufarbeitungsstufe überschritten wird, ist die Buchse zu ersetzen. Alle anderen Dichtflächen werden nachgearbeitet und die Stiftschrauben nachgeschnitten oder ersetzt. Sitzen die Stiftschrauben nicht mehr fest im Gewinde, sind sie auszubauen, das Aufnahmegewinde auf die nächste Ausbesserungsstufe aufzuschneiden und eine Schraube mit Übergröße am Einschraubende einzuziehen. Da Stiftschrauben-Einziehköpfe für den Schlagschrauber in diesen Größen nicht zur Verfügung stehen, sind Stiftschrauben mit Bodenmuttern einzuziehen.
Der Pufferträger einschließlich Zughakenführung ist aufzuarbeiten oder zu ersetzen. Die Pufferträger sind anbaufertig vorrätig zu halten.
Der so vorbereitete Rahmen wird auf den Rahmenbacken-Schleifstand gestellt.

6.301.2 *Rahmenbacken-Schleifstand*

Auf diesem Stand werden nur die Rahmenbacken geschliffen. Die Rahmenbackenschleifmaschine ist hochproduktiv und erspart langwierige und körperlich schwere Handarbeit. Der Rahmen wird, wie unter 6.301.1 beschrieben, in Waage gelegt. Ein Anschlag, der in einem festen Abstand von der Qtr- oder

$Qk_{I \dots II}$-Ebene angebracht wird, dient zum Ausrichten der Schleifmaschine. Ein schwenkbarer Schleifkopf gestattet das Schleifen der inneren und äußeren Seitenflächen. Weitere Hinweise sind den Bedienungsanweisungen zu entnehmen.

6.301.3 *Kesseleinbau- und Rahmenmeßstand*

Vor dem Vermessen des Rahmens muß der Kessel eingebaut und befestigt sein. Der Kessel wird im Feuerloch mit einem Spezialgeschirr und am Rauchkammerschuß mit einem Kesselband angeschlagen (Bild 29). Der Kessel wird zuerst auf den Stehkesselträgern abgesetzt, wobei gleichzeitig die gefetteten Schlingerkeile eingesetzt werden. Danach wird er auf dem Rauchkammerstuhl abgesetzt. Bei verschiedenen Baureihen werden die Löcher für die Rauchkammerbefestigungsschrauben angerissen und der Kessel zum Bohren dieser Löcher nochmals abgehoben. Beim endgültigen Aufsetzen wird der Aschkasten in zusammengebautem Zustand gleichzeitig mit eingesetzt. Hierdurch wird die körperlich schwere Arbeit beim Aschkastenanbau unter dem aufgesetzten Kessel erspart. Der Aschkasten ist am Bodenring anzurichten. Beim Warmanrichten ist der Bodenring vor Erwärmung zu schützen.
Beim Anreißen der Rauchkammerschraubenlöcher sind auch die Pendelbleche anzureißen und auszubauen. Die Pendelblechlöcher werden auf einer Ständerbohrmaschine gebohrt. Bei den Einheitslokomotiven ist ausreichend Platz, um die Pendelbleche bei aufgesetztem Kessel mit einer elektrischen Handbohrmaschine zu bohren. Die Löcher für Paßschrauben sind zu reiben. Bei Loch-

Bild 29: Kesseleinbau

versatz kann mit Nietlochreibahlen vorgerieben werden. Es muß jedoch mit einer zylindrischen Reibahle nachgerieben werden. Die Reibahlen werden mit einer Preßluftbohrmaschine angetrieben. Die Reibahle darf nicht fest in der Maschine geführt werden. Es ist ein Futter mit beweglichem Vierkant zu verwenden. Die Paßschrauben sind entsprechend der „Arbeitsanweisung für den Einbau von Paßschrauben“ DV 946, Teilheft 11, Anlage 27, Ausgabe 1958, einzubauen und zu sichern.
Die Rahmen werden optisch oder mechanisch vermessen. Als Weiterentwicklung des optischen Meßverfahrens ist das System-Meßverfahren zu werten. Nachfolgend sollen einige Grundsätze des Vermessens erläutert werden. Ein umfassendes Werk über das Meßwesen ist in Vorbereitung.

6.301.31 Mechanisches Vermessen

Da die Längsmittenebene der Lokomotive durch die eingebauten Teile nicht frei liegt, muß eine Hilfsebene außerhalb des Rahmens errichtet werden. Man erreicht das durch einen straff gespannten schwachen Stahldraht oder durch ein Linealpaar, das etwa Fahrzeuglänge hat. Die Lineale werden auf an den Rahmenwangen befestigte Konsole aufgelegt und ausgerichtet. Auf diesen Linealen sind die wichtigsten Maße als Kennmarken eingearbeitet. Besondere Zusatzgeräte gestatten die Abnahme aller erforderlichen Maße (siehe Bild 30).

Bild 30: Mechanische Rahmenvermessung

Bei der Hauptuntersuchung sind folgende Teile zu vermessen:

1. Dampfzylinder,
2. Achslagerführung,
3. Hauptkuppelbolzenlager,
4. Stoßpufferplatten,
5. Federspannschraubenträger,
6. Drehpunkte der Ausgleichhebel für die Federung,

7. Stützplatten für Drehgestelle,
8. Drehzapfen oder Drehzapfenlager,
9. Widerlager für Rückstellvorrichtungen,
10. Ausschlagbegrenzung für Lenkgestelle und
11. feste Drehpunkte der äußeren Steuerung.

Der Aufwand für das umfangreiche Vermessungsprogramm ist beim mechanischen Vermessen hoch. Das optische Vermessen ist trotz hoher Anschaffungskosten dem mechanischen Verfahren wegen der Schnelligkeit und Genauigkeit überlegen.

### 6.301.32 Optisches Vermessen

Es hat sich allgemein der Ausdruck „optisches Vermessen" eingebürgert, obwohl optisch-mechanisch vermessen wird. Die Hilfslinien für die senkrechte

Bild 31: Optische Rahmenvermessung

Bild 32: Optisches Vermessen der Gleitbahn

Längsmittenebene und die waagerechte Hauptbezugsebene werden hierbei durch optische Achsen dargestellt.
In die Dampfzylinder wird je ein Fernrohr eingebaut und in der Längsachse ausgerichtet (siehe Bilder 31 und 32). Die Darstellung der Querebenen erfolgt mit Hilfe von Kollimatoren. Das Autokollimationsfernrohr ist ein Richtungsprüfgerät zum Prüfen der allseitig rechtwinkligen Lage einer Ebene zur optischen Achse.
Das Vermessungsprogramm ist hier das gleiche wie beim mechanischen Vermessen im Abschnitt 6.301.31.

### 6.301.33 System-Meßverfahren

Beim System-Meßverfahren werden die verschiedenen Meßgeräte in Buchsen eingesetzt, die fest am Rahmen verbleiben. Es werden Urmeßbuchsen und Systemmeßbuchsen angebracht. Mit diesen Buchsen sind die Ebenen festgelegt, die durch das Fahrzeug gedacht sind. Der gesamte Vermessungsvorgang baut sich auf diesen Ebenen auf. Sowohl die Meßgeräte als auch die Meßwerte werden nach einem festen System angesetzt bzw. abgenommen (siehe Bild 33).

Bild 33:
System-Meßverfahren

Der Aufwand für das erstmalige Anbringen der Meßbuchsen wird durch geringeren Aufwand bei den nachfolgenden Rahmenvermessungen und durch die Verbesserung der Meßgüte ausgeglichen.

### 6.301.34 Aufstellen und Weitergeben der Vermessungswerte

Die beim Vermessen gefundenen Werte werden in Meßlisten eingetragen. Von diesen Listen werden Durchschriften angefertigt. Eine Durchschrift wird dem Betriebsbuch beigegeben, damit im Bahnbetriebswerk die Instandsetzungsarbeiten nach den Vermessungsmaßen ausgeführt werden können, zum Beispiel das Ausgießen und Bearbeiten von Stangen- oder Achslagern. Eine zweite Durchschrift wird im Reichsbahnausbesserungswerk aufbewahrt, um die Arbeitsvorbereitung für die folgenden Ausbesserungen und Untersuchungen zu erleichtern. Zwecks Vermeidung von Übertragungsfehlern

RAW

# Meßliste

für das Fräsen der Achslagergleitplatten für Treib- und Kuppelradsätze **

Lok Nr 17 1193

Auftr Nr 300 028

## Erläuterungen:

1) Maßzeichen für Laufradsätze in ( )
2) Es bedeuten:
   wf = Jstmaß sr Achslagermitte bis Breitfläche der festen Achslagerführung.
   wk = Jstmaß sr Achslagermitte bis Breitfläche des Stellkeils.
   (v) = Jstmaß sr Achslagermitte bis Breitfläche der vorderen Achslagerführung.
   (h) = Jstmaß sr Achslagermitte bis Breitfläche der hinteren Achslagerführung.
3) In die Spalten 1 bis 6 und 8 bis 13 werden die an den Achslagerführungen aufgemessenen Jstmaße eingetragen. Herstellungsabmaße s Teilheft 5 Anlage 7.
4) Der 1. Radsatz ist immer der vordere Treib-, Kuppel- oder Laufradsatz.
5) Der Ausführende trägt in diese Spalte seinen Namen (Handzeichen) und das Datum ein.



| 1 | 2 | 3 | 4 | 5 | 6 | 7 | 8 | 9 | 10 | 11 | 12 | 13 |
|---|---|---|---|---|---|---|---|---|---|---|---|---|
| | linke Lokomotivseite | | | | | Radsatz | | rechte Lokomotivseite | | | | |
| ka (va) | ki (vi) | wk (v) | wf (h) | fa (ha) | fi (hi) | | ka (va) | ki (vi) | wk (v) | wf (h) | fa (ha) | fi (hi) |
| 67,3 | 81,7 | 163,7 | 162,5 | 67,2 | 79,8 | 1 ter [1] | 66,5 | 79,2 | 166,00 | 161,7 | 65,7 | 79,3 |
| 83,8 | 84,4 | 160,4 | 161,2 | 83,5 | 84,3 | 2 ter | 82,8 | 85,00 | 161,9 | 161,5 | 83,00 | 85,00 |
| 83,9 | 84,9 | 161,6 | 159,1 | 84,5 | 84,7 | 3 ter | 84,00 | 84,8 | 159,00 | 161,9 | 84,4 | 84,00 |
| | | | | | | 4 ter | | | | | | |
| | | | | | | 5 ter | | | | | | |

Aufgemessen am:

| Rahmen od. Drehgestellmeßstand | Achslagergruppe | fräsen | prüfen | zur Sammlung |
|---|---|---|---|---|
| [5] Gu 11. 5. 37 | | | [5] Ne 13. 5. 37 | [5] Wa 25. 5. 37 |

**) Nichtzutreffendes durchstreichen

Bild 34: Beispiel einer Meßliste

auf die Meßlisten sind karbonierte Meßlisten in Blockform zu verwenden. Diese Art der Durchschriften ist in der Werkstatt handlicher als die Verwendung von Kohlepapier.
Auf den Meßlisten ist der Wegweiser aufgedruckt. Es dürfen nur solche Meßlisten verwendet werden, die in den Dienstvorschriften festgelegt sind (siehe Bild 34).

6.301.35 Berichtigungen auf Grund der Rahmenvermessung

Berichtigungen werden entweder auf dem Rahmenmeßstand oder auf dem Vormontagestand ausgeführt. Berichtigungen der Drehpunkte werden durch Kontrollkreise geprüft, die auch nach der Berichtigung noch sichtbar sind. Die Steuerwellen- und Schwingenlager sind oftmals zu berichtigen. Die Lager und Lagerdeckel werden innen aufgeschweißt. Nachdem die Lagerdeckel am Stoß nachgearbeitet und eingepaßt sind, wird eine Ausdrehvorrichtung eingebaut und der Lagerschalensitz maßgerecht bearbeitet. Die Bohrwelle wird nach den Kontrollkreisen ausgerichtet. Eine ähnliche Bearbeitung wird bei den Federspannschraubenträgern und Drehzapfensitzen angewandt.

6.301.4 *Vormontagestand*

Die Teile werden in folgender Reihenfolge an- bzw. eingebaut:

1. Kohlenkasten bei Tenderlokomotiven, Führerhausfußbodenblech, Ein- und Ausströmrohre,
2. Führerhaus, Umlauf, Blasrohr und Schornstein,
3. Ölpresse, Feuertür, Steuerbock, Luft- und Ölleitungen, Steuerwelle, restliche Rauchkammerteile, Pumpen und Vorwärmer, obere Sandrohre, Kreuzköpfe, Kolben und Schieber,
4. Restarbeiten im Führerhaus, Dampf- und Wasserrohrnetz, elektrische Ausrüstung,
5. Federung und Ausgleich sowie mechanische Bremse teilweise,
6. Restarbeiten, außer den seitlichen Wasserkästen bei Tenderlokomotiven.

Ein wichtiges Hilfsmittel bei diesen Arbeiten ist der Laufkran. Eine Vielzahl von Spezial-Anschlagmitteln erleichtert das Arbeiten mit Hebezeugen und bringt Arbeitszeiteinsparungen.

6.301.5 *Lokomotiv-Einachsstand*

Die Ausrüstung auf dem Einachsstand ist unterschiedlich, sie richtet sich nach dem verwendeten Hebezeug.

6.301.51 Lokomotiv-Einachsstand mit Lokomotiv-Hebekran

Auf dem Vormontagestand werden die Achsgabelstege und Achsstellkeile abgebaut und zum Einachsstand gefördert. Die Achslagerführungen und Gleitflächen werden gefettet. Bauartbedingte Vorbereitungsarbeiten zum Einachsen werden ebenfalls auf dem Vormontagestand ausgeführt. In der Zwischenzeit ist die einbaufertige Radsatzgruppe auf dem Einachsstand bereitgestellt.
Sind diese Vorbereitungsarbeiten beendet, so wird die Lokomotive mit dem Lokomotiv-Hebekran vom Vormontagestand direkt auf die Radsätze gesetzt (siehe Bilder 35 und 36). Es empfiehlt sich, daß zwei Schlosser von der Arbeitsgrube aus die Achslager in die Führungen einfädeln und ein dritter

Schlosser von außen diese Arbeit unterstützt. Solange die Lokomotive im Kran hängt, hat der zuständige Werkmeister diese Arbeiten zu beaufsichtigen. Nachdem die Lokomotive auf die zeichnungsmäßige Höhe abgesenkt ist, werden die Achsstellkeile und Achsgabelstege angebaut. Die Federspannschrauben werden so angezogen, daß in dieser Stellung der Lokomotive die Federn und Ausgleichhebel waagerecht stehen. Nunmehr werden die Achsstellkeile fest angezogen und der Kran entlastet. In diesem Zustand wird sofort das Achsstichmaß geprüft. Liegen Abweichungen innerhalb der zulässigen Toleranzen, so werden die Keile gelockert und die Lokomotive auf den Endmontagestand gesetzt. Die Radsätze werden zum Anbau der Kuppel- und Treibstangen eingeschwenkt und der Lokomotiv-Hebekran freigegeben.

Bild 35: Lokomotive zum Einachsen angehoben

Bild 36: Lokomotiv-Einachsstand mit Lokomotiv-Hebekran

6.301.52 Lokomotiv-Einachsstand mit Hebewerk

Lokomotiv-Hebewerke werden dort benötigt, wo Kräne zum Einachsen nicht zur Verfügung stehen bzw. eine nicht ausreichende Tragfähigkeit besitzen. Das Umsetzen der Lokomotive mit Schiebebühne erfolgt stets mit angebauten Achsgabelstegen. Auf dem Einachsstand werden die Achsgabelstege abgebaut, die Gleitflächen gefettet und alle Teile einschließlich Paßschrauben griffrecht ausgelegt. In der Zwischenzeit werden die Traversen eingesetzt und die Lokomotive angehoben. Die günstigste Lage des Einachsstandes ist die, wenn die einbaufertige Radsatzgruppe vom Aufsattelstand direkt unter die angehobene Lokomotive gerollt werden kann (Bild 37). Das Untersetzen der Radsätze selbst erfolgt in der gleichen Weise wie mit dem Lokomotiv-Hebekran.

Bild 37: Lokomotiv-Einachsstand mit Lokomotiv-Hebewerk

6.301.6 *Endmontagestand*

Die Lokomotive mit untergesetzten Radsätzen wird nunmehr auf dem Endmontagestand fertig montiert. Das Bremsgestänge, die Kuppel- und Treibstangen, das Steuerungsgestänge, die unteren Sandrohre und andere Kleinteile und Sicherungen werden angebaut. Bei Tenderlokomotiven werden die seitlichen Wasserkästen aufgesetzt und die Wasserverbindungsrohre angeschlossen. Sonstige Restarbeiten sind auf diesem Stand fertigzustellen, damit die Lokomotive werkstattfertig auf das Prüfgleis gesetzt werden kann.

**6.302 Arbeitsablauf in der Richthalle bei Lokomotiven der Schadgruppe L3 (Zwischenuntersuchung)**

Der Arbeitsablauf in der Richthalle erfolgt bei Lokomotiven der Schadgruppe L3 ähnlich wie bei den Lokomotiven der Schadgruppe L4. Es ist deshalb möglich, daß Lokomotiven der Schadgruppen L3 und L4 die gleichen Aufbaugruppen durchlaufen. Die operative Produktionsplanung hat auf das richtige Mischungsverhältnis zu achten, damit die Stände voll ausgelastet sind. Auf Grund verschiedener zusätzlicher Arbeiten läßt sich diese Forderung erfüllen.

Unter 6.2 wurde gesagt, daß auch bei Lokomotiven der Schadgruppe L3 der Kessel getauscht werden kann. Bei Lokomotiven, deren Stehkessel zwischen dem Rahmen liegt, wird der Kessel grundsätzlich ausgebaut und in der Kesselschmiede aufgearbeitet. Verbleibt der Kessel auf dem Rahmen, so ist die Reihenfolge der Arbeitsgänge ebenso wie die in der Kesselschmiede (siehe Abschnitt 6.5).
Gegenüber dem Arbeitsumfang bei Lokomotiven der Schadgruppe L4 entfällt eine Reihe von Arbeiten, da die Werkgrenzmaße und -formabweichungen für die Lokomotiven der Schadgruppe L3 größere Abnutzungen zulassen. In den Teilheften der DV 946 und in den „Richtlinien für die Arbeitsaufnahme" sind die unterschiedlichen Werkgrenzmaße und -formabweichungen aufgeführt. So bedürfen zum Beispiel Rahmenbacken, Rahmenverbindungen, Pufferbohlen, Drehzapfen usw. weniger Aufarbeitungsaufwand als bei einer Hauptuntersuchung.
Wurde der Kessel in der Kesselschmiede aufgearbeitet und dabei der Rauchkammerboden nicht ersetzt, so kann der Kessel sofort aufgesetzt und befestigt werden.
Nach dem Kesseleinbau wird der Lokomotivrahmen nur *teil*vermessen. Es werden gegenüber einer Hauptuntersuchung nicht vermessen:

1. Hauptkuppelbolzenlager,
2. Stoßpufferplatten,
3. Federspannschraubenträger und
4. feste Drehpunkte für die äußere Steuerung.

Die Lokomotiven der Schadgruppe L3 durchlaufen den Vormontage-, Einachs- und Endmontagestand gemeinsam mit den Lokomotiven der Schadgruppe L4, wobei sie etwa die gleiche Zeit auf diesen Ständen verbleiben.

### 6.303 Arbeitsablauf in der Richthalle bei Lokomotiven der Schadgruppe L2 (Zwischenausbesserung)

Entsprechend der Bedeutung der Schadgruppe L2 im Rahmen der Erhaltungswirtschaft sind die Werkgrenzmaße und -formabweichungen größer als bei den Schadgruppen L4 und L3 festgelegt. Der Arbeitsumfang ist dementsprechend wesentlich geringer. Er wird außerdem von der Vormeldung beeinflußt. Der Kessel wird nur in Sonderfällen abgenommen oder nur angehoben.
Die Arbeiten am Rahmen, Kessel und an den nicht abgebauten Teilen werden meist im Standverfahren auf „L2-Arbeitsständen" ausgeführt. Die Rahmenbacken sind auch dann auf der Rahmenbackenschleifmaschine zu schleifen, wenn hinderliche Teile abgebaut werden müssen. Die Arbeitsproduktivität und -qualität ist beim Arbeiten mit der Rahmenbackenschleifmaschine günstiger als beim Handschliff. Der Handschliff wirkt sich ungünstig auf die Verschleißgeschwindigkeit der Achslagerführung aus.
Die Lokomotiven verlassen die L2-Arbeitsstände mit dem gleichen Fertigstellungsgrad, wie die Lokomotiven der Schadgruppen L4 und L3 den Vormontagestand verlassen. Über den Einachsstand kommen die Lokomotiven zum Endmontagestand. Da die nicht abgebauten Teile bereits auf dem L2-Arbeitsstand an der Lokomotive aufgearbeitet wurden, erreicht der Arbeitsumfang auf dem Endmontagestand etwa den der Lokomotiven der Schadgruppen L4 und L3.

### 6.304 Arbeitsablauf in der Richthalle bei Lokomotiven der Schadgruppe L0 (Bedarfsausbesserung)

Bei den Lokomotiven der Schadgruppe L0 kann kein planmäßiger Arbeitsablauf festgelegt werden. Der Arbeitsablauf richtet sich ausschließlich nach der Vormeldung und den nachträglich festgestellten betriebsgefährlichen Schäden.
Die L0-Lokomotiven werden im Standverfahren ausgebessert. Radsatzgruppen werden auf dem Einachsstand und Einzelradsätze auf der Achssenke untergebaut.
Um den Kostenaufwand für die Schadgruppe L0 gering zu halten, sind hinderliche Teile schonend abzubauen und nicht aufzuarbeiten.

### 6.305 Arbeitsablauf in der Richthalle für Tender

Die Aufarbeitung der Tender wird entweder in einem Teil der Lokomotiv-Richthalle oder in einer besonderen Richthalle ausgeführt.
Die Tender werden nach denselben Schadgruppen aufgearbeitet wie die Lokomotiven. Tenderwechsel ist zu vermeiden.

6.305.1 *Tender der Schadgruppe L4 (Hauptuntersuchung)*

Der vorgereinigte Tender wird auf dem Abbaustand abgebaut.

6.305.11 T e n d e r - A b b a u s t a n d

Der Abbau wird in folgender Reihenfolge begonnen:
1. Drehgestelle oder Radsatzgruppe ausbauen,
2. Drehgestelle einzeln ausachsen, in der Metallwaschmaschine reinigen und
3. Tender entsprechend der Werksausrüstung auf Böcke, Behelfsachsen oder Behelfsdrehgestelle setzen.

Es werden außerdem ausgebaut:
1. Bremsgestänge,
2. Zug- und Stoßvorrichtungen,
3. Werkzeugkästen,
4. Saugkästen und -ventile sowie
5. die Teile, die der Arbeitsaufnehmer nach Befund anzeichnet.

6.305.12 T e n d e r - R e i n i g u n g s s t a n d

Der Tenderrahmen wird in der Strahlanlage gestrahlt. Anschließend ist der Rahmen auf Anrisse und Brüche zu untersuchen. Schäden sind dauerhaft zu kennzeichnen. Der Wasserkasten ist außen mit Mordofix abzulaugen und zu neutralisieren. Wasserkasten und Rahmen erhalten einen Grundanstrich.
Der Wasserkasten ist innen mit Wasser auszuwaschen und einer Dichtigkeitsprobe zu unterziehen. Schadstellen im Bitumenanstrich sind gründlich zu entrosten, bevor sie nachgestrichen werden.

6.305.13 T e n d e r - R i c h t s t a n d

Der Tender wird so auf Böcke abgesetzt, daß er von unten zugängig ist. Im Wasserkasten werden die Schwallbleche untersucht und nach Bedarf ausgebaut, aufgearbeitet oder erneuert und danach wieder eingebaut. Die Anlageflächen sind vorher gründlich zu reinigen und mit Rostschutzfarbe zu

streichen. Gleichzeitig werden schadhafte Stellen autogen herausgeschnitten und Flicken eingepaßt und eingeschweißt.
Die Deckel der Einfüllöffnungen und die Saugkästen sind aufzuarbeiten und anzubauen. Nach dem Einbau der Saugventile wird der Wasserkasten nochmals auf Dichtheit geprüft und vom Arbeitsprüfer abgenommen.
Pufferträger und Zugkasten werden aufgearbeitet oder ersetzt. Die Buchsen für die Haupt- und Notkuppelbolzen werden ersetzt, wenn sie die Werkgrenzformabweichung überschritten haben. Das gilt auch für die Führungsbuchsen der Stoßpuffer.
Bei Tendern mit Drehgestellen sind die Drehzapfen aufzuarbeiten oder zu ersetzen. Bei Starrahmentendern sind die Rahmenbacken für die Achslager aufzuarbeiten und nach dem mechanischen Verfahren zu vermessen.
Es folgt der Anbau der Heizungs- und Luftrohre und der Bremsarmaturen. Parallel zu diesen Arbeiten wird der Wasserkasten außen gespachtelt, geschliffen und der erste Grundanstrich aufgebracht.

6.305.14 Tender-Einachsstand

Der Einachsstand ist so anzuordnen, daß die Tender-Radsatzgruppe oder -Drehgestelle von ihren Aufarbeitungswerkstätten unmittelbar unter den angehobenen Tender gerollt werden können.
Bei Tendern mit Starrahmen ist das Radstandstichmaß nach dem Einachsen zu kontrollieren.

6.305.2 *Tender der Schadgruppe L3 (Zwischenuntersuchung)*

Die Tender der Schadgruppe L3 durchlaufen die Tenderhalle wie die der Schadgruppe L4, wobei das Strahlen der Tenderrahmen entfällt. Arbeiten am Rahmen und Wasserkasten werden in dem Umfange ausgeführt, wie sie die DV 946, insbesondere das Teilheft 3 „Tender“ und die „Richtlinien für die Arbeitsaufnahme an Dampflokomotiven“, vorschreiben.

6.305.3 *Tender der Schadgruppe L2 (Zwischenausbesserung)*

Die Ausbesserung beschränkt sich auf das Laufwerk, die Beseitigung der Undichtheiten am Wasserkasten und auf Schäden laut Vormeldung.

6.305.4 *Tender der Schadgruppe L0 (Bedarfsausbesserung)*

Es werden nur die auf der Vormeldung genannten Schäden beseitigt.

## 6.4 Arbeitsabläufe in den Fertigungswerkstätten für Lokomotivteile

Um den technologischen Arbeitsablauf flüssig zu gestalten, sind möglichst viele Teile zu tauschen. Eine sorgfältige und auf Tauschfähigkeit bedachte Standardisierung verkürzt die Standbesetzungszeit.
Die in den folgenden Teilabschnitten beschriebenen Arbeitsgänge können je nach Schadgruppe und Befund des Arbeitsaufnehmers ausgeführt werden oder entfallen.

### 6.401 **Armaturen-Werkstatt**

Die Armaturen der Lokomotive und der Kessel werden in der gleichen Werkstatt aufgearbeitet (siehe Abschnitt 6.606).

### 6.402 **Werkstatt für Luftbehälter**

Die Luftbehälter sind in allen ihren Abmessungen genormt und können getauscht werden. Es werden Haupt-, Hilfs- und Ausgleichs-Luftbehälter aufgearbeitet. Ein Untersuchungsschild gewährleistet die Einhaltung der Untersuchungsfristen.

Die untersuchungspflichtigen Hauptbehälter werden vom Kesselprüfer untersucht. Nach der Ausbesserung nimmt der Kesselprüfer den Wasserdruckversuch ab.

Die Luftbehälter werden innen mit Heißwasser und einem Zusatz von P3 oder Siliron gereinigt und anschließend mit Klarwasser neutralisiert.

In der Fertigungswerkstatt werden die Luftbehälter auf eine Ablage, die ein Weiterrollen von Arbeitsstand zu Arbeitsstand gestattet, abgelegt und untersucht. Eingebeulte und abgezehrte Stellen werden herausgeschnitten und dafür Paßflicken eingeschweißt. Ihre Größe ist in der DV 951 (Werk-Schweiß-Vorschrift) begrenzt. Der Schweißstand ist mit einer Drehvorrichtung ausgestattet, die der Schweißer mit Fußsteuerung bedienen kann.

Die Anschlußgewinde für Rohrverschraubungen sind nachzuschneiden oder zu erneuern.

Bild 38: Transportwagen für Hauptluftbehälter

Nach Beendigung der Ausbesserungsarbeiten wird der Wasserdruckversuch vom Kesselprüfer abgenommen und das Untersuchungsdatum eingeschlagen. Alle Öffnungen sind mit passenden Pfropfen zu verschließen.

Die aufgearbeiteten Behälter werden mit Spezialtransportwagen zum Tauschlager gefördert (siehe Bild 38).

### 6.403 **Werkstatt für Zug- und Stoßvorrichtung**

Zur Zug- und Stoßvorrichtung gehören:

1. Hülsen- und Stangenpuffer,
2. Zughaken,
3. Zughakenfedern,
4. Federkörbe und -joche,
5. Schraubenkupplungen,
6. Stoßpuffer,

7. Stoßpufferplatten,
8. Stoßfedern,
9. Haupt- und Notkuppeleisen und
10. Haupt- und Notkuppelbolzen.

Diese Teile sind bis auf die Stoßpufferplatten tauschfähig. Sind die Stoßpufferplatten in ihren Befestigungslöchern auf einheitliche Abstände gebracht, so können auch diese getauscht werden.

Bild 39: Zerlegepresse für Puffer

Die Hülsen- und Stangenpuffer sind bei den planmäßigen Ausbesserungen und Untersuchungen abzubauen und aufzuarbeiten. Hierzu wird der Puffer vollständig zerlegt. Eine Presse (siehe Bild 39) drückt die Puffergrundplatte fest auf die Pufferhülse, so daß die zwei Schrauben gelöst werden können. Durch die Entlastung wird die vorgespannte Pufferfeder unfallfrei entspannt und hierauf aus der Hülse gezogen. Der Pufferstößel wird ebenfalls herausgenommen. Durch das Absenken der Pufferhülse werden die hakenförmigen Anschlagstücke frei, und die Pufferhülse kann vom Puffer abgezogen werden. Die Pufferteile werden mit Werkgrenzmaßlehren aufgemessen.
Abgenutzte Teile werden durch Auftragsschweißung und anschließende Bearbeitung wiederhergestellt. Unbrauchbare Teile werden ersetzt. Die Puffer werden in umgekehrter Reihenfolge wieder zusammengebaut.
Die Pufferaufarbeitung läßt sich bei großen Stückzahlen mechanisieren. Da der Pufferanfall in einem Lokomotivwerk nicht groß ist, sind die Puffer zweckmäßig in das nächste Wagenwerk zur Aufarbeitung zu geben.
Stangenpuffer fallen nur in geringer Zahl an. Die Aufarbeitung ist sinngemäß wie bei den Hülsenpuffern.

Die Zughaken sind im Vierkant, an der Angriffsfläche und im Bolzenloch mit Werkgrenzmaßlehren aufzumessen. Ist das Werkgrenzmaß überschritten, kann der Zughaken durch Auftragsschweißen, anschließendes Glühen und Bearbeiten wiederhergestellt werden. Dem Glühen der geschweißten Zughaken ist größte Aufmerksamkeit zu widmen. Der Glühofen muß ein genau anzeigendes Temperaturmeßgerät und möglichst einen Thermostat besitzen. Das Gewinde am Zughaken ist nachzuarbeiten und die Mutter ist aufzupassen. Der Spaltkeil ist zu ersetzen.
Die Zughakenfedern sind auf einer Federprüfmaschine zu prüfen. Wiederverwendungsfähige Federn werden anschließend in ein Ölbad getaucht und zum Abtropfen abgelegt.
Die Federkörbe und -joche werden ähnlich wie die Zughaken behandelt. Das Glühen entfällt.
Die Bolzen und Laschen der Schraubenkupplungen werden auf Verschleiß untersucht. Unbrauchbare Teile werden ersetzt. Das Gewinde wird mit besonderen Hilfseinrichtungen gangbar gemacht. Auch hier ist die Aufarbeitung in einem Wagenwerk zweckmäßig. Die Stoßpuffer werden zur Zeit noch aufgeschweißt und bearbeitet, wenn die zulässigen Abweichungen überschritten sind. Diese Aufarbeitung ist unwirtschaftlich. Die Stoßpuffer sind jetzt aus C45 oder MSt6 herzustellen und an den Verschleißflächen flammenzuhärten. Das Aufziehen von Verschleißbuchsen auf den Schaft und das Vorschuhen der Köpfe ist ein wirtschaftliches Aufarbeitungsverfahren.
Die Stoßpufferplatten bestehen aus der Grundplatte und dem aufgenieteten Doppelkeilstück. Die Grundplatte ist nach Bedarf zu richten. Ausgeschlagene Schraubenlöcher werden zugeschweißt und mit Hilfe der Bohrlehre gebohrt. Das Doppelkeilstück ist aus C45 oder MSt6 herzustellen und in waagerechter Richtung flammenzuhärten.
Die Stoßfedern werden getauscht. Die Aufarbeitung erfolgt in zentralen Federschmieden.
Haupt- und Notkuppeleisen werden mit Werkgrenzmaßlehren aufgemessen. Die Bolzenlöcher werden durch Stauchen auf Urmaß gebracht. Die zeichnungsgerechte Länge wird durch Stauchen oder Strecken wieder hergestellt. Haupt- und Notkuppelbolzen werden bis zum Werkgrenzmaß mit Schneidkeramik nachgedreht oder geschliffen. Ist die Härte der Oberfläche zu gering, sind sie nachzuhärten. Wird das Werkgrenzmaß unterschritten, so sind sie auszumustern. Als Werkstoff ist C45 oder MSt6 zu verwenden.

### 6.404 Werkstatt für Radsätze

In dieser Werkstatt werden die Treib-, Kuppel-, Lauf- und Tender-Radsätze aufgearbeitet.
Die Werkstatt ist möglichst unter einem Kranfeld anzuordnen, damit der Transport der Radsätze zwischen den Kranfeldern entfällt. Die Laufkräne haben eine Tragfähigkeit von 5000 kp. Die Radsatzbearbeitungsmaschinen sind im Längsfluß aufgestellt. Dazwischen sind Abstellplätze für den Arbeitsvorrat angeordnet.
Der in der Radsatzwaschmaschine gereinigte Radsatz wird auf Anrisse und Brüche untersucht. Oberflächenrisse werden nach dem Schlämmkreideverfahren ermittelt. Durch die Klangprobe wird der feste Sitz des Radreifens auf dem Radkörper und des Radkörpers auf der Achswelle geprüft. Schäden, besonders Anbrüche im Nabensitz der Welle, werden mit dem Ultraschall-

Bild 40:
Ultraschallprüfung von Achswellen

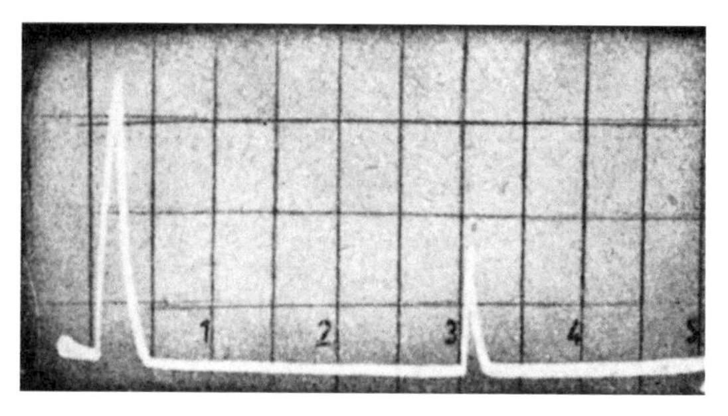


Bild 41: Ultraschall-Prüfbild einer Achswelle ohne Befund

gerät gefunden (siehe Bilder 40 und 41). Es sind alle Radsätze, bevor sie auf den Meßstand kommen, mit Ultraschall zu prüfen. Die Radsätze ohne Befund werden auf dem Radsatzmeßstand vermessen.
Es werden aufgemessen:

1. Achsschenkel-Durchmesser,
2. Achsschenkelteillängen,
3. Laufkreisdurchmesser,
4. Einlauf auf der Lauffläche,
5. Spurkranzdicke,
6. Treib- und Kuppelzapfen-Durchmesser,
7. Gegenkurbelzapfen-Durchmesser,
8. Zapfenteillängen und
9. Kurbelwinkel und Kurbelhöhe aller Zapfen.

Die Messungen sind auf die Radsatzmittenebene zu beziehen. Sie ist durch einen Kontrollkörner auf der Achswelle festgelegt. Auf Grund der Meßergebnisse auf dem Meßstand und der dabei festgestellten Formabweichungen erfolgt die Arbeitsaufnahme. Der Durchlauf des Radsatzes durch die Radsatzwerkstatt wird vom Arbeitsumfang bestimmt. Daraus ergeben sich:

1. die Umrißbearbeitung,
2. die Schenkelbearbeitung,
3. die Zapfenbearbeitung,
4. die Neubereifung,
5. die Felgenkranzbearbeitung,
6. das Ersetzen von Zapfen und
7. das Ersetzen von Achswellen.

6.404.1 *Umrißbearbeitung*

Der neue Laufkreisdurchmesser einer Kuppel-Radsatzgruppe richtet sich nach dem am meisten abgenutzten Spurkranz.
Der Radsatz wird mit dem Laufkran in die Radsatzdrehmaschine gehoben (siehe Bild 42). Nach dem Festspannen der Mitnehmer wird zuerst der Schruppsupport und danach der Schlichtsupport angestellt. Die mit Hartmetall HS 40 bestückten Drehmeißel werden durch auswechselbare Supportschablonen geführt. Spänefangkästen und -gruben müssen ausreichend und so angeordnet sein, daß sie ohne Arbeitsunterbrechung entleert werden können. Nach DV 946, Teilheft 4, § 6 (4) darf der Unterschied der Laufkreisdurchmesser der gekuppelten Radsätze einer Lokomotive oder beider Räder

Bild 42: Radsatz beim Ausspannen

Bild 43: Spurkranz-Härtemaschine

eines Radsatzes 0,3 ‰ nicht übersteigen, das sind 0,3 mm/1000 mm ∅. Bevor der Radsatz ausgespannt wird, ist der Laufkreisdurchmesser zu messen und das gedrehte Profil mit der Radreifenumriß-Prüflehre nach Vorrichtungskatalogblatt LPG 08 075 zu prüfen.
Die Einführung eines Oberflächen-Härteverfahrens ermöglicht das Härten der Spurkränze der Radsätze, die besonders stark dem Verschleiß unterliegen. Man wendet das Flammen- oder induktive Härteverfahren auf Spurkranzhärtemaschinen an (siehe Bilder 43 und 44).

Bild 44: Anordnung der Brenner und Brausen beim Spurkranzhärten

### 6.404.2 *Schenkelbearbeitung*

Der natürliche Hochglanz eines gelaufenen Schenkels ist sehr widerstandsfähig und möglichst zu erhalten. Achsschenkel mit Beschädigungen oder überschrittenen Werkgrenzformabweichungen werden auf Schenkel-Dreh- und -Glattwalzmaschinen bearbeitet (siehe Bild 45). Der Achsschenkel wird spansparend nachgedreht und glattgewalzt. Die Glattwalzrollen sind mit einer Anpreßkraft von 2500 bis 3000 kp anzudrücken. Die Glattwalzrollen dürfen nur einmal über den Schenkel geführt werden. Die Schenkel sind

Bild 45: Glattwalzen des Achsschenkels

Bild 46: Achsschenkel-Dreh- und -Schleifmaschine

nach der Berichtigung der Kreis- und Zylinderhaltigkeit deshalb glattzuwalzen, weil dadurch die bestmögliche Oberflächengüte und damit die günstigste Laufeigenschaft erreicht wird.
Steht eine Schenkelschleifmaschine (siehe Bild 46) oder eine kräftige Supportschleifmaschine zur Verfügung, so kann, wenn nur geringe Spanabnahme erforderlich ist, das Drehen durch Schleifen ersetzt werden. Erfahrungsgemäß wird beim Schleifen weniger Schenkelmaterial zerspant als beim Drehen, wodurch die Lebensdauer der Achswellen erhöht wird.
Sind die Schenkel-Teillängen über Werkgrenzmaß angestiegen, werden Anlaufringe angeschweißt und die Teillängen auf Urmaß bearbeitet.

6.404.3 *Zapfenbearbeitung*

Die Treib- und Kuppelzapfen werden ausgepreßt, wenn Zapfenschleifmaschinen nicht zur Verfügung stehen. Diese Aufarbeitungsart ist sehr aufwendig, da die Zapfennaben oftmals ausgeschweißt werden müssen, um wieder die vorgeschriebene Einpreßkraft zu erzielen. Dem Ausschweißen und Bearbeiten der Zapfennabenbohrung ist das wirtschaftlichere Aufspritzen des Zapfens am Zapfensitz (siehe Bilder 47 und 48) vorzuziehen. Hat die Bohrung der Zapfennabe jedoch ihr Werkgrenzmaß überschritten, ist sie auszuschweißen und danach mit den Feinbohreinheiten der Radsatz-Meßmaschine auf Urmaß zu bearbeiten.

| Deutsche Reichsbahn<br>Entwicklungsstelle für Technologie und Organisation der RAW | **Metallspritzen**<br>Arbeitsanweisung für das Aufspritzen von Einpreßenden der Treib- und Kuppelzapfen | Blatt-Nr.: 1005 |
|---|---|---|

| Geräte: | Haftgrundvorbereitg. | Brenngas: | Zusatzwerkstoffe: | Grundwerkstoff: |
|---|---|---|---|---|
| Zum Haftgrundstrahlen, Pistole RAW „Wilh. Pieck" Zum Metallspritzen, Spritzpistole „Eclair" - R - | Aufrauhen durch Korund-Strahlen und Zwischenschicht spritzen m. Molybdän | Azetylen | Molybdän 2 mm ∅ Stahlspritzdraht 2 mm ∅, lila | Ck 45 (St C 45 61) St C 10. 61 50 Cr Mo 4 |

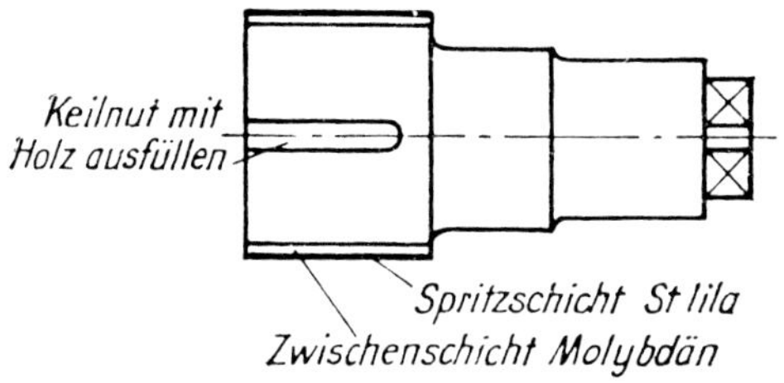

Keilnut mit Holz ausfüllen

Spritzschicht St lila

Zwischenschicht Molybdän

Einsparung: ~ 75.– DM/ Zapfenbohrg. gegenüber dem Ausschweißen der Zapfen-Bohrung von Hand.

| Arbeitsstufen-Nr. | Arbeitsstufe | Betriebsmittel | | Spritzwerte |
|---|---|---|---|---|
| 1 | Korund- oder Sandstrahlen | Pistole RAW „W. P." | | 100 mm Strahlabst., 4 atü |
| 2 | Zwischenschicht spritzen | Spritzpist. „Eclair R" | | Aufgetragene Schichtdicke 0,015 mm<br>Azetylendruck: 1,1 atü<br>Sauerstoffdruck: 1,6 atü<br>Druckluftdruck: 3,8 atü<br>Spritzabstand: 150-180 mm<br>Drehzahl: n = 32<br>Vorschub von Hand |
| 3 | Stahlschicht spritzen | Spritzpist. „Eclair R" | | Aufgetragene Schichtdicke: max 2,7 mm min 0,5 mm<br>Azetylendruck: 1,1 atü<br>Sauerstoffdruck: 1,8 atü<br>Druckluftdruck: 4,0 - 4,5 atü<br>Spritzabstand: 180 mm<br>Drehzahl: n = 32<br>Vorschub: 40 mm/min |
| 4 | Schleifen | Rundschleifmasch.<br>Schleifscheibe: Reick Spezial Korn 46 keramisch, naß<br>Umfangsgeschw. 12m/sec | | |

| Aufgestellt: Entwicklungsstelle für Technologie und Organisation der RAW.<br>Zwickau 1. Juli 1958 | Geprüft: Arb.-Gr. „Metallspritzen"<br>8. Tagung, 3. 9. 58 | Genehmigt: Rundstempel – Ministerium für Verkehrswesen Technische Überwachung TÜ 1<br>gez. Kohl |
|---|---|---|

Bild 47: Arbeitsanweisung für das Aufspritzen von Einpreß-Enden der Treib- und Kuppelzapfen

Bild 48:
Aufspritzen des
Kuppelzapfensitzes

Bild 49:
Zapfenschleifwerk

Die Verwendung von Zapfenschleifwerken ist wirtschaftlicher, weil die Zapfen in eingepreßtem Zustand geschliffen werden (Bilder 49 und 50). Treibzapfen aus 50CrMo4 und Kuppelzapfen aus CK45 werden nur zum Nachhärten oder Ersetzen ausgepreßt.
Für die mittleren Treibzapfen der Drei- und Vierzylinder-Lokomotiven werden Spezial-Zapfenschleifwerke verwendet (siehe Bilder 51 und 52). Das Oberteil der Maschine ist abnehmbar, um den Radsatz einzuspannen.

### 6.404.4 *Neubereifung*

Haben die Radreifen das Werkgrenzmaß erreicht oder würden sie es nach der Umrißbearbeitung erreichen, so sind sie zu ersetzen. Die Arbeitsgangfolge ist:
1. Sprengring freidrehen und entfernen.
2. Radreifen erwärmen und abnehmen oder autogen trennschneiden. Um den Felgenkranz nicht zu beschädigen, darf der Reifen nicht vollständig durchgeschnitten werden. Der Reifen ist mit einem Treibkeil zu sprengen.

Bild 50: Schleifen des Treibzapfens auf Zapfenschleifwerk

Bild 51: Aufsetzen des Oberteils auf ein Spezial-Zapfenschleifwerk für gekröpfte Achsen

Bild 52: Spezial-Zapfenschleifwerk für gekröpfte Achsen

Bild 53: Radreifen-Bohrwerk

3. Felgenkranz auf Umfangs- und Seitenschlag prüfen. Sind die in der DV 946, Teilheft 4, Anlage 5, festgelegten Abmaße überschritten, so kann spansparend bis zum Werkgrenzmaß nachgedreht werden. Bei großem Seitenschlag wird die Achswelle auf Verbiegung nachgeprüft. Verbogene Achswellen dürfen nicht gerichtet werden, sondern sind zu ersetzen. Um den Schrumpfsitz des Radreifens bei Erwärmung im Betrieb zu sichern, ist die Oberfläche des Felgenkranzes feinzuschlichten.

4. Der Radreifen wird auf dem Radreifen-Bohrwerk (siehe Bild 53) nach dem Felgenkranz-Durchmesser unter Berücksichtigung des Schrumpfmaßes 1 bis 1,3 mm auf 1000 mm Durchmesser ausgedreht und feingeschlichtet. Um die Radreifen beim Ausdrehen nicht zu verdrücken, sind sie nicht von

außen, sondern von oben zu spannen. Moderne Radreifen-Bohrwerke besitzen zwei Supporte mit Vielfach-Drehmeißelhalter und selbsttätiger Radreifen-Spannvorrichtung. Beim Ausdrehen sind die Teillängen des Felgenkranzes zu beachten.

5. Der fertig vorgearbeitete Radreifen wird auf dem „Radreifenfeuer" auf 200 ... 220 °C erwärmt. Die Temperatur wird mit Kalisalpeterstäbchen, Dehnungsmesser o. a. gemessen. Neben gasbeheizten Radreifenfeuern werden auch induktive Heizeinrichtungen benutzt.
Ist die vorgeschriebene Temperatur erreicht, wird der Radsatz mit Radsatzwendebock oder Wendevorrichtung (Bild 54) mit dem zugehörigen Radkörper nach unten gewendet und mit dem Laufkran in den Radreifen gesetzt (siehe Bild 55). Zuvor wurde der neue oder altbrauchbare Sprengring zugeschnitten und auf einer Sprengringbiegemaschine gebogen.
Der Sprengring wird eingelegt, an einigen Stellen durch Hammerschläge geheftet und auf einer Sprengringeinwalzmaschine in den noch warmen Rad-

Bild 54: Radsatzwendevorrichtung

Bild 55: Radreifen aufziehen

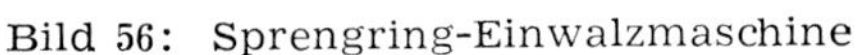

Bild 56: Sprengring-Einwalzmaschine

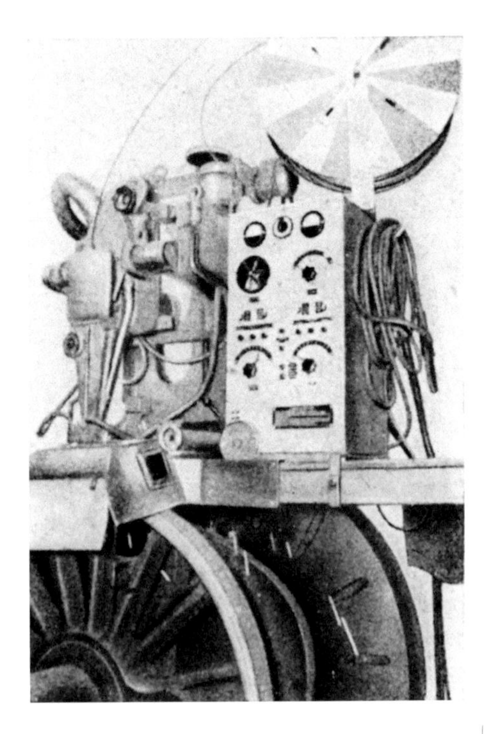

Bild 57: Felgenkranz-Aufschweißmaschine

reifen eingewalzt (siehe Bild 56). Steht keine Einwalzmaschine zur Verfügung, so kann der Bördelring mit einem schweren Preßlufthammer niedergehämmert werden. Es ist darauf zu achten, daß keine Kerben oder andere Beschädigungen entstehen.
Der Arbeitsvorgang wiederholt sich beim Aufziehen des zweiten Radreifens. Der Radreifenumriß wird nach dem Erkalten wie unter 6.404.1 beschrieben auf Urmaß gedreht.

6.404.5 *Felgenkranz aufschweißen*

Neben den unter 6.404.4 genannten Arbeiten wird der Felgenkranz nach Unterschreiten der Werkgrenzmaße aufgeschweißt, nachdem die aufzuschweißende Fläche vorgeschruppt wurde.
Das Aufschweißen des Felgenkranzes von Hand ist unwirtschaftlich. Es eignen sich hierfür Felgenkranz-Aufschweißmaschinen, die aus alten Felgenkranz-Drehmaschinen hergerichtet sind (siehe Bild 57). Für wirksamen Blendschutz ist zu sorgen. Nach dem Aufschweißen wird der Felgenkranz auf Urmaß gedreht.

6.404.6 *Zapfen ersetzen*

Sind die Treib- und Kuppelzapfen unter Werkgrenzmaß verschlissen, so sind sie auszupressen und durch neue zu ersetzen. Neue Zapfen sind bis auf das Einpreßmaß vorgearbeitet vorrätig zu halten. Sie sind aus den unter 6.404.3 genannten Werkstoffen herzustellen, zu härten und zu schleifen. Die geschliffenen Flächen sind gegen Beschädigungen zu schützen. Die Zapfennabenbohrung wird entweder auf der Meßmaschine (Bild 58) mit Feinbohreinheiten oder auf dem Horizontalbohrwerk bearbeitet. Die Zapfen werden auf einer hydraulischen Radsatzpresse aus- und eingepreßt. Die Einpreß-Endkraft soll mindestens 400 kp/mm ⌀ und höchstens 700 kp/mm ⌀ betragen. Ein Preßkraftschreiber trägt den Wert über den Preßweg auf Diagrammpapier auf. Dieses Diagramm ist im Reichsbahnausbesserungswerk aufzubewahren. Die erforderlichen Einpreßkräfte sind in DV 946, Teilheft 4, Anlage 22, als Nomogramm aufgezeichnet.

Bild 58: Meßmaschine mit Feinbohreinheiten für Radsätze

6.404.7 *Achswellen ersetzen*

Sind die Werkgrenzmaße am Schenkel erreicht oder ist die Achswelle verbogen, so ist sie zu ersetzen. Die Achswellen sind vorgearbeitet bereitzuhalten. Die Preßarbeiten werden auf der hydraulischen Presse ausgeführt. Für die Dreharbeiten an den Radkörpern, Achswellen und Zapfen sind eine Kopf-Drehmaschine und eine Drehmaschine aufzustellen. Nach dem Einpressen sind die Achswellenstirnflächen bündig zu drehen und die vorgeschriebenen Stempelungen vorzunehmen.
Lose Radkörper sind abzupressen. Die Einpreßenden der Achswelle dürfen zur Wiederherstellung des Preßsitzes aufgespritzt werden (Bild 59).

6.404.8 *Prüfmessen der Radsätze*

Der fertig aufgearbeitete Radsatz wird auf dem Meßstand prüfvermessen. Dabei ist nach Möglichkeit die gesamte Radsatzgruppe hintereinander zu vermessen. Diese Arbeitsprüfung muß auch dann stattfinden, wenn die Maße für das Fertigdrehen der Achs- und Stangenlager bereits vorher abgegeben wurden. Die Meßergebnisse der beiden Messungen sind zu vergleichen. Unstimmigkeiten sind zu berichtigen.

6.404.9 *Besondere Hinweise*

Bei gebrochenen Radreifen oder Achswellen ist der Hauptverwaltung der Reichsbahnausbesserungswerke eine Bruchmeldung zu erstatten, wie es in der DV 946, Teilheft 4, Anlage 14 und 15 vorgeschrieben ist.

| Deutsche Reichsbahn<br>Entwicklungsstelle<br>für Technologie<br>und Organisation<br>der RAW | **Metallspritzen**<br>Arbeitsanweisung für das Aufspritzen<br>von Einpreßenden<br>der Lok- und Wagenachswellen | Blatt-Nr. 1010 |
|---|---|---|

| Geräte:<br>Zum Haftgrundstrahlen, Pistole RAW „Wilh.Pieck“<br>Zum Metallspritzen, Spritzpistole „Eclair“ - R - | Haftgrundvorbereitg.<br>Aufrauhen durch Korund-Strahlen und Zwischenschicht spritzen m. Molybdän | Brenngas:<br>Azetylen | Zusatzwerkstoffe:<br>Molybdän 2 mm ∅<br>Stahlspritzdraht<br>2 mm ∅, lila | Grunstoff:<br>(St 50.11) MSt 5 |
|---|---|---|---|---|

Polierte Laufflächen und Hohlkehlen abdecken
(Gewebestreifen, Jsolierband, Blechmanchette)
Keilnuten mit Holz ausfüllen
Zwischenschicht Molybdän
Spritzschicht St lila

Einsparung ~ 100,- DM/ Achswelle gegenüber dem Ausschweißen der Radkörper von Hand.

| Arbeitsstufen-Nr. | Arbeitsstufe | Betriebsmittel | | Spritzwerte |
|---|---|---|---|---|
| 1 | Korund- oder Sandstrahlen | Sandstrahlgebläse oder Pistole RAW „W.P.“ | | 100 mm Strahlabstand, 4 atü |
| 2 | Zwischenschicht spritzen | Spritzpist. „Eclair R“ | | Aufgetragene Schichtdicke 0,015 mm<br>Azetylendruck: 1,1 atü<br>Sauerstoffdruck: 1,6 atü<br>Druckluftdruck: 3,8 atü<br>Spritzabstand: 150-180 mm<br>Drehzahl: n = 32<br>Vorschub von Hand |
| 3 | Stahlschicht spritzen | Spritzpist. „Eclair R“ | | Aufgetragene Schichtdicke<br>max 3,0 mm min 0,5 mm<br>Azetylendruck: 1,1 atü<br>Sauerstoffdruck: 1,8 atü<br>Druckluftdruck: 4,0 - 4,5 atü<br>Spritzabstand: 180 mm<br>Drehzahl: n = 32<br>Vorschub: 40 mm/min |
| 4 | Schleifen | Rundschleifmasch.<br>Schleifscheibe:<br>Reick Spezial,<br>Korn 46<br>keramisch, naß<br>Umfangsgeschw. = 12 m/sec | | |

| Aufgestellt: Entwicklungsstelle für Technologie und Organisation der RAW.<br>Zwickau, 10. Juli 1958 | Geprüft: Regierung der DDR<br>Ministerium für Verkehrswesen<br>HV der Ausbesserungswerke<br>der Deutschen Reichsbahn | Genehmigt: Rundstempel – Ministerium für Verkehrswesen<br>Technische Überwachung TÜ 1<br>gez. Kohl. |
|---|---|---|

Bild 59: Arbeitsanweisung für das Aufspritzen von Einpreß-Enden der Lok- und Wagenachswellen

Grundberichtigte Radsätze sind im „Stammbuch für die grundberichtigten Lokomotiv-Treib- und Kuppelradsätze“ einzutragen.
Um die am Radsatz befindlichen Teile, wie Gegenkurbeln, Bundmuttern usw., aufarbeiten zu können, ist eine Schlosserwerkbank mit dem erforderlichen Werkzeug so aufzustellen, daß sie im Arbeitsfluß steht.

### 6.405 **Werkstatt für Achslager**

In dieser Werkstatt werden die Achslager für die Treib- und Kuppelradsätze, Laufradsätze und Tenderradsätze aufgearbeitet. Die Aufarbeitung von Rollenachslagern muß in einer staubgeschützten Werkstatt erfolgen.
Die Aufarbeitung der Achslager eignet sich sehr gut für die Einführung der fließenden Fertigungsweise (siehe Beilagen I bis VIII). Durch gute Auswahl der Transportmittel und -einrichtungen und Einordnung in den technologischen Arbeitsablauf läßt sich eine Werkstattflächenausnutzung von 2 Achslagern je $m^2$ und Monat erzielen.
Die Werkstätten sind mit Laufkränen ausgestattet. Sie werden durch eine Hängebahnanlage mit 1000 kp Tragfähigkeit und durch Drehkräne mit 250 kp Tragfähigkeit mit Elektrozug entlastet.
Die Werkplätze und Maschinen sind so angeordnet, daß eine Trennung nach dem zu bearbeitenden Werkstoff möglich ist und Mischspäne vermieden werden. In Absaugeanlagen für Preßstoff dürfen keine glühenden Stahlteilchen gelangen, da diese im Zyklon oder in der Ansaugeleitung Ursache zu Bränden sein können.

#### 6.405.1 *Achslager aufarbeiten*

Die Bezugsebenen am Achslager sind im Bild 60 dargestellt. Darin bedeuten:

Lal-Ebene = Senkrechte Längsebene durch das Achslager
Wal-Ebene = Waagerechte Mittenebene des Achslagers
Qal-Ebene = Senkrechte Querebene des Achslagers

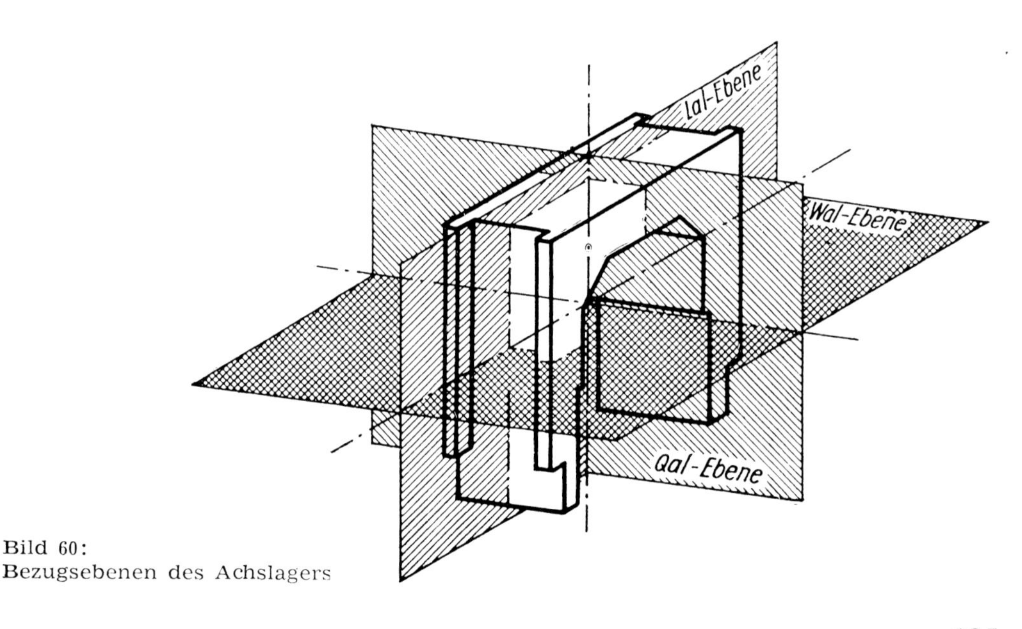


Bild 60:
Bezugsebenen des Achslagers

Bezugsflächen am Achslagergehäuse sind:

| | | |
|---|---|---|
| Senkrechte Bezugsfläche | = | Äußere senkrechte Fläche des Achslagergehäuses |
| Waagerechte Bezugsfläche | = | Obere waagerechte Fläche des Achslagergehäuses |

Die Achslagerteile werden auf den Aufnahmetischen zur Arbeitsaufnahme aufgelegt. Die Gleitplatten sind zuvor abzubauen. Die Schrauben werden mit einem durch Druckluft angedrückten Schlagschrauber entfernt.
Die ausgeschmolzenen Lagerschalen werden auf Durchmesser und Teillängen aufgemessen. Aufzuschweißende Flächen werden mit Ölkreide gekennzeichnet. Bei geringen Maßabweichungen ist Aufweiten der Lagerschale zugelassen. Dreistofflagerschalen jedoch dürfen nicht aufgeweitet werden.
Die Unterkästen werden mit Wasser auf Dichtheit geprüft. Der Radius der Schmierfilztasche wird nachgemessen und notfalls berichtigt.
Die Schweißarbeiten werden unmittelbar nach der Arbeitsaufnahme vorbereitet. Dazu wird neben den üblichen Werkzeugen der Elektro-Preßluft-Fugenhobel verwendet. Das Fugenhobeln muß in der Schweißkabine ausgeführt werden.
Fehlende und lose Schubsicherungen werden ersetzt und unter Verwendung einer Schweißschablone angeschweißt. Sind die Sitzflächen der Achslagergleitplatten zu bearbeiten, so werden die Schubsicherungen erst danach angebracht.
Das Gehäuse wird auf der Anreißplatte auf Verzug geprüft und gegebenenfalls auf der danebenstehenden hydraulischen Presse gerichtet. Sind die Bezugsflächen beschädigt, so sind sie auf der Flächenschleifmaschine nachzuschleifen. Das Gehäuse muß hierzu zwangsfrei aufgespannt werden.
Die Bezugsebenen werden geprüft und gegebenenfalls berichtigt. Zur Kennzeichnung der Bezugsebenen sind anzubringen:

4 Körner auf den beiden Gleitplattensitzflächen, und zwar je einer oben und unten zur Kennzeichnung der Lal-Ebene,

2 Körner auf der inneren senkrechten Gehäusefläche je auf dem linken und rechten Schenkel zur Kennzeichnung der Wal-Ebene,

1 Körner wie vor in der Achse der Qal-Ebene.

Die Körner für die Wal- und Qal-Ebene müssen auf einem Kreisbogen liegen, der seinen Mittelpunkt im Schnittpunkt der Wal- und Qal-Ebene hat. Um die Körner ist ein Kontrollkreis anzubringen.
Die Sitzflächen für die Lagerschalen werden, soweit erforderlich, nachgeschliffen. Hierzu eignet sich eine Stangenfensterschleifmaschine.
Aufgeschweißte Lagerschalensitze werden auf einer Senkrecht-Stoßmaschine vorgearbeitet und danach auf Urmaß geschliffen.
Zylindrische Lagerschalensitze werden auf der Karusseldrehmaschine nachgedreht.
Das Gehäuse wird bei der Bearbeitung auf die Bezugsflächen aufgelegt und nach den Kontrollkörnern der Bezugsebenen ausgerichtet.
Die Befestigungslöcher für die Gleitplatten werden mit Hilfe der Bohrlehre auf der Ständerbohrmaschine gebohrt, und das Gewinde wird maschinell geschnitten.
Die so vorbereiteten Gehäuse laufen über eine zweispurige Rollenbahn zu den beiden Lagerschaleneinpaßständen.

Das Gehäuse wird in die Arbeitsstellung abgesenkt und die vorgearbeitete Lagerschale eingepaßt.
Eine hydraulische Presse erleichtert die Einpaßarbeit.
Lagerschalenbohrungen und Verklammerungsgewinde werden bei neuen oder geschweißten Lagerschalen in eingebautem Zustand auf der Karusselldrehmaschine oder dem Bohrwerk gedreht.
Nachdem die Lagerschalen bearbeitet sind, werden sie ausgebaut und mit Lagermetall ausgegossen.
Inzwischen sind die Preßstoffgleitplatten einzupassen und die Befestigungsschrauben mit Schlagschrauber anzuziehen. Da der Leistenabstand am Gehäuse auf Urmaß gehalten wird und die Preßstoffgleitplatten ohne Aufmaß beschafft werden, genügt ein leichtes Abrichten der Paßflächen der Gleitplatten auf einer Schleifvorrichtung mit Absaugeeinrichtung.
Die ausgegossenen Lagerschalen werden mit einer hydraulischen Presse eingepreßt und mit einer Spannvorrichtung im Gehäuse festgehalten. Danach werden die Gleitplatten nach Meßzettel oder Urmaß auf einer Doppelspindelfräsmaschine mit aufgesetzter selbsttätiger Kippvorrichtung gefräst (siehe Bild 61).

Bild 61: Selbsttätige Kippvorrichtung zum Fräsen der Achslager-Gleitplatten

Die Lagerbohrung wird auf dem Waagerecht-Feinbohrwerk bearbeitet.
Das fertig bearbeitete Lager wird auf dem Prüfmeßtisch vermessen.
Der Lagermetalleinguß ist bei Treibachslagern in allen Fällen und bei Kuppelachslagern stichprobeweise auf Härte zu prüfen. Der Wm 10-Einguß soll dabei eine Härte von $\geqq$ 25 HB aufweisen.
Die Achslagerteile, wie Unterkasten, Schmierpolster, Unterkastenträger usw., sind parallel zum Gehäuse aufgearbeitet worden.

### 6.405.2 *Achslager aufsatteln*

Die Achslager werden auf Aufsattelständen aufgesattelt. Aufsattel-Hilfsvorrichtungen erleichtern die körperlich schwere Arbeit. Die Schmierpolster sind mindestens 24 Stunden in Achsöl zu tränken.
Die Ölkeile sind mit Schaber und Weißmetallfeile nachzuarbeiten. Die Lagerlauffläche muß ohne Absatz in den schlanken Ölkeil übergehen. Die Ölkeile

der unteren Lagerschalen für Obergethmann- und Mangoldlager werden im Parallel-Schraubstock nachgearbeitet.
Der Achsschenkel wird mit Tusche geschwärzt, das Lager mit der Hilfsvorrichtung auf den Achsschenkel gehoben und der Lagerabdruck abgenommen. Der Achsschenkel und die Lagerschalen werden gesäubert und eingeölt.
In die Filztasche des Unterkastens ist der Dichtfilz einzulegen und gut einzuölen. Das Gehäuse mit oberer Lagerschale wird auf den Achsschenkel gehoben und durch eine Spannvorrichtung festgehalten, so daß das Lager in jede gewünschte Stellung gedreht werden kann (siehe Bild 62). Auf diese

Bild 62: Spannvorrichtung zum Aufsatteln der Achslager [Foto: Rat.-Wagen der Hv Raw]

Weise können die unteren Lagerschalen, Beilagen, Stellkeile und der Unterkasten mit Schmierpolster unfallfrei eingebaut werden. Ist der Unterkasten durch den Unterkastenträger befestigt, wird das Lager auf freie Beweglichkeit geprüft und das Achslagergehänge eingesetzt und gesichert. Zuletzt werden die Achslagerdeckel und die Schutzbleche für Achsschenkel angeschraubt. Die aufgesattelten Achslager werden arbeitsgeprüft und die Radsatzgruppe zum Einachsstand gefördert.

### 6.406 Werkstatt für Dreh- und Lenkgestelle

Die Werkstatteinrichtung richtet sich nach der Bauart der Dreh- und Lenkgestelle. Es gibt:

1. Drehgestelle, zum Beispiel bei Baureihe 38,
2. Krauß-Lenkgestelle, zum Beispiel bei Baureihe 74,
3. Krauß-Helmholtz-Lenkgestelle, zum Beispiel bei Baureihe 50,
4. Bisselgestell ohne Wiege, zum Beispiel bei Baureihe 64,
5. Bisselgestell mit Wiege, zum Beispiel bei Baureihe 58 und
6. Einstellachsen, zum Beispiel bei Baureihe 03, hintere Laufachse.

#### 6.406.1 *Drehgestelle*

Die Drehgestelle werden nach der Reinigung ohne Radsätze der Drehgestellwerkstatt zugeführt. Der Drehgestellrahmen wird auf dem Drehgestellmeßstand vorvermessen und die Achslagerführungen ähnlich wie die am Rah-

men aufgearbeitet. Es wird grundsätzlich nach dem Bezugsebenensystem vermessen. Der Arbeitsumfang am Drehzapfenlager richtet sich nach der Schadgruppe der Lokomotive. Besonderes Augenmerk ist auf die Aufarbeitung der Drehgestell-Druckplatten zu richten.
Das Bremsgestänge und die Teile für Federung und Ausgleich werden in besonderen Werkstätten aufgearbeitet (siehe Abschnitt 6.415 und 6.416).
Die Radsätze und Achslager werden ebenfalls in Sonderwerkstätten aufgearbeitet und kommen aufgesattelt zum Einbau in die Drehgestellwerkstatt.
Nachdem der Rahmen aufgearbeitet und die Drehpunkte vermessen und berichtigt sind, ist der Drehgestellrahmen vorzustreichen. Danach beginnt die Montage des Drehzapfenlagers mit Rückstellvorrichtung, der Federung und des Bremsgestänges. Es folgen die Rohrleitungen für die Druckluftbremse und die Bremsarmaturen.
Die Radsätze werden mit Kran unter Verwendung eines Spezialzwischengeschirrs untergesetzt. Danach ist das Radstandstichmaß zu prüfen. Es folgen die Restarbeiten, wie Bremsgestänge kuppeln usw.
Da der Anfall von Drehgestellen gering ist, lohnt sich die Einführung des Fließverfahrens nicht. Die Drehgestellrahmen werden auf Böcke oder Gestelle aufgesetzt. Die Drehgestelle werden in Aufbaustufen aufgearbeitet, das sind:

1. Rahmenrichtstand,
2. Drehgestellmeßstand,
3. Drehgestell-Montagestand und
4. Drehgestell-Einachsstand (Gleis mit Arbeitsgrube).

6.406.2 *Krauß-Lenkgestelle*

Der gereinigte Lenkgestellrahmen wird auf dem Meßstand vorvermessen. Die Bezugsebene wird durch die vier Anlageflächen der Achsgabelstege gebildet. Sie ist zu kontrollieren und zu berichtigen.
Das feste oder seitenverschiebliche Drehzapfenlager ist aufzuarbeiten. Die Sitzflächen sind zu berichtigen und die Achslagerschalen einzupassen. Die Lagerschalen sind vorher, wie unter Abschnitt 6.405.1 beschrieben, aufzuarbeiten.
Nach dem Einpassen werden beide Lagerschalen im eingebauten Zustand auf dem Bohrwerk ausgedreht und das Verklammerungsgewinde eingeschnitten. Die Lagerschalen werden danach ausgebaut, mit Weißmetall ausgegossen und im eingebauten Zustand nach den Achsschenkelmaßen ausgedreht.
Der Laufradsatz wird in das um 180° gewendete Gestell mit einem Laufkran eingesetzt. Zuletzt werden die Schmierpolster, Unterkasten und Achsgabelstege angebaut.
Das Gestell wird in seine normale Lage geschwenkt und der Deichselkopf auf ein Hilfsgestell abgelegt. Die Achslagerdeckel werden aufgeschraubt und das Lenkgestell zum Einachsen bereitgestellt.

6.406.3 *Krauß-Helmholtz-Lenkgestelle*

Das Deichsellager wird in der Lenkgestellwerkstatt aufgearbeitet und in der Achslagerwerkstatt aufgesattelt.
Da die Krauß-Helmholtz-Lenkgestelle in größerer Anzahl anfallen, kann diese Lenkgestellwerkstatt zur Taktstraße ausgebaut werden. Die Bearbei-

tungsmaschinen müssen dabei die „messende Bearbeitung“ gestatten. Die Arbeitsstände sind so eingerichtet, daß das Lenkgestell um seine Längsachse gedreht werden kann (siehe Bilder 63 bis 65).
Das Lenkgestell und die zugehörigen Teile werden zur Arbeitsaufnahme aufgelegt. Auf dem ersten Meßstand werden die Bezugsebenen, Drehpunkte und Gleitflächen vorvermessen. Auf dem Schweißstand werden die Schweißarbeiten ausgeführt. Die Deichselöse wird zum Aufarbeiten ausgebaut. Die Gleitplatten für die Drehzapfenlagerführung werden nachgearbeitet oder

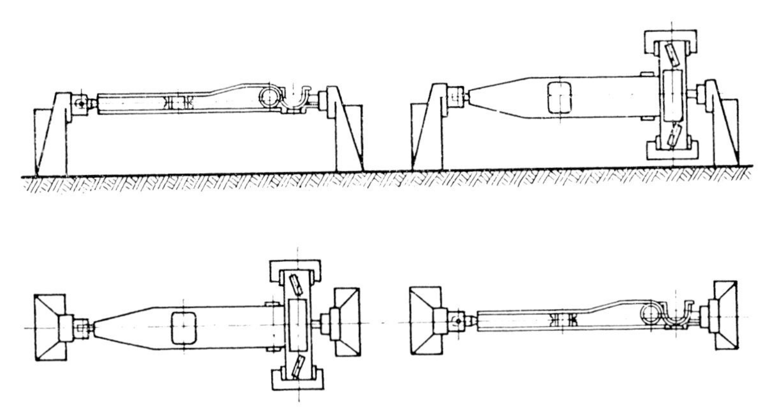

Bild 63: System der Lenkgestell-Arbeits- und Wendeböcke

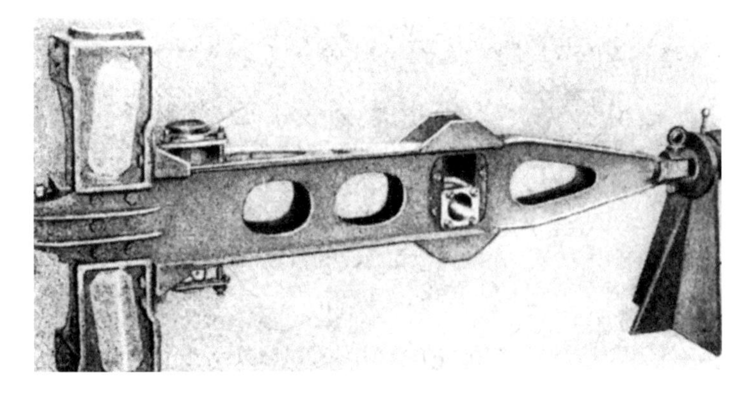

Bild 64: Lenkgestell um 90° gewendet

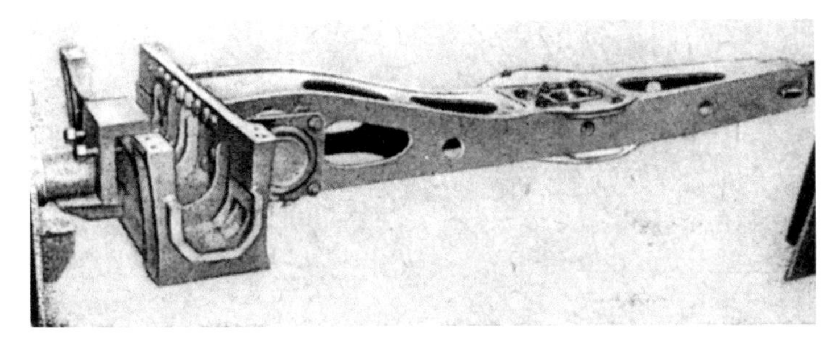

Bild 65: Lenkgestell um 180° gewendet

ersetzt. Das Drehzapfenlager wird entsprechend den Maßen der Lagerführung berichtigt. Die Lagerschalen für den Laufradsatz werden nach den Maßen des Achslagergehäuses in der Achslagerwerkstatt bearbeitet. Die Lagerschalen-Sitzflächen im Achslagergehäuse werden auf dem Schleif- oder Frässtand nachgearbeitet. Die Lagerschalen werden eingepaßt, im eingebauten Zustand ausgedreht und das Verklammerungsgewinde eingeschnitten. Nach dem Ausbauen werden die mit Weißmetall ausgegossenen Lagerschalen wieder eingebaut und nach der Maßliste für den Laufradsatz ausgedreht. Zwischen den Arbeitsgängen „Lagerschalen zum Ausgießen ausbauen“ und „Lagerschalen nach dem Ausgießen einbauen“ werden die Rückstellvorrichtungen und das Drehzapfenlager eingebaut.
Zuletzt wird der Laufradsatz eingelagert, das Gestell in seine Normallage eingeschwenkt und die Achslagerdeckel und Schmiereinrichtungen angebaut. Beim Bereitstellen der Radsatzgruppe zum Einachsen wird das Lenkgestell mit der Deichselöse am Deichsellager befestigt.

6.406.4 *Bisselgestelle ohne Wiege*

Für die Aufarbeitung dieser Gestelle lohnt sich der Aufbau von Taktstraßen. Die Arbeitsgänge ordnen sich ähnlich wie unter 6.406.3 beschrieben. Einzelne Arbeiten entfallen, da die Teile nicht vorhanden sind. Dafür kommen die Zug- oder Pendelstangen hinzu. Das aufgearbeitete Bisselgestell wird mit dem Deichselkopf auf ein besonderes Transportgestell gelegt und so beim Einachsen unter die Lokomotive gerollt. Dieses Transportgestell muß so beschaffen sein, daß es unter der Lokomotive leicht auseinander zu nehmen ist. Die Einzelteile dürfen deshalb nur eine Masse von nicht mehr als 30 kg haben.

6.406.5 *Bisselgestelle mit Wiege*

Entsprechend der Konstruktion des Gestells wird der Laufradsatz mit aufgesattelten Achslagern von der Achslagerwerkstatt angeliefert. Die Achslagerführungen werden ebenso wie die am Lokomotivrahmen aufgearbeitet. Die Auflagefläche für den Stützzapfen an der Wiege und die Hängeeisen werden aufgearbeitet, Bolzen und Buchsen ersetzt und sämtliche Einzelteile einschließlich Federung eingebaut.

6.406.6 *Einstellachsen*

Die Einstellachsen sind in einem besonders dazu ausgebildeten Achslagergehäuse gelagert. Die Vermessung und Aufarbeitung ist ähnlich wie bei den Lenkgestellen, jedoch den Besonderheiten der Einstellachse angepaßt.

### 6.407 **Werkstatt für Treib- und Kuppelstangen**

Die Treib- und Kuppelstangenwerkstatt ist neben der Achslagerwerkstatt eingerichtet. In unmittelbarer Nähe befindet sich die gemeinsame Lagergießerei.
Die in der Metallwaschmaschine gereinigten Stangensätze werden mit Gabelstapler transportiert und in Ablegegestelle oder auf Untersuchungsböcke gelegt. Die zugehörigen Lagerschalen werden unmittelbar in die Lagergießerei zum Ausschmelzen gebracht. Danach werden sie in der Stangenwerkstatt gleichzeitig mit den Stangen zur Untersuchung und Arbeitsaufnahme bereitgelegt.

Die Stangen sind zunächst auf Anrisse und Brüche zu untersuchen. Man verwendet dazu ein magnetisches Durchflutungsgerät oder prüft nach dem Schlämmkreideverfahren. Risse sind dauerhaft zu kennzeichnen. Die Stangenköpfe werden vorvermessen und der Arbeitsumfang festgelegt.
Die Schweißarbeiten an den Stangenschlössern werden in den neben dem Untersuchungsstand gelegenen Schweißkabinen ausgeführt. Da es sich hierbei ausschließlich um Auftragsschweißung handelt, werden die Flächen stets so aufgeschweißt, daß nach der Bearbeitung wieder das Urmaß erreicht wird. Die Kleinteile und die Lagerschalen gelangen über eine Rutsche in die Schweißkabine. Die Behandlung der Lagerschalen ist ebenso wie die der Achslagerschalen (siehe Abschnitt 6.405.1). Buchsenlager aus Rg5 dürfen nicht aufgeschweißt werden, sondern es ist ein Keil einzuschweißen, wenn es die Wanddicke erlaubt. Die aufgeschweißten Lagerschalen werden satzweise in einen Stapelbehälter gelegt (siehe Bild 66). Ausgemusterte Lagerschalen sind zu ersetzen.

Bild 66:
Stapelbehälter für Lokomotivteile

Der Stangenschweißstand ist mit Stangendreh- und -wendevorrichtungen ausgerüstet, um die Stangen unfallfrei in die jeweils günstige Schweißlage zu bringen. Absaugungen mit verstellbaren Saugtrichtern sorgen für den Abzug der Gase. Die DV 951 ist zu beachten.
Nach dem Schweißen sind die Stangenköpfe sofort bei 600 ... 650 °C zu glühen. Die Glühöfen müssen selbsttätige Temperaturregelung und dichtschließende Türen besitzen. Die Stangenköpfe müssen im Glühofen, im Sand oder in Lösche abkühlen.
Neue Stangenköpfe sind auf einer automatischen Widerstands-Schweißmaschine zu schweißen. Diese Maschine ist in der Schmiede aufgestellt, da sie dort ausgelastet ist. Der längere Transportweg wird in Kauf genommen.
Nach diesen Vorarbeiten werden auf dem Meßtisch (Bild 67) die Bezugsebenen geprüft und berichtigt. Auf den Bezugsebenen bauen sich die Teilmaße für die Lagerschalen- und Buchsensitze auf. Für kleinere Richtarbeiten sind neben dem Meßtisch ein Anwärmofen und eine Presse aufgestellt, um Transportwege in die Schmiede einzusparen.

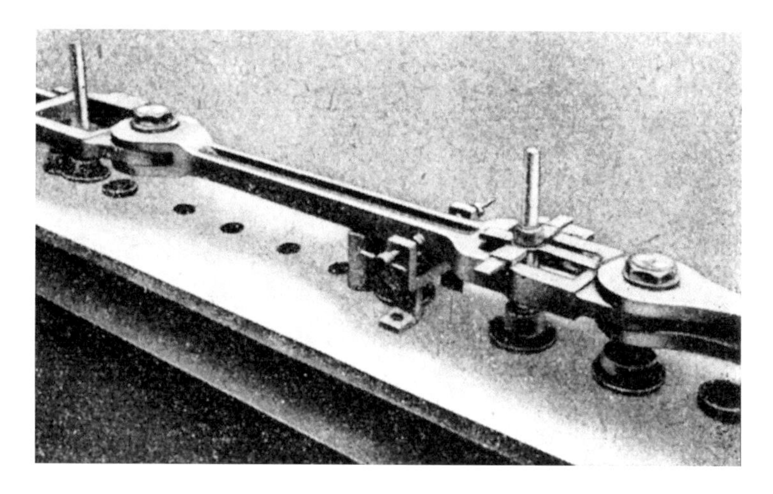

Bild 67: Meßtisch für Treib- und Kuppelstangen

Bild 68:
Stangenfenster-Schleifmaschine

Es folgt die maschinelle Bearbeitung. Als Zwischenablage dient ein ortsfestes Gestell mit ausgemusterten Eisenbahnschienen als Auflage.
Die Planflächen der Stangenköpfe werden auf einer Flächenschleifmaschine geschliffen.

Bild 69: Universal-Stangenbohrwerk

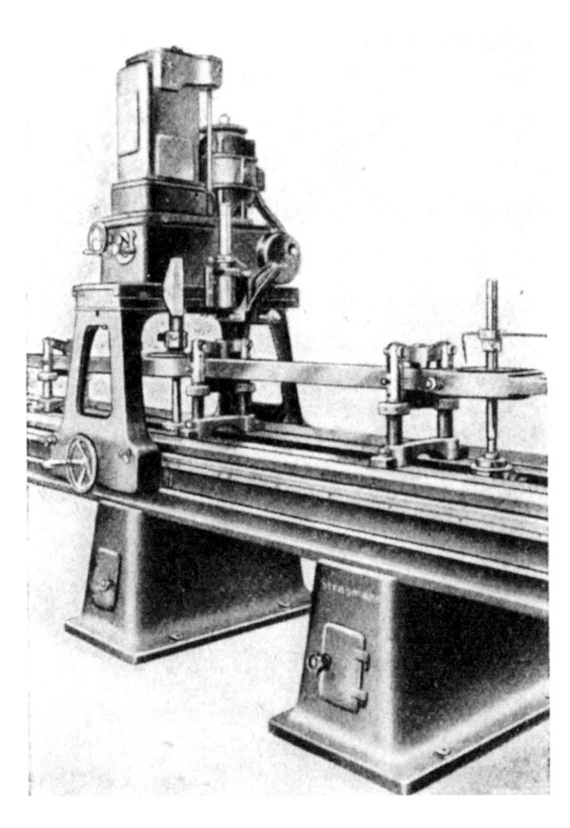

Bild 70: Fahrbarer Bohrkopf für Universal-Stangenbohrwerk

Nach dem Schleifen der Planflächen werden die Stangenfenster und die Auflageflächen für die Schmiergefäßdeckel auf einer Stangenfenster-Schleifmaschine (siehe Bild 68) und die Buchsenlagersitze auf einer Innen-Rundschleifmaschine nachgeschliffen.
Aufgeschweißte Flächen sind vor dem Schleifen auf einer Senkrecht-Stoßmaschine oder auf einem Bohrwerk vorzuarbeiten.
Aufgeschweißte Gabeln für die Gelenkbolzen sind innen auf einer Senkrecht-Fräsmaschine zu bearbeiten. Die Kegelsitze für die Gelenkbolzen werden entweder auf einem Bohrwerk oder auf einer 2,5 m langen Einheit eines Universal-Stangenbohrwerkes (Strasmann-Bohrwerk) bearbeitet.
Die zylindrische Lauffläche der Gelenkbolzen wird nachgehärtet und geschliffen oder die Bolzen werden ersetzt. Die in der Zwischenzeit aufgearbeiteten Lagerschalen und Stellkeileinrichtungen werden eingepaßt, die Buchsen für die Gelenkbolzen ersetzt und die Bohrungen für die Ölzufuhr und Öldeckelbefestigung aufgearbeitet. Die Lagerschalen verbleiben beim

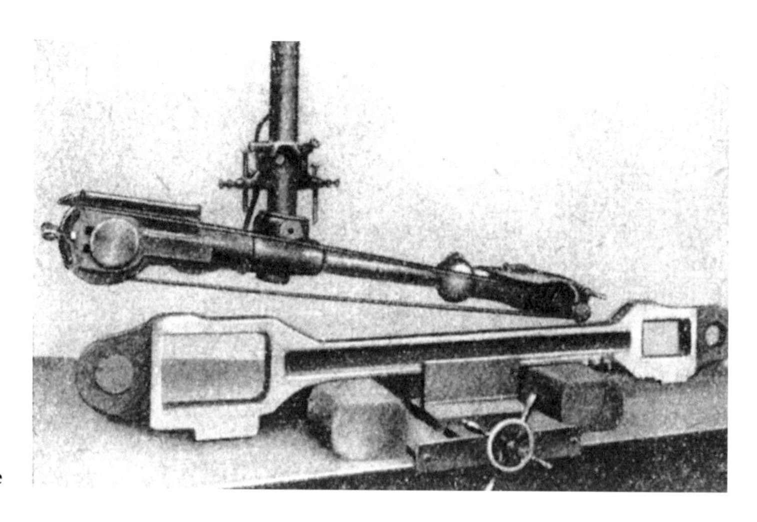

Bild 71:
Stangen-Poliermaschine

Ausdrehen in den Stangenköpfen. In diesem Falle werden die Stangen einer Lokomotivseite auf dem Universal-Stangenbohrwerk (siehe Bilder 69 und 70) zu einem Stangensatz zusammengesetzt, die Lagerschalen entsprechend dem Zapfendurchmesser ausgedreht und das Verklammerungsgewinde eingeschnitten. In neuerer Zeit werden die Lagerschalen auf einem Spezial-Bohr- und -Drehwerk im ausgebauten Zustand gleichzeitig von beiden Seiten bearbeitet. Die Drehmeißel werden beim Einsetzen in die Mehrfach-Werkzeugaufnahmen justiert und nach den Meßblattmaßen eingestellt. Man bedient sich dabei der Maßtrommeln und Maßleisten mit Nonius. Die Maschine arbeitet mit hohen Schnittgeschwindigkeiten. Diese Bearbeitungsweise hat den Vorteil, daß sie parallel zur Stangenaufarbeitung ausgeführt werden kann und dadurch die Laufzeit des Stangensatzes durch die Werkstatt kürzt. In die Lagerschalen werden die Verklammerungslöcher gebohrt und die Entlastungsnuten gestoßen. Danach werden sie in Stapelbehältern zur Lagergießerei gefördert. In der Zwischenzeit sind an den Stangen Restarbeiten, wie abgraten, polieren (siehe Bild 71) usw., auszuführen.
Die ausgegossenen Lagerschalen und Buchsenlager werden wieder eingebaut, der Stangensatz auf dem Universal-Stangenbohrwerk zusammengesetzt, die

Lager nach dem Meßblatt für Treib- und Kuppelzapfen bearbeitet und die Ölmulden und Ölkeile eingedreht.
Der Stangensatz wird nach den Längsmittenebenen ausgerichtet. Das Ausrichten der in fahrbaren Bohrköpfen gelagerten Bohrspindeln entfällt, da das Universal-Bohrwerk selbstmessend ist. Das Stangenstichmaß wird in engen Toleranzen gehalten.
Die geteilten Lager werden ausgebaut, die Schmierfilznuten eingefräst, die Ölkeile nachgearbeitet und die Lagerschalen und Kleinteile in Stapelbehältern zum Abtransport bereitgestellt.
Zum Schluß werden die Öldeckel an- bzw. die Ölverschraubungen eingeschraubt und die blanken Stangenteile mit farblosem Lack gestrichen.

Bild 72:
Schleudergießmaschine, Stangenlager aufgesetzt

Bild 73:
Schleudergießmaschine. Verschlußdeckel festziehen

6.408 **Lagergießerei**

Die Lagergießerei ist so zur Achslager- und Stangenwerkstatt angeordnet, daß kürzeste Förderwege entstehen; zum Beispiel Durchgabe durch Fenster, über Rutschen oder Unterflurförderung.

Im Ausschmelzofen wird das Lagermetall aus den Lagerschalen geschmolzen. Dabei sind die Lagerschalen so auf den Ofenrost zu legen, daß das Lagermetall herausfließen kann und nicht unmittelbar von der Flamme getroffen wird. Das ausgeschmolzene Metall wird aufgefangen und zum Umhütten gegeben. Es darf nicht als Zusatz zum Neumetall verwendet werden. Die ausgeschmolzenen Lagerschalen werden in Stapelbehälter gelegt und zur Fertigungswerkstatt gefördert.

Bild 74: Schleudergießmaschine, Lager anwärmen

Bild 75: Schleudergießmaschine, Lagermetall einfüllen

Bild 76: Schleudergießmaschine, Einfüllöffnung mit Holzpropfen verschlossen

Bild 77: Schleudergießmaschine, Beginn des Schleuderns (Schutzhaube zurückgefahren)

An Stelle des Ausschmelzens im Ausschmelzofen ist das Ausschmelzen im Salzbad anzustreben, da das Lagermetall oxydfrei zurückgewonnen wird und ohne Umhüttung wieder verwendet werden darf.

Stangenlagerschalen werden im Schleudergußverfahren ausgegossen. Das Lager wird in waagerechter Mittellinienlage in die Schleudergußmaschine aufgespannt, vorgewärmt, das Lagermetall eingegossen, das Lager in Drehung versetzt und mit Wasserstrahl gekühlt (siehe Bilder 72 bis 79). Geschleuderte Lager haben eine höhere Laufleistung.

Lokomotiv-Achslagereingüsse müssen noch im Handgußverfahren ausgegossen werden (siehe Bild 80).
Achslagerschalen werden in senkrechter Mittellinienlage auf einem fahrbaren Drehtisch über einen Gießkern eingeformt, der etwa drei Millimeter kleiner als der Schenkeldurchmesser ist. Die Gießpfanne wird mit dem Ausgleichgestänge aus dem Ofen herausgeschwenkt und das Lager so unter den Ausguß gebracht, daß das Lagermetall die Form gleichmäßig ausfüllt.

Bild 78: Schleudergießmaschine, Schutzhaube in Schleuderstellung, Wasserbrause in Betrieb

Bild 79: Schleudergießmaschine, geschleudertes Stangenlager abnehmen

Bild 80: Handgußverfahren für Achslager

Neuerdings werden Achslagerschalen mit der Handdünngußmaschine ausgegossen (siehe Bild 141).
Kleine Teile, wie Schieberstangen-Tragbuchsen usw., gießt der Lagergießer mit der Handpfanne aus.
Neues und zurückgewonnenes Lagermetall und Krätze sind unter Verschluß zu halten. Zur Lagergießerei haben nur dazu Befugte Zutritt. Für Unterhaltungsarbeiten an der Ausrüstung ist ein Laufkran mit Handantrieb zweckmäßig.
Da die Lagergießer zu den Bleiarbeitern gehören, gelten hier besondere Arbeitsschutzanordnungen, um Bleivergiftungen vorzubeugen. Die Lagergießerei ist gut zu entlüften. Es sind dazu, wenn nötig, zusätzlich Ventilatoren einzubauen. Neben der periodischen ärztlichen Untersuchung ist Vollmilch kostenlos zu verabreichen. In der Lagergießerei ist eine Waschgelegenheit mit fließendem kalten und warmen Wasser einzurichten. Außerdem sind Wasch-, Umkleide- und Frühstücksräume für Bleiarbeiter vorzusehen.
Diese Schutzbestimmungen gelten nicht nur für die Lagergießer, sondern auch für alle, die mit bleihaltigen Stoffen in Berührung kommen.

### 6.409 **Werkstatt für Steuerungsgestänge**

Das Steuerungsgestänge der Dampflokomotive muß mit großer Genauigkeit aufgearbeitet werden, da es auf die Dampfverteilung in der Dampfmaschine großen Einfluß hat.
Das Steuerungsgestänge wird in der Metallwaschmaschine gereinigt und auf Hubtischen mit Hubwagen oder Gabelstaplern in die Fertigungswerkstatt gefördert. Es wird auf Anrisse und Brüche untersucht und vorvermessen.
Das Vorvermessen erfolgt auf einem Meßtisch, auf dem die immer wiederkehrenden Maße eingerissen sind, um den Meßvorgang zu erleichtern und größere Meßgenauigkeit zu erzielen. Es sind die Drehpunktabstände nachzumessen, wobei die Mittenebenen der Hebel zu kontrollieren und zu berichtigen sind.

Die Buchsen, die ihre Werkgrenzformabweichung überschritten haben, sind auszupressen, die Buchsenaufnahmebohrungen nachzumessen, aufzuschweißen und auf einem kleinen Horizontalbohrwerk oder einer Einzweckmaschine zu bearbeiten.
Beim Bearbeiten oder Berichtigen werden die Teile nach den Kontrollkreisen ausgerichtet. Das Schleifen der Buchsenaufnahmebohrungen ist nicht erforderlich.
Die Rotgußbuchsen wurden durch Buchsen aus perlitischem Grauguß oder Preßstoff FS 71 ersetzt. Neuerdings werden die Steuerungsbuchsen aus Miramid H, einem Polyamid ähnlich dem bekannten Dederon angefertigt. Miramid H ist sehr verschleißfest.
Die Steuerungsbuchsen werden zur Zeit noch nach der Aufnahmebohrung und dem Bolzen einzeln angefertigt. Eine systematische Standardisierung der Bolzen und Buchsen auf einheitliche Maße wird die handwerksmäßige Arbeitsweise beseitigen und die Verwendung einbaufertig gelieferter Buchsen aus Plaste und flammengehärteten Bolzen aus C45 ermöglichen.
Die Bolzen für das Steuerungsgestänge sind grundsätzlich aus C45 zu fertigen und flammenzuhärten. Auf einer Rundschleifmaschine werden die Bolzen naß geschliffen. Altbrauchbare Bolzen sind vorher auf Härte zu prüfen und nachzuhärten.
Die Laufflächen der Schwingenmittelteile und der Kuhnschen Schleifen werden auf Schwingen-Schleifmaschinen geschliffen (siehe Bild 81). Die

Bild 81: Schwingen-Schleifmaschine

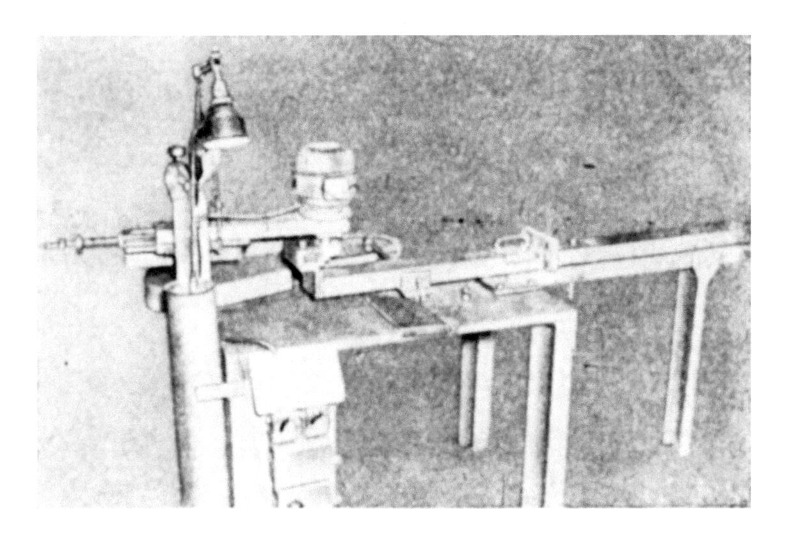

Bild 82: Schleifvorrichtung für Schwingensteine

Führungsflächen der Steine sind zu härten. Neue Schwingenmittelteile werden aus C45 hergestellt und flammengehärtet.
Schwingensteine aus perlitischem Grauguß werden angerissen, auf einer Waagerecht-Stoßmaschine vorgearbeitet und auf der Schwingen-Schleifmaschine oder einer Einzweckmaschine maßhaltig geschliffen (siehe Bild 82). Das Steuerungsgestänge wird poliert (siehe Bild 71), die Öldeckel werden aufgeschraubt und die blanken Teile mit farblosem Lack gestrichen.
In der Steuerungswerkstatt werden auch die Steuerböcke aufgearbeitet. Hierzu sind besondere Aufspannvorrichtungen vorzusehen. Da die Steuerschrauben in der Mitte den größten Verschleiß aufweisen, sind sie von Fall zu Fall auf der gesamten Länge spansparend nachzuarbeiten.
Die Steuerwellen werden ebenfalls hier aufgearbeitet. Für die Bearbeitung der Lagerstellen wird eine Drehmaschine für große Drehlänge und große Spitzenhöhe benötigt. Die Stellung der Steuerstangen- und Aufwerfhebel ist sorgfältig zu vermessen und zu berichtigen. Die Lagerschalen für die Steuerwelle sind zu ersetzen.
Das Steuerungsgestänge ist arbeitszuprüfen, wozu die einzelnen Gelenke zusammenzustecken sind. Das Spiel zwischen Bolzen und Buchse darf bei Graugußbuchsen 0,1 mm nicht überschreiten. Bei Buchsen aus Plaste werden hiervon abweichende Kleinstspiele vorgeschrieben, meist 0,3 mm.
Steuerbock, Steuerwelle und Steuerstange sind eher als das Steuerungsgestänge fertigzustellen und anzubauen.
Das aufgearbeitete Steuerungsgestänge wird auf Hubtischen zu den Endmontageständen gefördert.

### 6.410 **Werkstatt für Dampfkolben**

Die Aufarbeitung der Kolben erfolgt in der Kolbenwerkstatt. Die technologischen Unterlagen sind aus den Beilagen IX bis XVIII ersichtlich.
Zum unfallfreien Heben der Kolben sind Spezialanschlagmittel zu verwenden. Ein solches Mittel ist die Kolbenklemmzange (siehe Bild 83), die im Schwerpunkt der Last anzuklemmen ist.

Es sind Arbeitsböcke und Ablegeböcke vorzusehen. Zum Schutze der Kolbenstangen besitzen die Böcke Holzfutter. Die Futterhölzer sind peinlichst sauber zu halten.

Auf dem Meßtisch (siehe Bild 84) sind die gattungsmäßig bedingten und immer wiederkehrenden Längenmaße markiert. Der Spannstock spannt den Kolben so, daß sich die Kolbenkörpermitte mit der Nullmarke der Längenteilung auf dem Meßtisch deckt. Die Kolbenstange stützt sich auf zwei verschiebbare Prismen-Stockwinden.

Die Aufarbeitung der Kolben verläuft in fünf verschiedenen Varianten.

Bild 83: Kolben-Klemmzange

Bild 84: Kolben-Meßtisch [Foto: Rat.-Wagen der Hv Raw]

6.410.1 *Regeldurchlauf*

Der Kolben wird auf Arbeitsböcke zur Arbeitsaufnahme bereitgelegt. Er wird auf Rundlauf geprüft und gerichtet. Anschließend wird das Keilloch bearbeitet. Der Kreuzkopf wird aufgekeilt und der Kolben mit Kreuzkopf auf dem Meßtisch vermessen. Stellt sich dabei heraus, daß der Kreuzkopfhals ausgeschweißt werden muß, so ist nach der Bearbeitung des Kreuzkopfes und des Kolbenstangenkegels Prüfmessen auf dem Meßtisch erforderlich.

Nach dem Vermessen wird der Kreuzkopfkeil eingepaßt. Dazu ist ein Kreuzkopflehrkeil nach Zg. 834.49 Blatt 521 zu verwenden. Danach wird der Kreuzkopf wieder abgepreßt. Die erforderliche Preßkraft ist zu messen und soll zwischen 35 und 50 Mp liegen. Die Kolbenstange wird nachgedreht oder bei geringer Spanabnahme geschliffen.

Der Kolbenkörper wird nachgedreht, wenn zwischen der Schablone und dem Kolbenkörper ein Spalt von mehr als zwei mm vorhanden ist. Die Kolbenringnuten sind auf die nächste Stufe nachzudrehen, wenn die Ausschußseite des Lehrdorns (Passung H 11) in die Nut fällt oder die Flanken beschädigt sind.

Die Kolbenstange wird mit einer Glattwalz-Vorrichtung glattgewalzt. Die Anpreßkraft der Rollen ist aus einem der Bedienungsanweisung beigegebenen Diagramm zu entnehmen.

In die Kolbenkörper sind die Sicherungsstege für die Kolbenringe einzusetzen und zu verstemmen.

Die in der Zwischenzeit fertiggestellten Kolbenringe werden in die Zylinder eingepaßt, danach in die Nuten des Kolbenkörpers eingesetzt und auf freie Beweglichkeit geprüft. Ein Kolbenring-Schutzband schützt Kolbenkörper und -ringe vor Beschädigungen und erleichtert das Einsetzen des Kolbens in den Zylinder.

Die Kolbenringe sind möglichst vorgearbeitet vom Materiallager zu beziehen. Kolbenringe mit anormalen Abmessungen werden von Gußtrommeln vorgedreht, einzeln abgestochen, plangeschliffen und geschlitzt.

Die Kolbenringe werden satzweise fertiggedreht (siehe Bilder 85 bis 87). Die Kolben-Zubehörteile werden ebenfalls in der Kolbenwerkstatt aufgearbeitet. Wiederverwendungsfähige Dicht- und Deckringe werden zusammengestellt und auf einen größeren Durchmesser ausgedreht. Die kleinen Dichtsegmente weisen den größten Verschleiß auf und können einzeln ersetzt werden. Die aufgearbeiteten oder neuen Dicht- und Deckringe werden zu Sätzen zusammengestellt, gekennzeichnet, auf die Führungshülsen gesteckt und mit einem Zentrierdorn in die Aufspannvorrichtung eingesetzt (siehe Bild 88). Dichtringe und Deckringe sind getrennt auszudrehen, da die Innendurchmesser unterschiedliche Spiele und Toleranzen erhalten.

Die entgrateten Dicht- und Deckringe sind auf die Kolbenstangen aufzupassen. Die Dicht- und Deckringe werden auf Hülsen gesteckt, um ein Zusammenfallen und damit Verwechseln der einzelnen Segmente zu vermeiden. Die Halbschalen werden, nachdem Paßzapfen und Befestigungsschrauben entfernt sind, auf einer Abrichtplatte abgerichtet, gegeneinander auftuschiert und die Dichtflächen gegen den Zylinderdeckel auf der Drehmaschine nachgedreht.

Die Teile der Kolbenstangenführung sind nach Zeichnung aufzuarbeiten. Der Weißmetallausguß der Tragbuchse wird ausgeschmolzen, die Tragbuchse

Bild 85: Kolbenringsatz aufgelegt

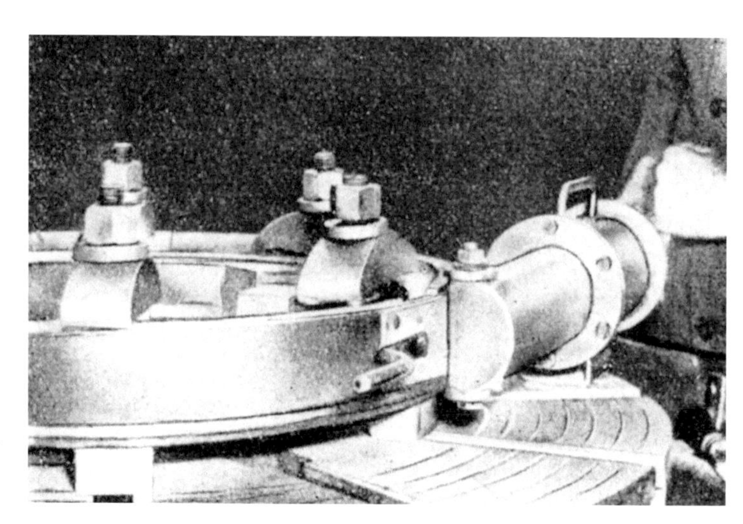

Bild 86: Kolbenringsatz mit Spannzylinder spannen

Bild 87: Kolbenringsatz fertigdrehen

Bild 88: Aufspannvorrichtung zum satzweisen Ausdrehen von Dicht- und Deckringen [Foto: Rat.-Wagen der Hv Raw]

neu ausgegossen und nach dem Stangendurchmesser ausgedreht. Die Tragbuchse ist so in den Tragflansch einzupassen, daß sie von Hand hineingeschoben werden kann.
Die fertiggestellten Kolben und Zubehörteile werden zum Abtransport bereitgelegt.

6.410.2 *Kolbenstange ersetzen*

Die Kolbenstange wird an beiden Seiten dicht neben dem Kolbenkörper autogen abgeschnitten. Auf der Gewindeseite wird der Stangenrest plangeschruppt, um eine gute Auflage für den Pressenstempel zu erhalten und die Kolbenkörperbohrung zu schonen. Kolbenstangenreste, die sich nicht auspressen lassen, werden ausgebohrt oder mit dem Schneidbrenner ausgebrannt. Die Kolbenkörperbohrung wird nachgedreht, der Kolbenkörpersitz der Kolbenstange nach der Passung H7/s6 fertiggedreht und der Kolbenkörper auf einer hydraulischen Presse aufgepreßt. Die Preßkraft ist mit Diagrammschreiber aufzuzeichnen. Die Preßkraft soll zwischen 400 und 700 kp/mm ⌀ liegen.
Nach dem Aufpressen wird die Kolbenstangenlänge auf dem Meßtisch angerissen. Anschließend ist die Kolbenstange fertigzudrehen und der Kolbenstangenkegel auf Schleifmaß vorzudrehen. Der Kolbenstangenkegel wird auf der Drehmaschine mit der Supportschleifmaschine oder auf der Kolbenstangen-Schleifmaschine geschliffen. Das Oberteil des Werkstück-Schlittens der Kolbenstangen-Schleifmaschine muß schwenkbar sein, um die Kegelneigung einzustellen.
Nach dem Schleifen des Kegels wird der Kreuzkopf mit einem Bleihammer auf den Kolbenstangenkegel aufgeschlagen, das Keilloch markiert und zum Fräsen angerissen. Das Keilloch wird auf einer Langloch-Fräsmaschine gefräst, mit Radius $r = 1{,}0$ mm ausgerundet und in Längsrichtung abgezogen. Kolben und Kreuzkopf werden mit Hilfskeil zusammengezogen, auf dem Meßtisch vermessen und der Kreuzkopf wieder abgepreßt.

Die Anlagefläche an der Kolbenkörpernabe wird abgeplant, die Kolbenkörper-Sicherungsmutter aufgeschraubt und durch Schweißpunkte gegen Lösen gesichert.
Die nun folgenden Arbeitsgänge sind die gleichen wie im Regeldurchlauf.

### 6.410.3 *Kolbenstangenkegel aufschweißen*

Der Kolbenstangenkegel wird zum Schweißen so weit abgedreht, daß die Schweißschicht nach der Bearbeitung noch eine Mindestdicke von 3,0 mm hat. Um kerbenfreie Keillochkanten zu erhalten, sind Schweißmasken in das Keilloch einzupassen. Der Kolbenstangenkegel wird mit einem Leuchtgasbrenner vorgewärmt und elektrisch auftragsgeschweißt. Der auftragsgeschweißte Kolbenstangenkegel ist bei 600 ... 650 °C spannungsfrei zu glühen. Die Glühzeit beträgt 1 min/mm-Kegel-⌀, mindestens aber 30 min. Der Kegel bleibt zum Abkühlen im Ofen.

Bild 89: Ringfeuer für Kolbenkörper-Schrumpfringe
[Foto: Rat.-Wagen der Hv Raw]

Bild 90: Sicherungswulst bördeln
[Foto: Rat.-Wagen der Hv Raw]

Der Kolbenstangenkegel wird gedreht und die Schweißmaske ausgefräst.
Die weitere Bearbeitung des Kolbens wurde unter 6.410.1 und 2 bereits beschrieben.

### 6.410.4 *Kolbenkörper erstmalig beschrumpfen*

Die Kolben sind zu beschrumpfen, wenn der Raum zwischen Kolbenkörper und Zylinderwand 6 mm überschreitet.
Nach dem Richten der Kolbenstange wird der Kolbenkörper auf die erste Schrumpfringstufe abgedreht. Das Schrumpfmaß beträgt 1 mm auf 1000 mm ⌀.
Der ausgedrehte Schrumpfring wird auf dem Ringfeuer erwärmt (siehe Bild 89), der Kolben eingesetzt und nach dem Abkühlen der Sicherungswulst niedergebördelt (siehe Bild 90). Der Kolbenkörper wird fertiggedreht und die Kolbenringnuten eingestochen.
Es folgen die Arbeitsgänge wie unter 6.410.1 beschrieben.

### 6.410.5 *Beschrumpften Kolbenkörper erneut beschrumpfen*

Ist ein bereits beschrumpfter Kolben ein zweites Mal zu beschrumpfen, so wird der alte Schrumpfring autogen aufgeschnitten. Der Kolbenkörper darf dabei nicht beschädigt werden.
Der Kolbenkörper wird am Umfang spansparend feingeschlichtet, damit der neue Schrumpfring einen guten Sitz erhält. Danach folgen die Arbeitsgänge wie oben beschrieben.

## 6.411 **Werkstatt für Kolbenschieber**

Neben den Kolbenschiebern werden auch die Ausströmkästen und Schiebergeradführungen in dieser Werkstatt aufgearbeitet.
Die Schieber kommen ohne Kolbenringe in gereinigtem Zustand vom Abbaustand. Die Grundlage für die Aufarbeitung sind die Maße für Schieberbuchsen-Innendurchmesser und die steuernden Kanten der Schieberbuchse.

### 6.411.1 *Regelschieber*

Am Regelschieber sind folgende Arbeiten erforderlich:

1. Schieberkörper abpressen,
2. neue oder altbrauchbare Schieberkörper aufpressen,
3. Nuten für Kolbenschieberringe nachdrehen,
4. Gewinde für Schiebermuttern nachschneiden,
5. Gleitflächen für Schieberführungsstein glätten,
6. Schieberstange schleifen,
7. neue Kolbenschieberringe einbauen und
8. Schieber prüfmessen.

Die Schieberstange ist zu ersetzen, wenn das Werkgrenzmaß erreicht ist. Die abgepreßten Schieberkörper werden wieder verwendet, solange die einzelnen Werkgrenzmaße nicht überschritten sind.

### 6.411.2 *Druckausgleich-Kolbenschieber*

Der Arbeitsumfang ist bei diesem Schieber größer als beim Regelschieber. Es sind folgende Arbeiten zusätzlich auszuführen:

1. Aufschleifen der losen Schieberkörperhälften auf die festen Schieberkörperhälften,

2. Abziehen der Laufflächen für die inneren Dichtringe,
3. Ersetzen der inneren Dichtringe,
4. Prüfen der Federn auf Spannkraft und
5. Aus- und Einbau der Führungsbolzen.

Zum Vermessen der Druckausgleich-Kolbenschieber sind die losen Schieberkörperhälften mit einer Spannvorrichtung in Betriebsstellung zu bringen (siehe Bild 91). Mit dieser Vorrichtung wird der Schieber auch zum Montagestand gefördert und eingebaut. Nach dem Regulieren wird diese Vorrichtung zurückgegeben.

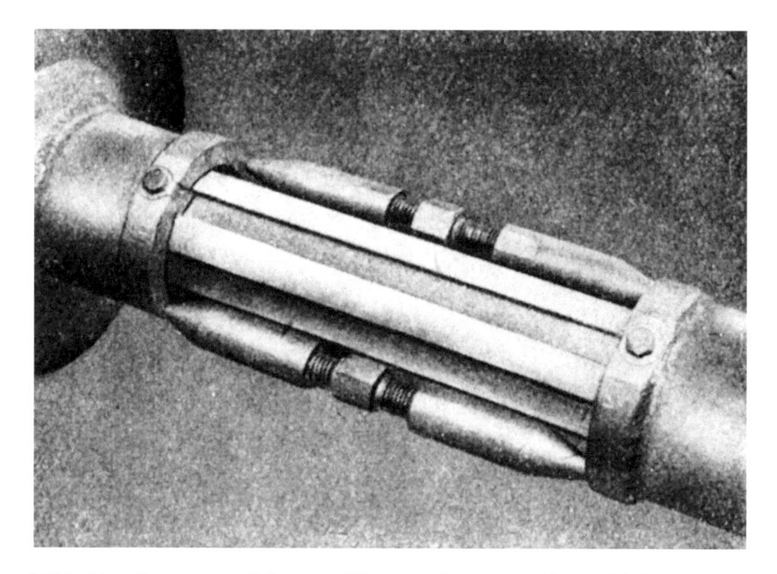

Bild 91: Spannvorrichtung für Trofimow-Kolbenschieber

6.411.3 *Trofimow-Kolbenschieber*

Die Aufarbeitung der Trofimow-Kolbenschieber ist ähnlich wie die der Druckausgleich-Kolbenschieber. Auf die Abdichtung der Kompressionskammer ist besonders zu achten. Sind in dieser Kammer Undichtheiten vorhanden, so setzen die losen Schieberkörper beim Anfahren und beim Übergang von „Fahrt ohne Dampf“ auf „Fahrt mit Dampf“ hart auf, schlagen die Dichtfläche ein und werden undicht. Die Nuten, in denen die Steine der losen Schieberkörper laufen, sind auf Reibestellen zu untersuchen. Die Nuten sind spansparend nachzuarbeiten.
Nach dem Zusammenbau des Schiebers muß geprüft werden, ob die losen Schieberkörper zwanglos schließen können.

6.411.4 *Ausströmkästen*

An den Ausströmkästen sind die Stiftschrauben und Gewindestutzen aufzuarbeiten oder zu ersetzen. Die Dichtflächen werden spansparend nachgearbeitet. Bei den Arbeiten an den Dichtflächen zur Schieberbuchse und zum Schieberkastendeckel muß auf achsengleiche Lage der beiden Flächen geachtet werden.

#### 6.411.5 *Schiebergeradführung*

Schiebergeradführungen, deren Gleitflächen für den Schieberkreuzkopf die Werkgrenzformabweichung überschritten haben, werden auf einer Einzweckmaschine nachgearbeitet (siehe Bild 92). Ist das Werkgrenzmaß erreicht, so werden diese Flächen plattiert.
Wegen des Einsatzes von Schieberkreuzkopf-Gleitplatten aus Plaste (FS 74) sind die Gleitflächen in der Schiebergeradführung zu härten und zu schleifen.

Bild 92:
Ausdrehen der Schiebergeradführung

#### 6.411.6 *Schieber-Tragbuchsen*

Die Schieber-Tragbuchsen im vorderen und hinteren Schieberkastendeckel werden ausgeschmolzen, neu ausgegossen und nach dem Schieberstangendurchmesser ausgedreht.

### 6.412 **Werkstatt für Gleitbahnen**

Die Gleitbahn wird abgebaut, wenn

1. die Werkgrenzformabweichungen überschritten sind,
2. die Härte nicht ausreichend ist,
3. die Gleitflächen beschädigt sind und
4. die Gleitbahn-Mittenebenen nicht parallel zur Zylinderachse liegen.

Die Gleitflächen lassen sich auf einer Flächenschleifmaschine so oft nachschleifen, bis das Werkgrenzmaß erreicht ist.
Danach wird der Gleitbahnkörper mit Platten aus C45 plattiert, vorgeschliffen, gehärtet und fertiggeschliffen. Zum Härten eignet sich die in der Versuchs- und Entwicklungsstelle für das Ausbesserungswesen der Deutschen Reichsbahn konstruierte Universal-Flammenhärtemaschine (siehe Bild 93). Auch die Gleitbahnen, deren Gleitflächen nicht mehr die erforderliche Härte besitzen, sind nach dem Vorschleifen auf derselben Maschine zu härten und danach fertigzuschleifen.

Bild 93: Flammenhärten von Gleitbahnen

### 6.413 **Werkstatt für Kreuzköpfe**

Die Werkstatt für Kreuzköpfe ist so anzuordnen, daß sie mit der Kolbenwerkstatt unter einem Kranfeld liegt.

Bei der Arbeitsaufnahme wird der Kreuzkopf auf Anrisse und Brüche mit Hilfe der Schlämmkreideprobe untersucht. Auf dem Meßstand werden die Bezugsebenen geprüft und berichtigt. Die Kegelbohrung für den Kolbenstangenkegel wird auf dem Kreuzkopf-Bohrwerk spansparend nachgearbeitet (siehe Bild 94), um einwandfreie Sitze zu erhalten. Ist der Kolbenstangenkegel nachzudrehen, so wird der Kreuzkopfhals ausgeschweißt und nachgearbeitet. Die Kegelbohrung für den Kreuzkopfbolzen wird ebenfalls auf dem Kreuzkopf-Bohrwerk bearbeitet. Die Arbeitsgänge folgen unmittelbar aufeinander.

Bild 94:
Kreuzkopf-Bohrwerk

Bei Lokomotiven der Schadgruppen L4 und L3 sind die Kreuzkopfgleitplatten zu ersetzen. Es ist zweckmäßig, die untere Gleitplatte in eingebautem Zustand zu fräsen.
Das Oberteil wird zwischen den Kreuzkopfwangen mit Paßschrauben befestigt und der Kreuzkopf auf dem Meßtisch vermessen. Der einwandfreie Sitz des Kreuzkopfbolzens in den Kegelsitzen ist dabei zu prüfen.
Nachdem die Schmiergefäße angebaut sind, wird der Kreuzkopf zum Anbau bereitgestellt.

### 6.414 Werkstatt für Zylinderdeckel

Diese Werkstatt ist in unmittelbarer Nähe der Gleitbahnwerkstatt einzurichten.
Die Zylinderdeckelbekleidung wurde im Abbau bereits abgenommen, damit der Zylinderdeckel innen gereinigt werden kann.
Um Verwechslungen zu vermeiden, sind die Bleche beim Transport an den zugehörigen Deckel anzubinden.
Bei der Arbeitsaufnahme werden die Dichtflächen besichtigt und die Deckelform mit einer Lehre aufgemessen. Die Blindverschraubung für den Indikatorstutzen ist vorher abzunehmen. Bruchplatten sind auszubauen. Die wichtigsten Arbeiten sind:

1. Dichtflächen nacharbeiten,
2. Verschraubung der Indikatorstutzen gangbar machen,
3. Stiftschrauben nachschneiden oder ersetzen,
4. Deckelform im schädlichen Raum nachdrehen und
5. Ringe auf Dichtfläche aufschrumpfen.

Neben der Drehmaschine ist eine Anwärmvorrichtung (siehe Bild 95) für die Schrumpfringe vorzusehen. Die Schrumpfringe zieht der Dreher selbst auf.
Zum Schluß werden die Zylinderdeckel mit Glaswollmatten isoliert und die Zylinderdeckelbekleidung, außer bei der Lokomotiv-Baureihe 52, angebracht.
Für die vorderen Zylinderdeckel sind die Druckringe aufzuarbeiten.

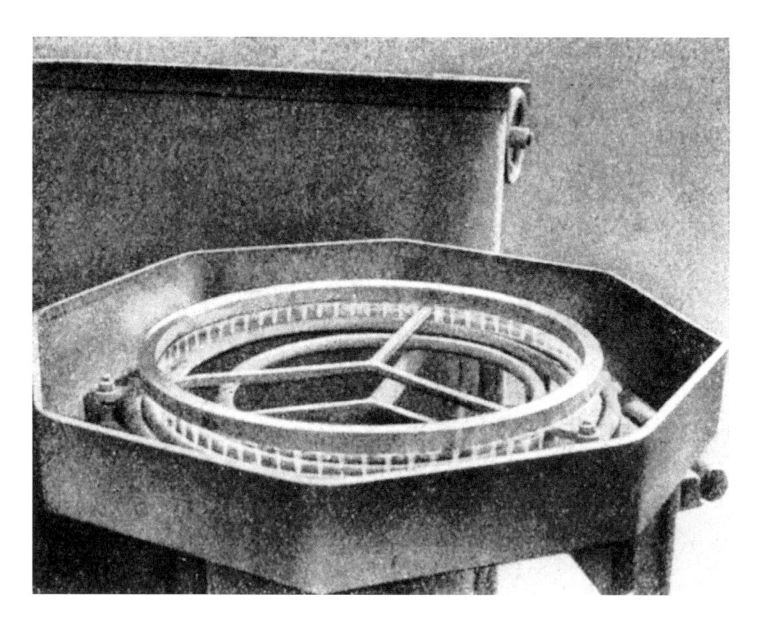

Bild 95: Anwärmvorrichtung für Zylinderdeckel-Schrumpfringe

Bild 96: Zylinderdeckel werden platzsparend aufgehängt

In besonderen Fällen wird die Gleitbahnauflage am hinteren Zylinderdeckel auf einer Fräsmaschine oder einem Bohrwerk nachgearbeitet.
Für die Ablage der Zylinderdeckel haben sich platzsparende Gestelle bewährt (siehe Bild 96).

### 6.415 **Werkstatt für Bremsgestänge**

Für die Aufarbeitung des Bremsgestänges einschließlich des Bremsgehänges ist eine Fertigungswerkstatt eingerichtet. Kräftige Gestelle aus Profilstahl mit ausgemusterten Eisenbahnschienen als Auflage dienen zum Auflegen und zur Bearbeitung der Bremsteile.

Das gereinigte Bremsgestänge wird zunächst zur Arbeitsaufnahme aufgelegt. Hierbei werden die Teile auf Risse und Brüche untersucht, die Buchsen aufgemessen und die Art der auszuführenden Arbeiten angezeichnet.
Die vom Arbeitsaufnehmer angezeichneten Buchsen sind auf einer hydraulischen Presse auszupressen und zu ersetzen. Hierbei darf die Buchsenaufnahmebohrung nicht beschädigt werden. Die Bohrung ist auf Kreis- und Zylinderhaltigkeit nachzumessen. Sind die Werkgrenzformabweichungen überschritten, müssen die Bohrungen berichtigt werden. Für die Bearbeitung sind ein Bohrwerk und eine Senkrecht-Fräsmaschine aufzustellen.
Die Gabeln, Ösen und Gewindestücke der Bremsstangen werden bei starker Abzehrung durch fertig bearbeitete Vorschuhe ersetzt und auf der elektrischen Widerstandsschweißmaschine angeschweißt (siehe Bild 97).

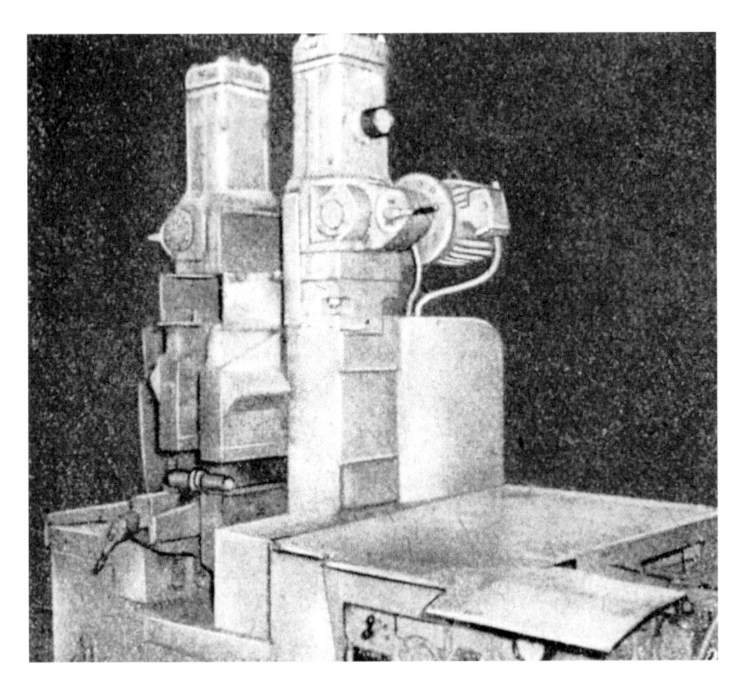

Bild 97: Elektrische Widerstandsschweißmaschine

Die Bremsspannschlösser sind gangbar zu machen. Beschädigte Sechskante der Spannschloßmuttern sind nachzuarbeiten, wobei die zulässigen Toleranzen einzuhalten sind. Die Gewinde-Schutzhülsen sind zu befestigen.
Die Bremsklotzsohlen oder Bremsklötze werden bei Lokomotiven der Schadgruppen L4 und L3 stets ersetzt. Bei Lokomotiven der Schadgruppe L2 sind noch altbrauchbare Bremsklotzsohlen anzubauen.
Die Bolzen für das Bremsgestänge sind aus C45 oder MSt6 anzufertigen und zu härten. Das Splintloch ist vor dem Härten nach Zeichnung zu bohren. Die Bolzen sind einbaufertig auf Lager zu halten.
Abgenutzte Zapfen der Bremsbalken und Bremsgehängeträger erhalten Aufziehbuchsen. Das Gewinde für die Sicherungsmuttern ist nachzuschneiden, und die Splinte sind zu ersetzen.
Ausgebaute Hauptbremswellen werden in dieser Werkstatt ebenfalls aufgearbeitet.

Das mit Grundfarbe vorgestrichene Bremsgestänge wird mit eingesetzten Bolzen und Sicherungen auf einem Hubtisch oder einer Palette gestapelt und zum Transport nach dem Endmontagestand bereitgestellt. Die Teile sind so zu stapeln, daß die zuerst benötigten obenauf liegen.

### 6.416 **Werkstatt für Federung und Ausgleich**

Die Art der Aufarbeitung der Teile für Federung und Ausgleich ist der Aufarbeitung der Bremsteile ähnlich. Deshalb ist es zweckmäßig, beide Werkstätten nebeneinander anzuordnen, um die Werkzeugmaschinen auszulasten. Tragfedern werden in dieser Werkstatt nicht aufgearbeitet, da sie als Tauschstücke vom Tauschlager bezogen werden. Die Federspannschrauben sind mit Ultraschall zu prüfen. Die Muttern für die Federspannschrauben müssen sich von Hand leicht aufschrauben lassen.
Für die Federspannschrauben sind die Kipp- und Sattelscheiben mitzuliefern. An den Gleitstellen verschlissene Kipp- und Sattelscheiben sind auszumustern und durch neue zu ersetzen, da das Aufschweißen und Bearbeiten dieser Flächen unwirtschaftlich ist. Die Gleitflächen sind zu härten. Die grundierten Teile werden wie das Bremsgestänge auf Hubtischen oder Paletten gestapelt.

### 6.417 **Werkstatt für Führerhäuser**

Die Führerhäuser werden von Hand gereinigt, die Türen und Fenster ausgebaut und danach die Arbeitsaufnahme durchgeführt. Hierbei werden die abgezehrten Stellen angezeichnet, die Richtarbeiten festgelegt und die Arbeiten an den ausgebauten Teilen bestimmt. Dazu gehören auch die Werkzeug-, Geräte- und Kleiderkästen.

Bild 98: Transport eines Führerhauses mit Gabelstapler

Abgezehrte Teile werden autogen ausgeschnitten, Flicken eingepaßt und eingeschweißt. Die Drehfenster sind auszuglasen, die Zapfen aufzuarbeiten und in die Führerhausvorderwand einzupassen. Die Schiebefenster werden ebenfalls ausgeglast, die Rollen aufgearbeitet und in die Führerhausseitenwand eingepaßt. Danach sind die Fenster wieder einzuglasen und in einem besonderen Ablegegestell aufzubewahren, da sie erst unmittelbar vor dem Umsetzen der Lok vom Endmontagestand auf das Prüfgleis eingebaut werden.
Die Flansch-Doppelnippel für Dampf und Luft in der Führerhaus-Vorderwand werden nachgeschnitten oder ausgewechselt. Das Führerhausdach wird neu gedeckt oder ausgebessert. Bei Neueindeckung sind die Spriegel gründlich zu untersuchen und, wenn der Zustand es erfordert, zu ersetzen und zu streichen. Es sind nur gut getrocknete Bretter zu verwenden, damit sie nicht schwinden, wenn die Hitze des Stehkessels auf sie einwirkt. Die äußere Dachhaut besteht bei den meisten Lokomotiven aus verzinktem Feinblech. Es werden noch die Gewindestücke für die Eigentums-, Nummern-, Gattungs- und Heimatdienststellen-Schilder angebracht, die Schutzleisten für die Seitenfenster angebaut, das Führerhaus innen mit dem grauen Grundanstrich versehen und außen gespachtelt und geschliffen.
Die Führerhaussitze und die Trittroste sind aufzuarbeiten und bereitzulegen. Der Einbau erfolgt auf dem Endmontagestand.
Für den Führerhaustransport werden Spezialwagen oder Gabelstapler (siehe Bild 98) verwendet.

### 6.418 **Werkstatt für Kohlen- und Wasserkästen**

Diese Werkstatt ist nur in den Werken vorhanden, die Tenderlokomotiven unterhalten.
Die Rahmenwasserkästen werden von der Rahmenrichtbrigade aufgearbeitet. Der Arbeitsablauf für die Aufarbeitung der Kohlen-Wasserkästen der Einheits-Tenderlokomotiven und der seitlichen Wasserkästen aller Tenderlokomotiven ist etwa der gleiche wie bei den Wasserkästen der Tender (siehe Abschnitt 6.305).
Die seitlichen Wasserkästen werden nach gründlicher Reinigung auf Drehvorrichtungen (siehe Bild 99) mit Bitumen geflutet.

### 6.419 **Werkstatt für Züge und Bewegungen**

Die Einzelteile der Züge und Bewegungen werden in Transportgestelle eingelegt und in der Metallwaschmaschine gereinigt. Danach werden sie in der Werkstatt ausgepackt und auf Ablagen zur Arbeitsaufnahme bereitgelegt.
Verschleiß tritt an den Lagerstellen und an Berührungsstellen mit anderen Teilen auf. Er ist zu beseitigen, indem Buchsen ersetzt und abgezehrte Stellen am Gestänge auftragsgeschweißt und bearbeitet werden. Die Vierkante für die Handräder und Hebel werden nachgearbeitet oder durch Anschuh-Enden ersetzt. Für die Schweißarbeiten ist ein Schweißstand einzurichten.
Die Kreuzgelenke für die Abschlammvorrichtungen und Anstellventile sind so aufzuarbeiten, daß sie sich leicht und ohne toten Gang bewegen. Die Federn für den Pfeifenzug werden ausgebaut, entrostet und in Öl getaucht.
Um auch in dieser Werkstatt die fließende Fertigung einzurichten, sind die einzelnen Arbeitsplätze zu spezialisieren, geeignete Hilfsvorrichtungen einzusetzen und Ersatzstücke vorrätig zu halten, wie Innenvierkante, Kreuzgelenke, Außenvierkante mit Gewinde, Bewegungsstützen usw.

Bild 99:
Drehvorrichtung für seitliche Wasserkästen

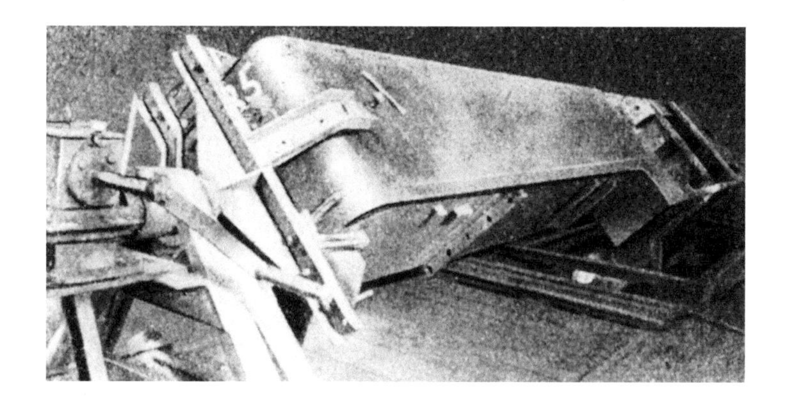

Die zu einer Bewegung oder einem Zug gehörenden Kleinteile sind so aneinander zu befestigen, daß sie auf dem Transport zum Endmontagestand nicht verlorengehen.
Außer Züge und Bewegungen eignen sich zur Aufarbeitung in dieser Werkstatt Dreh- und Schiebefenster, Führerhaussitze und andere kleine Lokomotivteile.
Die Art der Aufarbeitung eignet sich sehr gut für die Einrichtung von Arbeitsplätzen für Versehrte und Schwerbeschädigte.

### 6.420 Werkstatt für die elektrische Ausrüstung

Zur elektrischen Ausrüstung gehören:

1. Schaltkästen, Abzweigdosen, Lampen, Rohrleitungen und Fittings,
2. induktive Zugsicherungsanlage und
3. Rangierfunkanlage.

Die elektrische Ausrüstung der Lokomotive und des Tenders wird von der Montagebrigade ab- und angebaut.
Die Aufarbeitungsbrigade arbeitet die Teile auf und legt sie montagefertig ab.
Für die Schaltkästen, Abzweigdosen und Lampen sind Prüfstände in einfacher Form einzurichten. Die zeichnungsgerechte Vorbereitung dieser Teile ist sehr gewissenhaft vorzunehmen. Störungen sind dadurch leichter aufzufinden.
Die elektrische Ausrüstung einer Lokomotive ist nach einheitlichen Schaltplänen anzuschließen. Die Turbogeneratoren werden getauscht und in einer zentralen Aufarbeitungswerkstatt aufgearbeitet.

Die Aufarbeitung der induktiven Zugsicherungsanlagen und des Rangierfunks ist in Räumen unterzubringen, die den Forderungen der Feinmechanik und des Fernmeldeanlagenbaues hinsichtlich Beleuchtung, Temperatur und Staubfreiheit entsprechen.
Für die Aufarbeitung und Funktionsprüfung der einzelnen Baugruppen sind hierfür besonders ausgestattete Arbeits- und Funktionsprüfstände einzurichten. Die komplette Zugsicherungsanlage wird vor der Montage auf einem Prüfstand unter betriebsähnlichen Bedingungen geprüft und vom Arbeitsprüfmeister abgenommen. Hierbei sind die zulässigen Frequenzschwankungen zu berücksichtigen. Die Anlagen sind danach zu plombieren und von Elektrikern mit Spezialausbildung zu montieren.

Die Betriebssicherheit der Zugsicherungsanlage ist vor jeder Fahrt zu prüfen. Die beim Überfahren des im Ausgangsgleis eingebauten Prüfmagneten ausgelöste Zwangsbremsung wird vom Diagrammschreiber registriert.

Bei den Rangierfunkanlagen werden nur kleinere Arbeiten ausgeführt, wie Röhren oder Kondensatoren auswechseln. Die Untersuchungen und Generalreparaturen werden in Vertragswerkstätten durchgeführt.
Im Zuge des verstärkten Einsatzes des Rangierfunks kann das Einrichten der Rangierfunkwerkstatt für Untersuchungen und Generalreparaturen in Erwägung gezogen werden.

### 6.421 **Werkstatt für Dampf-, Wasser-, Sand- und Luftrohre**

Die Rohre werden von der Abbaubrigade abisoliert, in Körbe verpackt und in der Metallwaschmaschine gereinigt. Ein Teil der Rohre wird in einer Abbrennkammer abgebrannt.
Die Fertigungswerkstatt ist in zwei Abteilungen gegliedert. In der einen Werkstatt werden die Rohre bis 25 mm und in der anderen die Rohre über 25 mm Außendurchmesser aufgearbeitet. Die schwachen Rohre werden nach dem Abbrennen grob gerichtet und innen gereinigt. Die Rohre werden an eine Anschlußbatterie angeschlossen und mit Preßluft ausgeblasen. Um die steifen Heißdampfölreste leichtflüssig zu machen, wärmt man die Rohre mit leichten Handmuffelbrennern an. Danach werden sie auf einer Vorrichtung geradegezogen. Die Vorrichtung ist mit einem Druckluftzylinder als Krafterzeuger ausgestattet. Die Bundbuchsen und Überwurfmuttern werden nachgearbeitet oder ersetzt und dabei die Rohrlängen zeichnungsgerecht wiederhergestellt. Die Rohre werden nach einer an der Lokomotive gebogenen Schablone zugearbeitet.
Es ist zweckmäßig, diese Fertigungswerkstatt in unmittelbarer Nähe der Vor- und Endmontagestände einzurichten. Die Arbeitsplätze sind mit einem Autogen-Schweißgerät auszurüsten. Die Rohrschlosser haben zumindest den Anfängerlehrgang für Autogenschweißer an der Zentralen Ausbildungsstelle für Schweißtechnik im Reichsbahnausbesserungswerk Wittenberge mit Erfolg besucht.
Die starken Rohre werden ausgeblasen, untersucht und nach dem Aufarbeiten mit Wasserdruck geprüft.

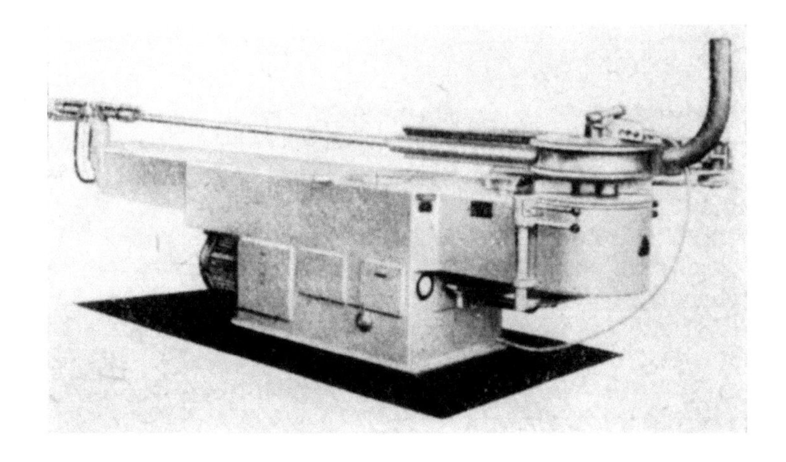

Bild 100: Kalt-Rohrbiegemaschine

Neue Rohre werden vor dem Biegen mit Sand gefüllt. Da das Sandfüllen von Hand sehr arbeitsaufwendig ist, werden Rohrfülleinrichtungen verwendet. Das Rohr wird am unteren Ende verschlossen in die Vorrichtung eingesetzt und aus dem hochliegenden Sandbehälter mit Sand gefüllt. Die Rütteleinrichtung verdichtet den Sand im Rohr. Der Sandzulauf bleibt dabei offen, damit das Rohr laufend nachgefüllt wird. Nach Beendigung des Füllvorganges wird das Rohr aus der Rohrfülleinrichtung herausgenommen und am oberen Ende verschlossen. Die Biegestellen werden auf Rotglut erwärmt und nach Schablone gebogen. Der Sand wird nach dem Biegevorgang in eine Förderanlage geschüttet und in den Sandbehälter der Rohrfüllvorrichtung zurückgefördert.
Die Rohre für die Hauptluftleitungen sind nach der Bearbeitung mit einer 18-mm-Kugel „durchzukugeln".
Zur Mechanisierung der schweren Rohrbiegearbeiten werden in neuerer Zeit Rohrbiegemaschinen verwendet. Die Rohre werden auf diesen Maschinen über einen Dorn gezogen (siehe Bild 100). Das Sandfüllen der Rohre entfällt.
Um den Arbeitsablauf in der Fertigungswerkstatt flüssig zu gestalten und die Biegearbeit weitgehendst zu mechanisieren, sind vorgebogene Anschuh-Enden oder Rohre in Serie vorzuarbeiten.
Die Rohre für Dampf und Warmwasser werden nach dem Anpassen isoliert.

Bild 101: Isolieren der Rohre

Bild 102:
Muffelbrenner
für Einströmrohre

Zuvor sind die Rohre zu entzundern und mit Rostschutzfarbe zu streichen. Teeranstrich hat sich bewährt. Nach dem Trocknen wird eine Lage Glaswolle aufgebracht und darüber eine Lage Drahtgaze in entgegengesetzter Richtung gewickelt. Eine schwache, jedoch gut deckende Gipsschicht gibt der Bandage guten Halt und dem Rohr ein gutes Aussehen. Auf das isolierte Rohr wird ein Bitumenanstrich aufgetragen.
Der Arbeitsplatz ist abzugrenzen. Der Isolierer muß Schutzmaske tragen (siehe Bild 101).

### 6.422 Werkstatt für Ein- und Ausströmrohre

Das Aufarbeiten und Neuanfertigen von Ein- und Ausströmrohren ist eine sehr schwere körperliche Arbeit. Die in verschiedenen Reichsbahnausbesserungswerken angewandte Herstellung der Rohrbogen aus geraden Segmenten ist unwirtschaftlich. Die Rohre werden mit Sand gefüllt, in einem Spannstock festgehalten, mit Muffelbrennern auf Rotglut erwärmt und nach Schablone gebogen (siehe Bild 102).
Um Falten zu vermeiden, wird das Rohr an der Biegestelle mit einem Schweißbrenner nachgewärmt oder mit einem schwachen Wasserstrahl abgekühlt. Die Ein- und Ausströmrohre haben kurz hintereinander Biegungen in verschiedenen Ebenen. Deshalb sind Rohrbiegemaschinen sehr schwer anwendbar.
Die Rohre werden entweder mit Bundbuchsen und losen Flanschen oder nur mit festen Flanschen versehen, mit Wasserdruck geprüft und die Linsendichtflächen auf dem Bohrwerk nachgearbeitet.

### 6.423 Werkstätten für sonstige Lokomotivteile

Für verschiedene Lokomotivteile lassen sich keine spezialisierten Fertigungswerkstätten einrichten. Diese Teile sind in vorhandenen Werkstätten mit aufzuarbeiten. Die Funkenfänger werden zum Beispiel in der Werkstatt für Rauchkammertüren oder Züge und Bewegungen aufgearbeitet, die Standrohre in der Werkstatt für Dampfsammelkästen, die Teile zur Riggenbachbremse in der Werkstatt für Züge und Bewegungen usw. Ebenso verhält es sich mit den Teilen für Kohlenstaub- und Ölfeuerung.

Die Wahl der Werkstatt richtet sich nach der für die Bearbeitung benötigten Ausrüstung und nach der günstigsten Lage.

### 6.424 Werkstätten für zentrale Aufarbeitung

Zentrale Aufarbeitungswerkstätten für mehrere Werke werden für solche Tauschteile eingerichtet, die entweder in großer Stückzahl anfallen oder für deren Aufarbeitung aufwendige Ausrüstungen nötig sind.
Zu diesen Teilen gehören:

1. Luft- und Speisepumpen,
2. Dampfstrahlpumpen,
3. Vorwärmer,
4. Turbogeneratoren,
5. Druckmesser,
6. Pyrometer,
7. Geschwindigkeitsmesser,
8. Kesselsicherheitsventile,
9. Schmierpressen,
10. Ölsperren,
11. Bremsarmaturen und
12. Tragfedern.

Die zentrale Aufarbeitung hat sich bewährt und wird in Zukunft wegen der guten Anwendungsmöglichkeit der modernen Technik, höherer Mechanisierung und geringerer Aufarbeitungskosten auf weitere Teile ausgedehnt.

## 6.5 Arbeitsablauf in der Kesselschmiede

Die Kessel werden in der Regel als „Tauschkessel" aufgearbeitet, d. h., der Kessel wird nicht wieder auf denselben Rahmen aufgesetzt. Das ist im Interesse eines flüssigen Arbeitsablaufes in der Lokomotivrichthalle vorteilhaft, da stets ein angemessener Bestand einbaufertiger Kessel bereitsteht. Höhe und Mischungsverhältnis des „angemessenen Bestandes" richtet sich nach dem operativen Produktionsplan und ist möglichst niedrig zu halten, um Umlaufmittel nicht unnötig zu binden.
In der Kesselschmiede wird grundsätzlich nach dem Prinzip der fließenden Fertigung gearbeitet. Auf den einzelnen Arbeitsständen werden nachfolgende Arbeiten ausgeführt:

1. Vorausbaustand: Hier werden die Teile ausgebaut, die bei der Kesselreinigung und -untersuchung hinderlich sind.
2. Reinigungsstand: Der Kessel wird gereinigt. Bei Strahlreinigung ist dieser Stand in einem Strahlhaus eingerichtet.
3. Untersuchungsstand: Der Kesselprüfer untersucht den Kessel.
4. Stehbolzen-Abbohrstand: Hier werden die Stehbolzen abgebohrt und Bohrarbeiten am Stehkessel ausgeführt.
5. Ausbaustand: Es werden die Teile ausgebaut, die der Kesselprüfer bestimmt hat.
6. Richtstand: Hier werden die Teile des Kesselkörpers ersetzt.
7. Kesselmeßstand: Der Kessel wird vermessen.

8. S c h w e i ß s t a n d : Hier werden die Schweißarbeiten am Kesselkörper ausgeführt.
9. R ö n t g e n - und U l t r a s c h a l l p r ü f s t a n d : Es werden Werkstoffe und Schweißverbindungen geprüft.
10. N i e t s t a n d : Nietarbeiten mit Nietpresse.
11. S t e h b o l z e n b o h r - und - s c h n e i d s t a n d : Stehbolzenlöcher bohren, reiben, Gewinde schneiden.
12. S t e h b o l z e n e i n b a u s t a n d : Stehbolzen und Anker einbauen und schweißen.
13. R o h r e i n b a u s t a n d : Heiz- und Rauchrohre einbauen und schweißen.
14. A r m a t u r e n - A n b a u s t a n d : Grob- und Feinausrüstung anbauen.
15. S t a n d f ü r W a s s e r d r u c k v e r s u c h : Hier wird der Wasserdruckversuch vom Kesselprüfer abgenommen.
16. S t a n d f ü r D a m p f p r ü f u n g : Der Kessel wird ohne Kesselbekleidung geheizt und bei Betriebsdruck geprüft und ausgeblasen.
17. K e s s e l - E i n k l e i d e s t a n d : Kesselbekleidung anbauen und Überhitzereinheiten einbauen.

Die Ständezahl richtet sich nach der Anzahl der in der Zeiteinheit aufzuarbeitenden Kessel, wie unter 3.301 beschrieben. Der Zustand und die Eigenarten der Kesselgattungen sind zu berücksichtigen.
Die Kesselschmiede ist von der Lokomotiv-Richthalle und den Fertigungswerkstätten räumlich getrennt, um die Lärmbelästigung zu beschränken.
Über den Kesselständen ist eine Krananlage angeordnet, mit der die Kessel mit Spezialanschlagmitteln angehoben und umgesetzt werden. Der Kesselkran besitzt zusätzlich eine Hilfskatze oder einen Elektrozug. Außerdem werden leichte Kesselteile mit Laufkränen gehoben, die über dem Kesselkran auf einer zweiten Kranbahn laufen.
Der Hallenfußboden ist trittfest und widerstandsfähig gegen das Aufschlagen von schweren Teilen. Arbeitsgruben sind nur beim Wasserdruckstand erforderlich.
Die Kessel werden auf nicht ortsfeste Kessel-Rollböcke gelegt, um die Werkstattfläche gut auszunutzen. Wird nur eine Kessel-Bauart ausgebessert, so ist die ortsfeste Anordnung den Rollböcken vorzuziehen.
Zapfstellen für Preßluft und Steckdosen für Lichtstrom (24 V) müssen ausreichend vorhanden sein. Handbohrmaschinen, Schleifer aller Arten, Schrauber usw. sind mit der höchstzulässigen Kleinspannung von 42 V zu betreiben (VDE 0100). Um bei dieser Spannungsbeschränkung die nötige Leistung zu erhalten, wird erhöhte Frequenz von 150 ... 200 Hertz angewandt. Es ist dann ein entsprechend großer Generator zur Speisung der 42-V-Steckdosen vorzusehen.
Die Versorgung mit Preßluft erfolgt aus der Ringleitung. Verbrauchsspitzen werden durch Preßluftspeicher ausgeglichen.
Da die Arbeiten in der Kesselschmiede zumeist körperlich schwer sind, ist der Arbeitserleichterung durch weitestgehende Mechanisierung der Handarbeit besonderes Augenmerk zu widmen. Es sind Schleifer der verschiedensten Arten (siehe Bild 103), Schrauber aller benötigten Größen (siehe Bild 104), Gewindeschneider und viele andere Hilfswerkzeuge einzusetzen.

Die Hallenbeleuchtung soll ausreichend und in Gruppen schaltbar sein. Die Halleninnenwände erhalten Rauhputz. Flächen, die den Schall reflektieren, sind mit bewährten Antidröhnmitteln zu belegen. Die beste Lärmbekämpfung ist die Umstellung von lärmstarken auf lärmschwache Verfahren, wie Schweißen statt Nieten und Stemmen usw.

### 6.501 **Vorausbaustand**

Der Kessel kommt vom Lokomotivabbaustand oder aus dem Arbeitsvorrat, der auf dem Hof der Kesselschmiede abgestellt ist.
Ab- oder ausgebaut werden die Kesselbekleidung, Sandkästen, Rauchkammertür, Schornstein, Überhitzereinheiten, Rostbalken und Rostbalkenträger sowie die Kesselarmaturen, sofern dies nicht bereits im Abbau geschehen ist. Die Heiz- und Rauchrohre werden ausgebaut und alle Kesselverschlüsse geöffnet, wozu auch Speise- und Dampfdom gehören. Nach dem Öffnen des Dampfdomes wird der Regler und nach dem Öffnen des Speisedomes die Rieselroste ausgebaut. Das Reglergestänge wird abgenommen und die Reglerwelle ausgebaut. Alle abgebauten Teile werden nach dem Reinigen entweder in die Fertigungswerkstätten oder zum Tauschlager transportiert.

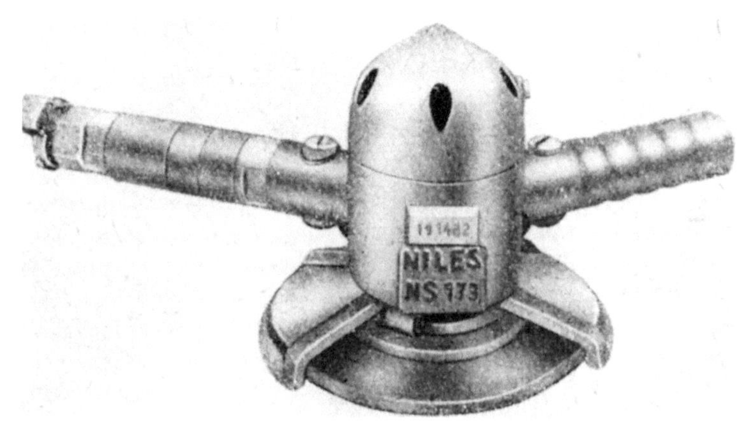


Bild 103: Preßluft-Winkelschleifer [Werkfoto: VEB Niles]

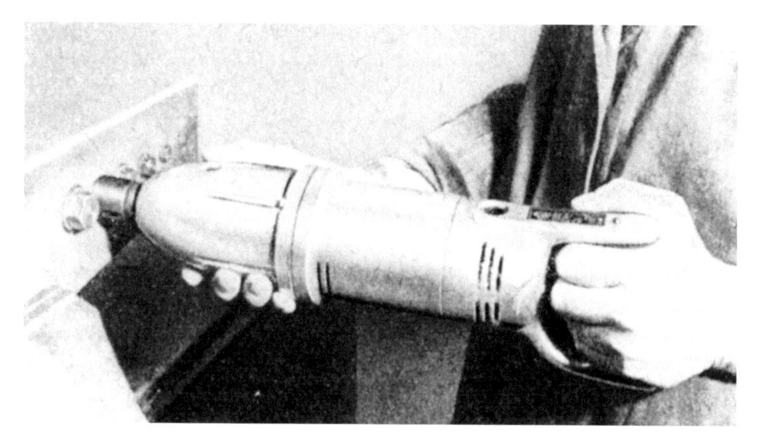

Bild 104: Hochleistungs-Elektroschrauber SRB 14

Die Schweißnähte der Heiz- und Rauchrohre werden in der Feuerbüchse mit einer Fräsvorrichtung abgefräst. Das Fräsen hat bisher noch nicht befriedigt. Die Rohrwand darf nicht beschädigt werden. Gleichzeitig mit diesen Arbeiten werden die Heizrohre in der Rauchkammerrohrwand eingezogen und eingeahlt. Die zum Einahlen verwendeten Vogelzungen müssen glatt und riefenlos sein, um die Rohrwandlöcher nicht zu beschädigen. Die Rauchrohre werden an den Einwalzstellen durch autogenen Brennschnitt entspannt. Hierbei darf die Rohrwand nicht beschädigt werden. Die Rauchrohre werden zuerst gezogen. Sie haben durch die in den Rohrwänden steckenden Heizrohre eine gute Führung und lassen sich so leichter ziehen. Danach werden die Heizrohre mit Preßlufthammer und Rohraustreiber aus den Einwalzstellen herausgeschlagen und gezogen. Eine Arbeitsbühne vor der Rauchkammer erleichtert das Ziehen der Rohre.
Bei der Hauptuntersuchung werden Dampfsammelkasten, Knie- und Reglerrohr ausgebaut. Der Dampfsammelkasten wird mit einer Hilfsvorrichtung aus der Rauchkammer ausgefahren (siehe Bilder 105 und 106).

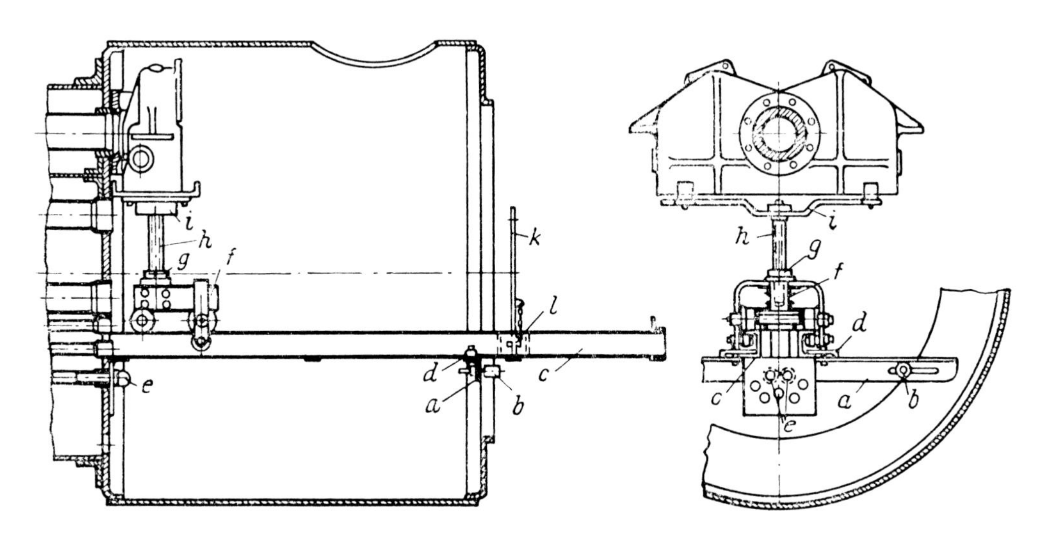


Bild 105: Hilfsvorrichtung zum Ein- und Ausbau des Dampfsammelkastens (Schema)

a Stützwinkel
b Hakenschraube
c Laufbahn
d Spanneisen
e Einsteckbolzen
f Laufkatze
g Mutter
h Hubspindel
i Tragbügel
k Halter
l Bolzen

### 6.502 **Reinigungsstand**

Mitunter ist es üblich, daß der Kessel vor dem Abstellen auf die Arbeitsvorratsgleise vorausgebaut wird. In diesem Falle beginnt der Arbeitsablauf mit der Reinigung.
Die Kesselreinigung wird unterschieden in Handreinigung und Strahlreinigung. Die Strahlreinigung übernimmt den größten Teil der Reinigungsarbeit, während die Handreinigung auf die Nachreinigung beschränkt ist.
Durch den Einsatz verschiedener chemischer Mittel für die innere Kesselspeisewasser-Aufbereitung, wie Sodaphos, Discro, Antischaum usw., ist der Kesselsteinbelag in den Lokomotivkesseln wesentlich geringer geworden, so daß die Kesselreinigung nicht mehr so aufwendig und zeitraubend ist.

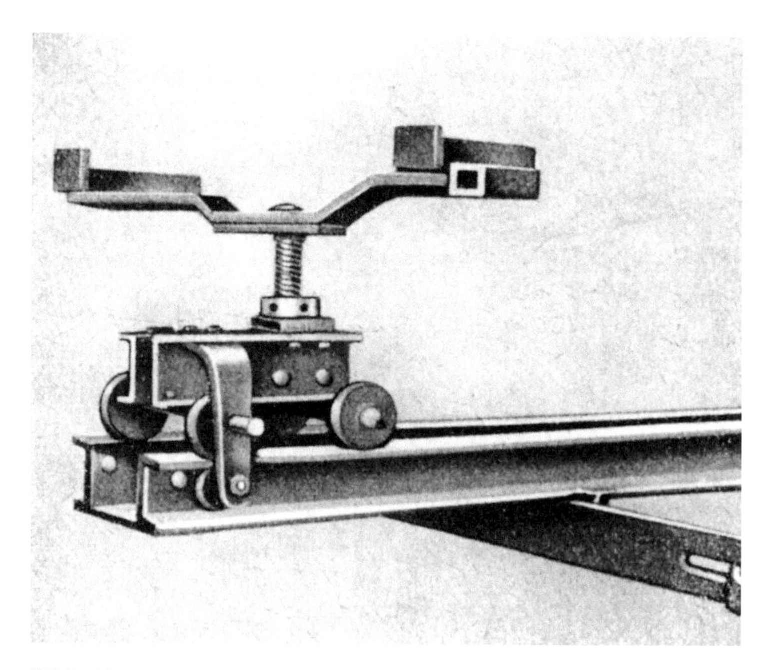

Bild 106: Hilfsvorrichtung zum Ein- und Ausbau des Dampfsammelkastens

6.502.1 *Handreinigung*

Bei der Handreinigung werden Kesselsteinabklopfer verwendet, die bis zu fünf gut abgerundete Kreuz- oder sternförmige Schneiden besitzen. Es sind auch solche Klopfer bekannt, die mit einer Staubabsaugung versehen sind und so die Arbeit erleichtern.

An den Stellen, wo der Kesselsteinabklopfer nicht eingesetzt werden kann, wie im Wasserraum des Stehkessels, werden Kesselstein-Klopfhämmer mit verstellbarer Schlagkraft eingesetzt. Mit verschieden langen und breiten Meißeln wird der Kesselstein abgekeilt oder abgeschabt. Nach dem Abstoßen und Abklopfen des Kesselsteins und des Rostes wird der Kessel ausgewaschen.

6.502.2 *Strahlreinigung*

Die Strahlreinigung wird grundsätzlich in einer Strahlkabine durchgeführt (siehe Bild 107). Zum Teil wird noch mit Quarzsand gestrahlt. Wegen der damit verbundenen Silikosegefahr werden diese Anlagen auf Stahlkies oder Korund umgestellt. Da in der Strahlanlage nicht nur Kessel, sondern auch Lokomotivrahmen und andere Teile gestrahlt werden, muß sie transportgünstig liegen. Es wird mit Freistrahl gereinigt. Arbeitsbühnen erleichtern die Arbeit am Kessel. Für Kleinteile ist ein Drehtisch in einer zweiten Strahlkabine vorzusehen. Der die Strahldüse führende Arbeiter muß einen Schutzhelm mit Frischluftzuführung, Schutzanzug und Schutzhandschuhe tragen.

Die Aufbereitung des Strahlgutes ist automatisiert. Der Entlüftung der Strahlkabinen ist größte Aufmerksamkeit zu schenken. Die staubhaltige Luft wird unter dem Arbeitsgleis aus der Kabine abgesaugt und über einem Zyklon mit nachgeschaltetem Staubfilter ins Freie abgeleitet. Die Windsichtung für

das Strahlgut ist gleichzeitig mit angeschlossen. Um den Abtransport des Staubes zu erleichtern, sind Zyklone und Filter so hoch zu setzen, daß mit einem Transportfahrzeug unter die Entleerungsöffnung gefahren werden kann. Die Entlüftung der Strahlkabinen muß so groß ausgelegt sein, daß die Kabinenluft 80mal in der Stunde gewechselt wird. Die nachströmende Frischluft muß auf 15 ... 20 °C erwärmt werden, wozu in den Frischluftansaugekanälen im Dach Heizregister eingebaut werden.
Nach dem Strahlreinigen wird der im Kessel verbliebene Stahlkies entfernt und wieder verwendet.

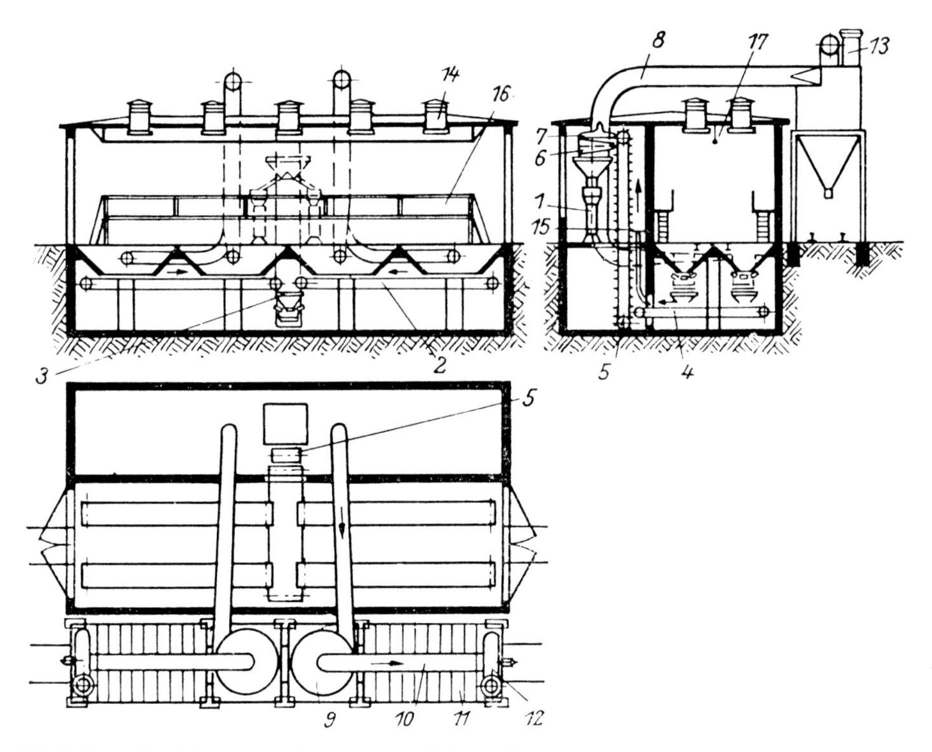


Bild 107: Strahlanlage für Lokomotivkessel

| | |
|---|---|
| 1 | Zweikammergebläse |
| 2 | Längsförderband |
| 3 | Absiebung |
| 4 | Querförderband |
| 5 | Becherwerk |
| 6 | Siebtrommel |
| 7 | Windsichter |
| 8 | Staubsaugleitung |
| 9 | Hochleistungszyklon |
| 10 | Verbindungsrohr |
| 11 | Tuchfilter |
| 12 | Ventilator mit Motor |
| 13 | Druckleitung ins Freie |
| 14 | Luftansaugschacht mit Heizbatterie |
| 15 | Aufgabe für Neusand |
| 16 | Arbeitsbühne |
| 17 | Seil für Sicherheitsgurt |

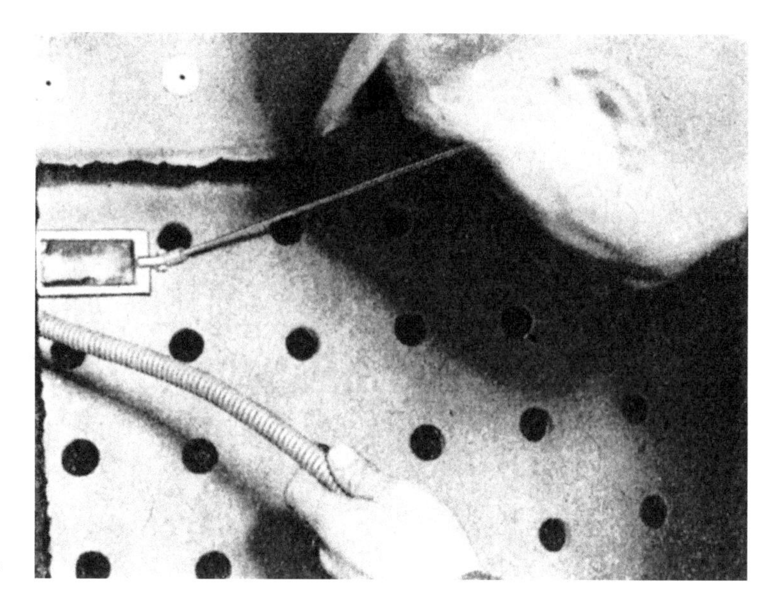

Bild 108: Kesselprüfer

## 6.503 Untersuchungsstand

Der Kessel wird im sauber gereinigten Zustand vom Kesselprüfer untersucht (siehe Bild 108). Über die Untersuchung wird eine Niederschrift angefertigt, die dem Kesselteil des Betriebsbuches beizuheften ist. Zuvor hat sich der Kesselprüfer im Betriebsbuch über den Ausbesserungsumfang vorausgegangener Untersuchungen zu informieren, da sie die Entscheidungen des Kesselprüfers beeinflussen. Die vom Kesselprüfer als schadhaft bezeichneten Teile sind auf den nachfolgenden Ständen aufzuarbeiten oder zu ersetzen.
Am Kesseluntersuchungsstand sind mindestens zwei Steckdosen für Lichtstrom vorzusehen.

## 6.504 Stehbolzen-Abbohrstand

Stehbolzen werden ausgebaut,

1. wenn sie abgezehrt oder abgerissen sind,
2. wenn Kesselstein entfernt,
3. ein Flicken, Vorschuh oder
4. die Feuerbüchse ersetzt werden müssen.

Der Kessel wird mit nach oben zeigendem Bodenring in den Stehbolzen-Abbohrstand gesetzt (siehe Bild 109). Handbohrmaschinen sind an Federzügen so aufgehängt, daß die Stehbolzen in den Stehkesselwänden an möglichst vielen Stellen gleichzeitig abgebohrt werden können. Zum Abbohren der Deckenstehbolzen wird der Kessel auf die Seite gelegt.

## 6.505 Ausbaustand

Die Flicken und Vorschuhe werden bei Stahlfeuerbüchsen maßhaltig autogen ausgeschnitten. Durch richtige Brennerstellung wird gleichzeitig die Schweißnaht vorbereitet. Das Grobausbrennen mit nachfolgender Schnittflächenbearbeitung ist unwirtschaftlich. Bei Kupferfeuerbüchsen werden die Flicken

Bild 109: Stehbolzen-Abbohrstand

und Vorschuhe mit dem Preßluftmeißel so ausgehauen, daß gleichzeitig eine Schweißfase entsteht. Versuche mit elektrisch angetriebenen Stichsägen brachten bisher keine Arbeitserleichterung.
Die Stehbolzen in den ausgebauten Feuerbüchsteilen sind zu entfernen. Bei Stahlteilen sind sie autogen abzubrennen. Bei Kupferteilen werden die Stahlstehbolzen auf einer Presse durchgedrückt, weil das Bohren, Abtreiben und Aushülsen eingespart wird.
Außerdem werden auf dem Ausbaustand noch folgende Teile ausgebaut, wenn es der Kesselprüfer angeordnet hat:

1. Feuerbüchsen,
2. Bodenringe, vollständig oder teilweise,
3. Feuerlochringe,
4. Stehkesselrückwände,
5. Feuerbüchsrohrwände,
6. Blechanker,
7. Queranker,
8. Rauchkammerschüsse, vollständig oder teilweise,
9. Rauchkammerrohrwände,
10. Kesselschüsse, vollständig oder teilweise,
11. Domunterteile,
12. Schlammsammler.

Bild 110 zeigt einen vollständig ausgebauten Kessel.

### 6.506 Richtstand

Die Reihenfolge beim Einbau der einzelnen Kesselteile richtet sich nach dem Umfang und der Art der ausgebauten Teile. Es sind hierbei Grund-

sätze zu beachten wie die, daß die einzelnen Teile möglichst leicht und ohne Unfallgefahr eingebaut und die Schweißnähte möglichst als X-Naht oder als V-Naht mit gegengeschweißter Wurzel ausgeführt werden können.
Die neu eingebauten Kesselteile müssen in die zeichnungsmäßige Lage gebracht werden. Bei der Erneuerung von vollständigen Feuerbüchsen oder auch bei zu erneuernden Feuerbüchsrohrwänden oder Feuerbüchsdecken ist auf den Abstand von 100 mm von der höchsten feuerberührten Stelle bis zum niedrigsten Wasserstand zu achten. Dieser Abstand wird mit einer Schlauchwasserwaage gemessen.

### 6.506.1 *Erneuerung der Feuerbüchse mit genietetem Bodenring*

Die Stehkesselwände werden nur nach Angabe des Kesselprüfers vorgeschuht. Überlappungsnietung ist weitestgehend durch die Schweißverbindung zu ersetzen. Die senkrechten Schweißnähte bleiben 200 mm offen.
Der Bodenring wurde inzwischen aufgearbeitet, wobei mindestens die Bodenringecken ersetzt worden sind. Es wird ein neuer Bodenring eingebaut, bevor die Nietlöcher in den Mittelteilen das Werkgrenzmaß von 27 mm erreicht haben. Der Arbeitsaufnehmer entscheidet nach wirtschaftlichen Gesichtspunkten. Die Nietlöcher im Bodenring werden vor dem Einbau gebohrt, und zwar die Ecklöcher auf einem Bohrwerk und die übrigen Löcher auf einer Radialbohrmaschine. Beim Bohren der Bodenringecklöcher ist auf die Platzverhältnisse der Setzköpfe an der Feuerbüchswandseite zu achten. Die Feuerbuchse wird einbaufertig angeliefert.
Der Bodenring wird zeichnungsgemäß in den Stehkessel eingesetzt, mit Schraubzwingen und Paßdornen festgelegt und die Nietlöcher von innen aus durchgebohrt. In gleicher Weise wird mit dem Feuerlochring verfahren. Nunmehr wird die Feuerbüchse eingesetzt. Die zeichnungsmäßige Lage ist zu prüfen und der niedrigste Wasserstand nachzumessen. Einige Boden- und Feuerlochringnietlöcher werden von außen durch die Feuerbüchse gebohrt, die Feuerbüchse in dieser Lage durch Paßdorne festgelegt und die übrigen Nietlöcher von außen durchgekörnt.

Bild 110: Vollständig ausgebauter Lokomotivkessel

Die Lage der Stehbolzenlöcher wird ebenfalls von außen übertragen. Bei den Feldern mit gleicher Teilung werden jeweils nur die Lochmitten der äußersten Stehbolzenreihen von der Kesselseite aus durchgekörnt, die übrigen nach diesen Bezugskörnern angerissen.
Die Löcher in den Feldern mit ungleicher Teilung werden sämtlich durchgekörnt. Zum Durchkörnen wird ein Druckluftkörner mit Winkelführung benutzt. Die Lage einiger Löcher für die Deckenstehbolzen werden bei in Waage liegendem Kessel durchgelotet und die übrigen nach diesen Bezugslöchern angerissen. Die Lage der Quer- und Bügelanker ist dabei zu berücksichtigen. Feuerbüchse und Bodenring werden ausgebaut, die Nietlöcher in der Stehkesselwand entgratet, der Bodenring von der Feuerbüchse abgezogen, die Niet- und Stehbolzenlöcher in der Feuerbüchse angerissen und auf einer Radialbohrmaschine gebohrt und entgratet. Danach wird die Feuerbüchse endgültig eingesetzt, mit Paßdornen und Maschinenschrauben geheftet, der Kessel auf dem Meßstand vermessen und auf den Nietstand gestellt. Stehkessel und Feuerbüchse werden mit der Nietpresse an den Bodenring angerichtet. Dabei sind die Nietwerkzeuge durch formgerechte Druckbacken ersetzt. Die Ecken werden nach dem Nieten der vier Seiten angerichtet. Die Nietlöcher werden aufgerieben und entgratet. Die vier Seiten werden, jeweils in der Mitte beginnend, mit der Nietpresse genietet. Danach werden die Ecken mit der Nietpresse angerichtet, die Löcher aufgerieben, entgratet und die Niete bis auf die unmittelbar neben der Restschweißnaht gelegenen ebenfalls mit der Nietpresse eingezogen. Nach dem Schweißen der Restnähte werden die letzten Nieten eingezogen und die Bodenringecken dichtgeschweißt.

6.506.2 *Erneuerung der Feuerbüchse mit geschweißtem Bodenring*

Der Stehkessel wird um die Bodenringhöhe gekürzt zum Aufpassen der Feuerbüchse vorbereitet. Die Feuerbüchse wird auf den U-förmigen Bodenring zeichnungsgemäß aufgesetzt und mit X-Naht verschweißt. Die Feuerbüchse wird von oben in den Stehkessel eingesetzt, zeichnungsgerecht ausgerichtet, gegen Abrutschen gesichert und die Lage der Marken für den niedrigsten Wasserstand mit Schlauchwasserwaage geprüft. Der technologische Arbeitsablauf bei den Seiten- und Deckenstehbolzen ist sinngemäß so, wie er unter 6.506.1 beschrieben wurde.
Während die Stehbolzenlöcher gebohrt werden, ist die V-Naht am Stehkessel vorzubereiten. Die Feuerbüchse mit Bodenring wird eingesetzt, geheftet und an den Längsseiten verschweißt. Die Stehkesselecken werden vor dem Schweißen noch einmal nachgerichtet. Da die V-Naht an der Wurzel nicht gegengeschweißt werden kann, ist zu beachten, daß bei Ersatz von Feuerbüchsteilen die Wurzel gereinigt und gegengeschweißt werden muß.
Der Feuerlochring entfällt. Stehkessel- und Feuerbüchsrückwand werden um das Feuerloch herum je zur Hälfte gegeneinander gebördelt und durch V-Naht verschweißt.
Die hier beschriebene Art der Verbindung von Kesselteilen trägt zur Lärmminderung bei.

6.506.3 *Sonstige Kesselrichtarbeiten*

Neben der Erneuerung von Feuerbüchsen werden Einzelteile der Feuerbüchse, Rauchkammerrohrwände, Langkesselteile und Domunterteile ersetzt. Der Einbau dieser Teile ist sinngemäß auszuführen, wie er am Beispiel der Feuerbüchse erläutert wurde.

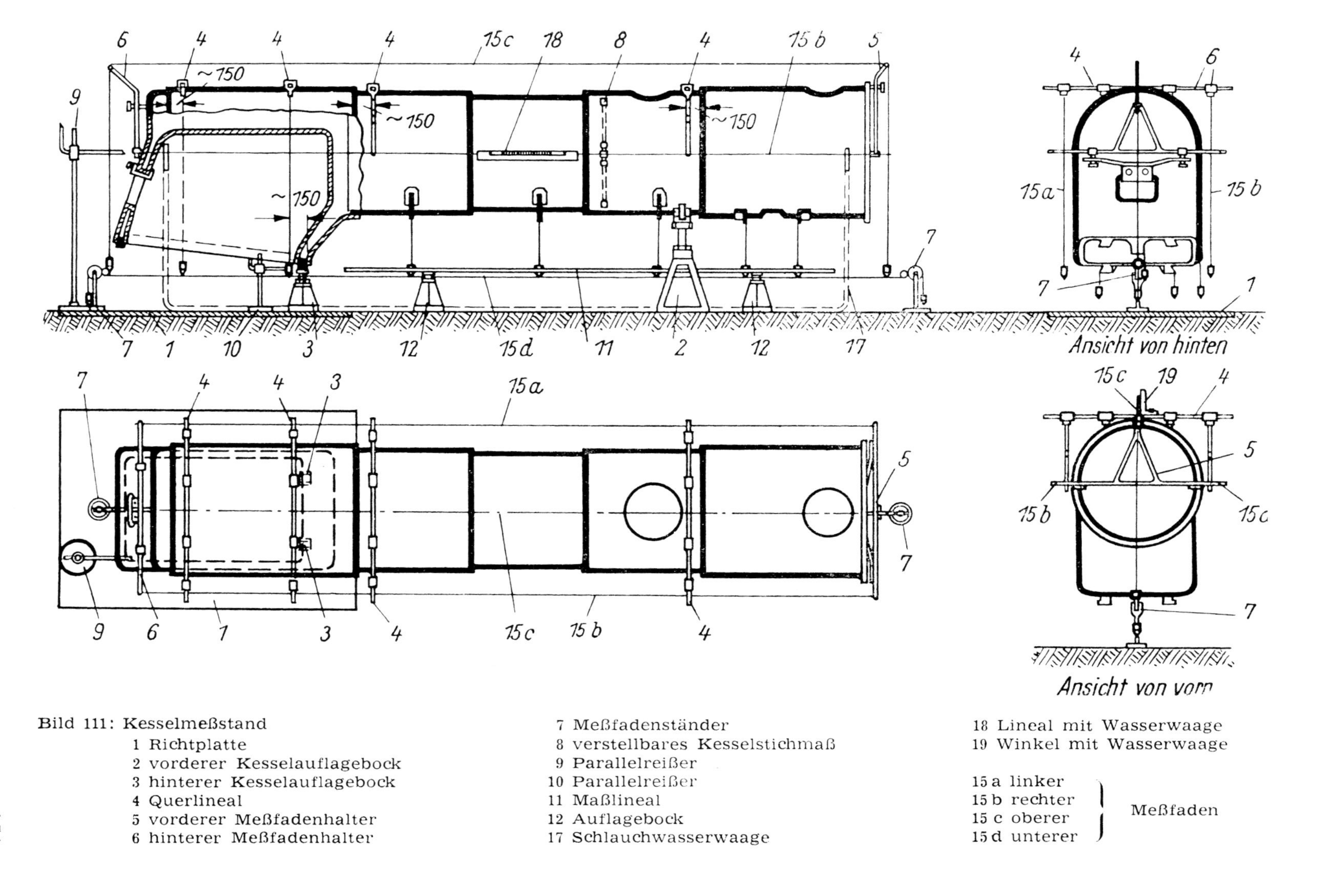


Bild 111: Kesselmeßstand

1 Richtplatte
2 vorderer Kesselauflagebock
3 hinterer Kesselauflagebock
4 Querlineal
5 vorderer Meßfadenhalter
6 hinterer Meßfadenhalter
7 Meßfadenständer
8 verstellbares Kesselstichmaß
9 Parallelreißer
10 Parallelreißer
11 Maßlineal
12 Auflagebock
17 Schlauchwasserwaage
18 Lineal mit Wasserwaage
19 Winkel mit Wasserwaage

15 a linker, 15 b rechter, 15 c oberer, 15 d unterer } Meßfaden

Bild 112: UP-Schweißen einer Rundnaht mit Schweißtraktor
[Werkfoto: Raw „7. Oktober“ Zw.]

**6.507 Kesselmeßstand**

Durch das Vermessen bleibt der Kessel tauschfähig und kann ohne wesentliche Anpaßarbeit auf dem Lokomotivrahmen befestigt werden.
Der Meßstand besitzt unter dem Stehkessel eine waagerechte Grundplatte und Untersetzwinden für Steh- und Langkessel (siehe Bild 111). Jeder Kessel wird einmal grundvermessen und danach nur noch teilvermessen.

**6.508 Schweißstand**

Auf dem Kesselschweißstand arbeiten mehrere Schweißer gleichzeitig, ohne sich gegenseitig zu behindern. Kesselschweißstände für UP-Schweißungen sind mit Kessel-Drehvorrichtungen und Schweißmaste mit Schweiß-Traktoren ausgerüstet (siehe Bilder 112 und 113).
Die Schweißstände sind aus Arbeitsschutzgründen mit Blendschutzvorhängen zu umgeben.
Die Schweißumformer sind mit Fernbedienungen für die Schweißstromeinstellung auszurüsten. Für die Schweißarbeiten im Kesselinnern sind wirksame Absaugeinrichtungen aufzustellen. Hierbei darf die Luftgeschwindigkeit beim Schweißer 0,3 m/s nicht überschreiten, um Erkältungskrankheiten zu vermeiden.

**6.509 Röntgen- und Ultraschallprüfstand**

Für Röntgen- und Isotopenprüfstände sind strenge Arbeitsschutzanordnungen erlassen. Die Prüfstände müssen nach allen Seiten vollständigen Strahlenschutz bieten.
Wird die Schweißnahtprüfung mit Ultraschall vorgenommen, entfallen die oben genannten Schutzmaßnahmen. Inwieweit die zerstörungsfreie Schweißnahtprüfung durch den Einsatz von radioaktiven Isotopen verändert werden kann, ist jetzt noch nicht im vollen Umfang abzusehen. Mit dem Einsatz von Isotopen werden auch die entsprechenden Schutzbestimmungen herausgegeben.

Bild 113: UP-Schweißen einer Längsnaht mit Schweißtraktor [Werkfoto: Raw „7. Oktober" Zw.]

### 6.509.1 *Röntgenuntersuchung*

Bei der Röntgenuntersuchung werden Röntgenfilmstreifen in besonderen Kassetten auf die zu untersuchende Schweißnaht befestigt. Die Röntgenröhre wirft die Strahlen durch die zu untersuchende Stelle auf den Film (siehe Bild 114). Mit Wachs aufgeklebte Bleiziffern kennzeichnen den Film. Um ein einwandfreies Bild auf dem Film zu erhalten, ist die Strahlung durch zwei Kesselteile zu vermeiden. Darüber hinaus sind für solche Durchstrahlungsleistungen stärkere Röhren notwendig, und die Belichtungszeiten werden entsprechend länger. Das hat unerwünschte Standbesetzungszeit zur Folge.

Zur Ausrüstung des Röntgenprüfstandes gehört eine Dunkelkammer. Die entwickelten Filme (siehe Bild 115) werden über einem Lichtkasten ausgewertet, vorgefundene Schweißfehler angezeichnet und von den Kesselschweißern beseitigt.

### 6.509.2 *Ultraschalluntersuchung*

Die zerstörungsfreie Werkstoffprüfung mit Ultraschall wird in der Kesselschmiede zur Untersuchung von Kesselbaustoffen verwendet (siehe Bild 116). Dopplungen im Kesselblech werden durch systematisches Abtasten festgestellt. Befundstellen sind genau abzugrenzen, um so wenig wie möglich Kesselblech zu verwerfen. Risse an versteckten Stellen sind ebenfalls mit Ultraschall feststellbar.

Die Schweißnahtprüfung mit Ultraschall ist noch in der Entwicklung. Sie hat den Vorteil, daß Schweißfehler sofort angezeigt werden, die Untersuchung schnell vor sich geht und weniger Gefahren in sich birgt.

### 6.509.3 *Werkstoffprüfung mit radioaktiven Isotopen*

Die zerstörungsfreie Werkstoffprüfung mit radioaktiven Isotopen (siehe Bild 117) ist bei der Deutschen Reichsbahn noch nicht eingeführt. Der Grund

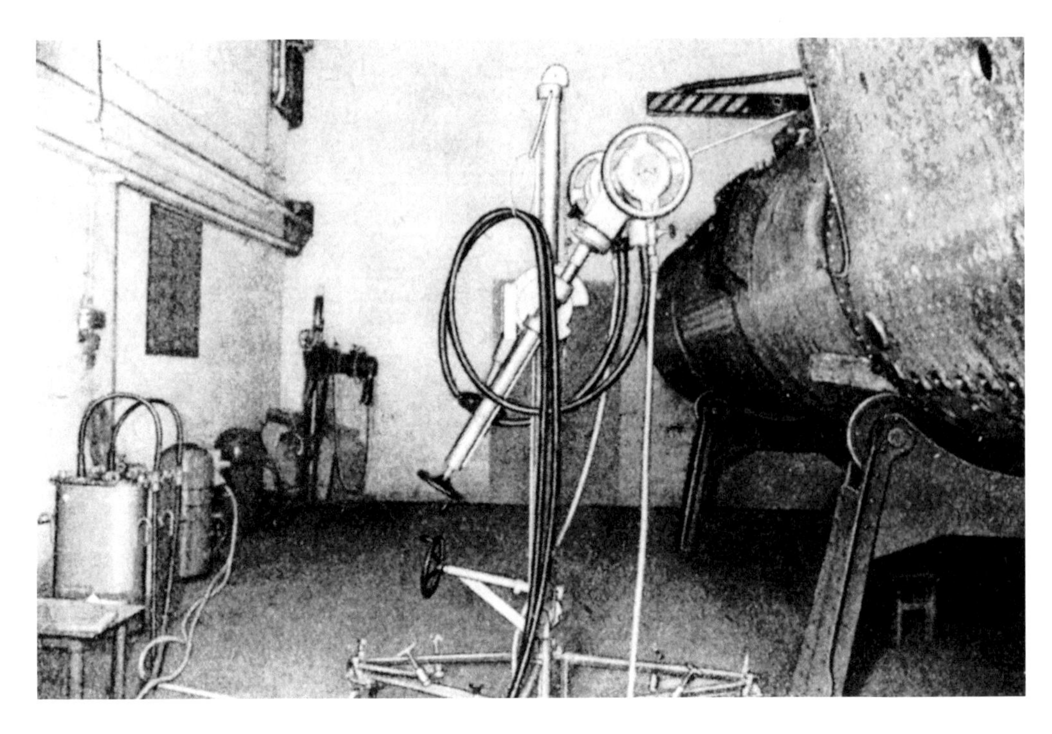

Bild 114: Röntgenstand für Lokomotivkessel

Bild 115: Ausschnitt aus einem Röntgenfilm einer Schweißnaht

ist darin zu suchen, daß die Belichtungszeiten für die zu durchstrahlenden Wanddicken zur Zeit noch zu lang sind. Außerdem besitzen die Reichsbahnausbesserungswerke bereits leistungsfähige Röntgenanlagen. Inwieweit der Ersatz ausmusterungsreifer Röntgenanlagen durch radioaktive Isotopen erfolgen wird, ist noch nicht zu übersehen.

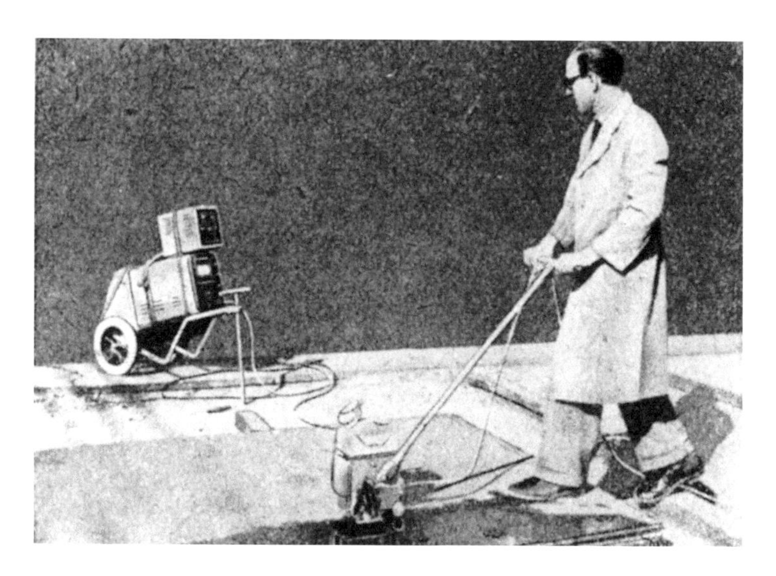

Bild 116: Ultraschallprüfung von Kesselblechen

### 6.510 Nietstand

Auf dem Nietstand werden die Schließköpfe der Nieten mit einer Nietpresse geschlossen (siehe Bild 118). Mit Preßlufthämmern wird heute nur noch an den Stellen gearbeitet, wo die Nietpresse nicht angesetzt werden kann.
Kesselteile, die miteinander zu vernieten sind, werden mit der Nietpresse angerichtet.
Die Nietpresse hat einen eigenen Kran mit Elektrozug. Die Nietpressen können elektrisch oder mit Preßluft angetrieben werden und entwickeln eine Schließkraft von ca. 200 Mp.
Neben der Arbeitserleichterung und der Lärmminderung beim Nieten mit der Nietpresse entfällt das Stemmen der Nietköpfe, die nur entgratet werden. Nach dem Nieten werden die Stemmkanten behauen und auf Hohlnaht gestemmt. Zum Stemmen werden kleine Preßlufthämmer mit einstellbarer Schlagkraft und verschiedenartig gebogene Einsteckwerkzeuge benutzt. Die Arbeitsdichte ist möglichst hoch zu halten, um die Lärmdauer und auch die Standbesetzungszeit niedrig zu halten. Der die Stemmarbeit ausführende Kesselschmied schützt sich gegen Lärm mit superfeiner Glaswolle oder mit Selectonen.

### 6.511 Stehbolzenstand

Im Zuge der Umstellung von Kupfer- auf Stahlfeuerbüchsen hat der Stehbolzen-Bohr- und -Schneidstand die Bedeutung verloren. Es werden auf dem Stehbolzenstand die Stehbolzenlöcher in eingeschweißte Vorschuhe oder Flicken gebohrt, gerieben und eventuell Gewinde geschnitten. Bei Kupferfeuerbüchsen werden Gewindestehbolzen eingebaut, die zu bördeln und aufzudornen sind. Bei Stahlfeuerbüchsen werden gewindelose Kopfstehbolzen oder Stabstehbolzen eingebaut.

Bild 117: Isotopeneinrichtung „TuR" MCo 1,3

### 6.511.1 *Einbau von Gewinde-Stehbolzen*

Der Stehbolzenwerkstoff richtet sich nach dem Feuerbüchsenwerkstoff. Es werden zum Beispiel in Kupferfeuerbüchsen kupferne Stehbolzen eingebaut. Die Stehbolzenlöcher werden mit Stehbolzenreibahlen gerieben und das Gewinde mit Stehbolzen-Gewindebohrern geschnitten. Als Antriebsmittel benutzt man Bohrmaschinen, die gewichtlos in Aufhängevorrichtungen aufgehängt sind und das Drehmoment aufnehmen.
Nach dem Gewindeschneiden werden die schon bereitliegenden Stehbolzen angefädelt, mit einer Stehbolzeneindrehvorrichtung eingedreht und durch Körnerschlag gesichert. Die Überstände der Stehbolzen sind zu beachten (siehe DV 946). Zum Aufdornen der Stehbolzen werden Aufdornhämmer mit Rückzugvorrichtung verwendet, die an Federzügen aufgehängt sind. Nach dem Aufdornen werden die Stehbolzenüberstände in der Feuerbüchse gebördelt. Stehbolzen mit durchgehender Kontrollbohrung werden stehkesselseitig mit Kappen verschlossen.

### 6.511.2 *Einbau von gewindelosen Kopfstehbolzen*

Die Stehbolzen sind aus Stahl C 10 mit eingeengtem Kohlenstoffgehalt oder Mu 8 anzufertigen und nur in Stahlfeuerbüchsen einzubauen.
Die Stehbolzenlöcher werden gerieben, die an den Enden blankgeschliffenen Stehbolzen eingesetzt und durch Schweißpunkte geheftet. Das Einschweißen erfolgt auf dem Stehbolzen-Schweißstand, wobei der Kessel in die jeweils erforderliche waagerechte Schweißlage gedreht wird. Die Stehbolzen in den Seitenwänden und die Deckenstehbolzen werden mit Stehbolzen-Einschweißautomaten (siehe Bild 119) eingeschweißt. Die Automaten arbeiten nach dem UP-Verfahren. Der Kessel ist dazu so zu drehen, daß das Schweißen in waagerechter Schweißlage möglich ist. Die Stehbolzen in der Stehkessel-Vorder- und -Rückwand werden zur Zeit in senkrechter Schweißlage von Hand eingeschweißt, da die vorhandenen Kessel-Drehvorrichtungen es nicht

Bild 118: Nietpresse

gestatten, daß diese Flächen in die waagerechte Schweißlage gebracht werden. Das Einschweißen von Hand läßt sich auch hier durch das maschinelle Einschweißen ersetzen, wenn der Kessel in einer Kessel-Wendevorrichtung um seine waagerechte Schwerpunkt-Querachse gedreht wird (siehe Bild 120). In diesem Falle lassen sich auch die Heiz- und Rauchrohre in waagerechter Schweißlage maschinell einschweißen.
Die durchgehenden Kontrollbohrungen der Stehbolzen werden vom Stehkessel aus mit Schweißpunkten verschlossen.

6.511.3 *Einbau von Stabstehbolzen*

Die Stehbolzen werden ebenfalls aus C 10 mit eingeengtem Kohlenstoffgehalt oder Mu 8 angefertigt. Als Ausgangsmaterial ist möglichst Hohlstahl mit einem Außendurchmesser von 18 mm und einer Bohrung von 4,5 . . . 5,0 mm zu verwenden. Die Stehbolzen werden von der Stange auf Länge durch Trennschleifen oder Sägen abgetrennt. Die Stehbolzenlöcher werden auf 19,0 mm aufgerieben, die Stehbolzen eingesetzt, geheftet und eingeschweißt. Die Fertigung des Stabstehbolzens ist sehr einfach. Es wird hierfür nur eine Trennschleifmaschine oder Säge benötigt. Bei Stabstehbolzen aus Vollmaterial ist dazu noch eine Waagerecht-Doppelspindelbohrmaschine erforderlich. An beiden Enden der Stabstehbolzen ist der Walzzunder zu entfernen.

Bild 119: Stehbolzen-Einschweißautomat [Werkfoto: Raw „7. Oktober"]

6.511.4 *Einbau von Sonderstehbolzen*

Zu den Sonderstehbolzen gehören:

1. Feuerschirm-Stehbolzen (Hohlbolzen),
2. Feuerschirm-Stehbolzen mit verlängertem Gewinde,
3. Bodenankerbolzen.

Diese Bolzen werden in ähnlicher Weise wie die normalen Stehbolzen eingebaut. Die Hohlbolzen werden eingewalzt, wenn sie mit Gewinde versehen sind.

6.511.5 *Einbau von Deckenstehbolzen*

Der Einbau der Deckenstehbolzen erfolgt in ähnlicher Weise wie der der Seitenstehbolzen.

Bei Kupferfeuerbüchsen ist in der Feuerbüchse eine Deckenstehbolzenmutter auf den überstehenden Deckenanker aufgeschraubt.

Deckenstehbolzen in Stahlfeuerbüchsen werden als gewindelose Kopf- oder Stabstehbolzen eingeschweißt.

6.512 **Rohreinbaustand**

6.512.1 *Einbau des Regler- und Knierohres sowie des Dampfsammelkastens*

Diese Teile werden vor dem Rohreinbau eingebaut. Das aufgearbeitete Reglerrohr wird von der Rauchkammer aus in den Langkessel eingeführt

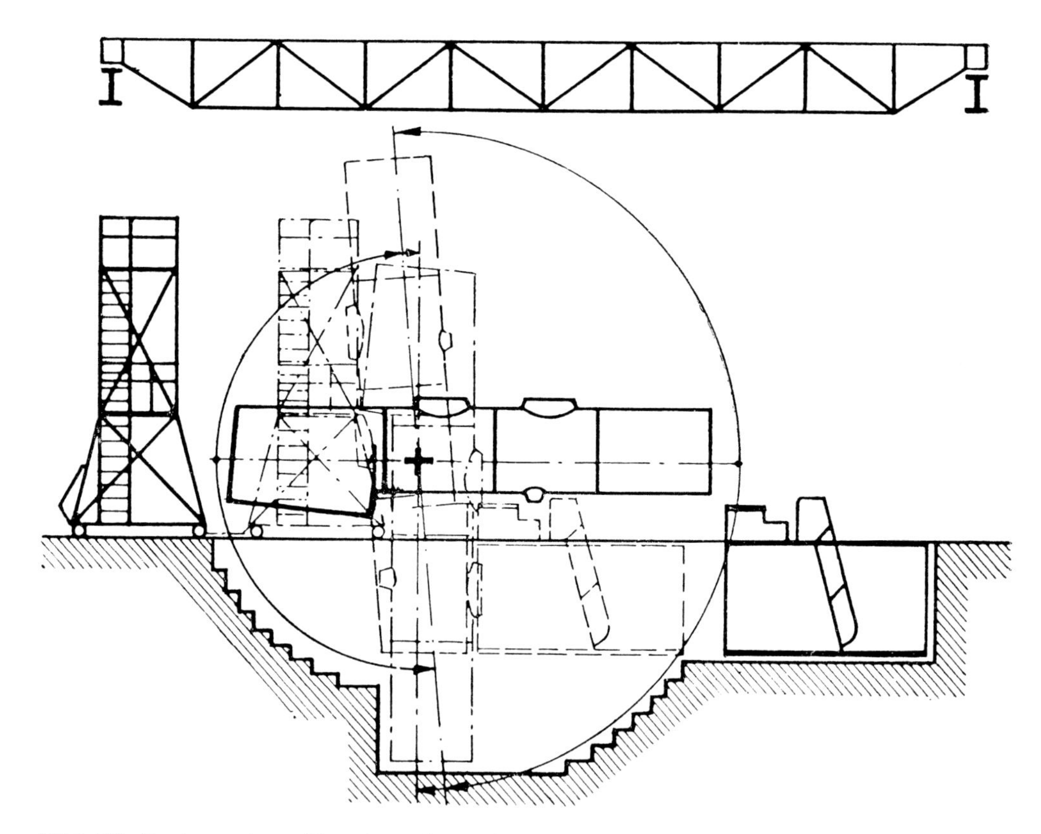

Bild 120: System einer Kesselwendevorrichtung

und der Dampfsammelkasten angesetzt (siehe Bilder 105 und 106). Danach wird das Knierohr angebaut. Vor dem Befestigen wird von jedem Linsensitz ein Tuscheabdruck abgenommen, um Undichtheiten wegen schlechtem Sitz zu vermeiden. Nach dem Einbau werden das Knierohr und der Dampfsammelkasten blind abgeflanscht und die Dichtigkeitsprobe mit Kesselprüfdruck ausgeführt. Die Dichtigkeitsprobe ist vom Arbeitsprüfer abzunehmen. Die Dampfentnahmerohre und Speisewasserablenkbleche werden gleichzeitig eingebaut.

### 6.512.2 *Einbau der Heiz- und Rauchrohre*

Der Rohrsatz wird auf einem Hubwagen (siehe Bild 121) vor den Kessel gefahren. Je nach der Örtlichkeit kann auch der Einbau der Rohre von einer festen Bühne aus erfolgen, und zwar dann, wenn der Rohrsatz mit Kran von der Rohrwerkstatt direkt in die Kesselschmiede gefördert werden kann. Der Kessel wird erst dann zum Rohreinbau freigegeben, nachdem der Meister oder der Arbeitsprüfer das Kesselinnere auf Fremdkörper oder liegengebliebene Werkzeuge kontrolliert hat.
Zuerst werden die Heizrohre und danach die Rauchrohre eingeschoben und mit Druckluft-Rohreintreiber oder leichten Hammerschlägen bis an die Rohrbrust eingetrieben. Die Heizrohre werden von einem Helfer vom Innern des Langkessels aus in die Feuerbüchsrohrwand eingefädelt.

Bild 121: Transport- und Hubwagen für Heiz- und Rauchrohre

Die Rohre werden zuerst in der Rauchkammerrohrwand eingewalzt. Man beginnt dabei in der Rohrwandmitte. Dadurch wird vermieden, daß leichtsitzende Rohre beim Einführen der Rohrwalze zurückgeschoben werden. Nachdem ein Teil der Rohre in der Rauchkammerrohrwand eingewalzt ist, kann mit dem Einwalzen in der Feuerbüchsrohrwand begonnen werden. Die Sicherheitsrohrwalzen werden über Gelenkwellen mit Schiebemuffen von einem geeigneten Antriebsmotor angetrieben. Der Antriebsmotor wird mit Fußschalter fernbedient. Schaltstellungen sind Rechtslauf (Walzen), Halt und Linkslauf (Walze lösen und Druckrollen zurücknehmen). Um die Druckrollen der Rohrwalzen zu schonen, sind die Rohre innen einzuölen.
In kupfernen Feuerbüchsen werden die Rohrüberstände gebördelt. Hierzu wird für die Heizrohre ein leichter und für die Rauchrohre ein schwerer Stemmhammer verwendet. Zum Bördeln wird der Kessel mit Wasser gefüllt. Nach dem Bördeln sind die Rohre leicht nachzuwalzen.
In stählernen Feuerbüchsen werden die Rohre eingeschweißt. Während des Schweißens darf am Kessel nicht gehämmert werden. Die Schweißdämpfe sind abzusaugen. Nach dem Einschweißen sind die Rohre ebenfalls leicht nachzuwalzen.

### 6.513 **Armaturen-Anbaustand**

Auf dem Armaturen-Anbaustand wird die Grob- und Feinausrüstung an den vorher ausgewaschenen Kessel angebaut. Die Untersätze werden zur Aufnahme der Armaturen vorbereitet, das heißt, die Stiftschrauben werden nachgeschnitten oder ersetzt und die Dichtungssitze aufgearbeitet. Ein Teil dieser Vorbereitungsarbeiten wird bereits auf den Richtständen ausgeführt.

#### 6.513.1 *Waschluken*

Die Dichtflächen der Lukenfutter sind nach Bedarf mit Spezial-Fräsvorrichtungen nachzuarbeiten.
Die Lukenpilze werden mit einer Füllringdichtung und Graphitpaste eingesetzt und festgeschraubt.

6.513.2 *Reglereinbau*

Der Einbau des Reglers hat sehr gewissenhaft zu erfolgen. Der Regler wird mit dem Kran auf das Knierohr aufgesetzt. Zum Anziehen der Befestigungsschrauben werden besonders gekröpfte Schlüssel verwendet. Vor dem Schließen des Doms sind passende Wasserabscheidebleche oder der Wasserabscheidemantel einzubauen.
Der Arbeitsprüfer hat eine Bescheinigung über die ordnungsgemäße Arbeitsprüfung der Reglereinrichtung auszustellen. Hierbei ist das Spiel zwischen Anschlaghebel und Knagge am Reglerbock oder die Überdeckung des Reglerschiebers am Reglerkopf festzustellen und auf der Bescheinigung zu vermerken. Unmittelbar danach ist im Beisein des Arbeitsprüfers der Dom zu schließen.

6.513.3 *Domdeckel schließen*

Bei Domen mit Druckring wird der Deckel vor dem Druckring aufgelegt. Es werden alle Muttern auf die mit Graphit und Öl bestrichenen Stiftschrauben gefädelt und mit Schlagschrauber angezogen. Es empfiehlt sich, zwei Schrauber einzusetzen, um auf diese Weise immer zwei gegenüberliegende Schrauben gleichzeitig anzuziehen.

6.513.4 *Einbau des Kessel-Speisewasserreinigers*

Zunächst werden die aufgearbeiteten Streudüsen eingebaut, danach die Rieselroste zeichnungsgemäß eingelegt und gegen Verschieben gesichert. Vor dem Schließen des Speisedoms ist der einwandfreie Einbau des Kessel-Speisewasserreinigers arbeitszuprüfen.
Der Speisedom wird in derselben Weise wie der Dampfdom geschlossen.

6.513.5 *Anbau der Feinausrüstung*

Die letzte Montagearbeit ist der Anbau der Feinausrüstung. Die Stiftschrauben wurden bereits vorher nachgeschnitten oder ersetzt und die Dichtflächen von Hand oder mit maschinellen Fräsvorrichtungen nachgearbeitet. Besonderes Augenmerk ist der Wasserstands-Anzeigevorrichtung zu widmen. Die einwandfreie Lage der Dichtflächen und der Stiftschrauben ist mit einer Vorrichtung zu prüfen. Nachträgliche Anpaßarbeiten entfallen, und die Tauschfähigkeit der Armaturen bleibt erhalten.
Die Armaturen werden entweder mit Dichtungslinsen oder mit Füllring-Dichtungen angebaut.
Die Kesselsicherheitsventile sind in den weitaus meisten Fällen nicht vor dem Wasserdruckversuch aufzusetzen, weil die Ventilkegel nicht fest auf den Sitz geschraubt werden können. In diesem Falle sind die Ventiluntersätze blind abzuflanschen.

### 6.514 **Stand für den Wasserdruckversuch**

Der Stand für den Wasserdruckversuch hat Betonfußboden mit einer Neigung von 1 : 150 bis 1 : 200 für den Spritzwasserabfluß. Eine kurze Arbeitsgrube unter dem Stehkessel mit Einstieg gestattet das Besichtigen der Feuerbüchse. Eine Arbeitsbühne erleichtert das Untersuchen und die Ausführung von Nacharbeiten.
Eine elektrische Preßpumpe liefert den Prüfdruck von 1,3 p, wobei p = Betriebsdruck in $kp/cm^2$ ist.

Der mit Wasser aus der Betriebswasserleitung gefüllte Kessel wird durch Öffnen der Entlüftungsschrauben in den Domdeckeln einwandfrei entlüftet. Die Wasserstandshähne sind in Abschlußstellung zu legen. Der Kesseldruckmesser wird ebenfalls angeschlossen, damit er mit dem Prüfdruckmesser verglichen werden kann. Die Rauchkammertür muß dichtschließend sein.
Der Kessel wird unter ständiger Beobachtung der Prüfdruck- und Kesseldruckmesser unter Druck gesetzt. Es ist zweckmäßig, daß Undichtheiten bei Betriebswasserleitungsdruck beseitigt werden. Hiernach wird unter Aufsicht eines Werkingenieurs, der möglichst Kesselprüferbefugnis hat, der Kessel kurzzeitig mit Prüfdruck vorgeprüft, und alle Undichtheiten werden angezeichnet. Nachdem die Undichtigkeiten beseitigt sind, ist der Kessel frei von Kreide, Öl und Spritzwasser dem Kesselprüfer zur Abnahme des Wasserdruckversuchs zu übergeben. Am Ende des Druckversuches sind die Wasserstandseinrichtungen auf freien Durchgang zu prüfen. Bei den sichtbaren Wasserständen ist das Ansprechen der Selbstschlußeinrichtung ebenfalls zu prüfen.
Die Bestimmungen, die der Kesselprüfer bei der Abnahme eines Wasserdruckversuches zu beachten hat, sollen hier nicht behandelt werden.
Nach der Abnahme des Wasserdruckversuches wird das Kesselwasser abgelassen und die Kesselsicherheitsventile, die Rostanlage und die Feuertür werden angebaut. Die vom Kesselprüfer angezeichneten Undichtheiten sind zu beseitigen. Hiernach wird der Kessel einer Dampfprüfung unterzogen.

### 6.515 **Stand für die Dampfprüfung**

Der Kessel wird mit einem Kesseltransportwagen, der den Raum unter dem Stehkessel freiläßt, auf den Heizstand gefahren. Der Kessel erhält einen Teerfarbenanstrich und wird mit Wasser gefüllt.
Es werden Roststäbe eingelegt und der Behelfsschornstein aufgesetzt. Das Heizen des Kessels erfolgt von einem für diesen Zweck gebauten Kohlewagen aus bis kurz vor den Betriebsdruck. Das Feuer ist so zu führen, daß die Kesselsicherheitsventile nicht zum Abblasen kommen. In diesem Zustand ist die Dampfprüfung vom Abteilungsleiter der Kesselschmiede oder von einem von ihm beauftragten Werkingenieur abzunehmen. Dabei werden alle Verbindungsstellen und sonstigen Bauteile auf Dichtheit besichtigt. Es ist verboten, an unter Druck stehenden Gefäßen Stemm- oder andere Dicht-

Bild 122: Eingekleideter Kessel auf Transportwagen

arbeiten auszuführen. Alle Undichtheiten werden mit Ölkreide gekennzeichnet. Anschließend wird der Regler mehrmals kurzzeitig geöffnet, um Reglerrohr und Dampfsammelkasten auszublasen. Hiernach werden die Wasserstandsanzeige-Vorrichtungen einschließlich der Selbstschlußvorrichtungen geprüft. Nach dieser Prüfung wird der Dampfdruck langsam gesenkt. Bei 1 . . . 2 kp/cm² Überdruck wird der Kessel zur gründlichen Nachreinigung durch die Ablaßvorrichtungen ausgeblasen und entleert.
Obwohl über diese Prüfung keine Niederschrift anzufertigen ist, empfiehlt es sich, daß eine Aufstellung der notwendigen Nacharbeiten ausgefertigt wird. Die Nacharbeiten werden auf einem Stand in der Kesselschmiede ausgeführt.

### 6.516 **Kessel-Einkleidestand**

Auf dem Kessel-Einkleidestand wird die Kesselbekleidung befestigt und der Überhitzersatz eingebaut. Höhenverstellbare Arbeitsbühnen erleichtern diese Arbeiten. Die Befestigungslöcher in der Kesselbekleidung werden mit elektrischen Handbohrmaschinen gebohrt, die Gewinde mit elektrischen Gewindeschneidern geschnitten und die Schrauben mit Elektroschraubern eingedreht und festgezogen. Die Sandkästen werden aufgesetzt und die Lukenverkleidungen angepaßt und befestigt.
Der so fertiggestellte Lokomotivkessel wird in die Lokomotiv-Richthalle transportiert oder abgestellt (siehe Bild 122).

## 6.6 Arbeitsablauf in den Werkstätten für Kesselteile

Die Werkstätten für die Kesselteile liegen in unmittelbarer Nähe der Kesselschmiede, damit die Förderwege so kurz wie möglich sind.

### 6.601 **Werkstatt für Heiz- und Rauchrohre**

Vor der Rohrwerkstatt befinden sich unter einem Kranfeld die Rohrreinigungstrommel (siehe Bild 123) und der Abstellplatz für die Heiz- und Rauchrohrsätze. Für das satzweise Abstellen haben sich U-förmige Bügel bewährt. Rohre bis 143 mm Außendurchmesser dürfen in Rohrreinigungstrommeln gereinigt werden, und für Rohre mit einem Außendurchmesser von 171 mm ist eine Einzelrohrreinigungsvorrichtung erforderlich.
In der Rohrwerkstatt kann der Arbeitsfluß der Heiz- und Rauchrohre hintereinander oder parallel liegen. Im ersteren Falle beginnt der Arbeitsfluß jeweils an den Werkstattenden, und die geprüften Rohre treffen sich in Werkstattmitte. Die Rohrbearbeitungsmaschinen und Glühöfen sind in der Reihenfolge des technologischen Arbeitsablaufs rechts und links der schwach geneigten Rohrtransportbahn aufgestellt. Die Rohre rollen unter Ausnutzung der Schwerkraft von Arbeitsplatz zu Arbeitsplatz.
Die Arbeitsfolge ist bei den Heiz- und Rauchrohren im Prinzip gleich.
Zuerst werden die Rohre abgelegt und dann einzeln auf Wiederverwendung geprüft. Rohre mit größeren Abzehrungen, tiefen Rostnarben oder Deformierungen werden zum Vorschuhen angezeichnet oder ausgemustert. Verbogene Heizrohre dürfen gerichtet werden. Hierzu eignet sich ein Bock mit zwei Profilrollen (siehe Bild 124). Die Rohre rollen zur Rohrabschneidemaschine. Rohrabschneidemaschinen mit rotierenden Messerscheiben trennen zwar schnell; sie haben jedoch den Nachteil der Gratbildung im Rohr und verursachen viel Lärm. Der Grat muß auf einer besonderen Maschine herausgefräst werden. Hierbei wird die Schnittstelle kalibriert. In neuerer Zeit

Bild 123:
Rohrreinigungstrommel

wurden Rohrabschneidemaschinen entwickelt, bei denen das Rohr feststeht und die Schneidwerkzeuge umlaufen. Von dieser Maschine rollen die Rohre zum Rohrschweißstand. Die Heizrohre werden entweder stumpf oder autogen von Hand geschweißt. Die Rohre werden beim Schweißen durch eine elektrisch angetriebene Rollvorrichtung gedreht. Ein Fußschalter gestattet die Anpassung der Drehgeschwindigkeit an die Schweißgeschwindigkeit.
Nachdem die Rohre auf Länge zugeschnitten sind, rollen sie mit dem feuerbüchsseitigen Ende durch einen Glühofen zum Rohreinenghammer, von da durch einen zweiten Glühofen zur Rohreinengmaschine (siehe Bild 125). Der Arbeitsgang am Rohreinenghammer kann übersprungen werden, wenn die Unterschiede zwischen Rohrdurchmesser und Einengdurchmesser dies zu-

Bild 124: Vorrichtung zum Richten von Heizrohren

Bild 125: Rauchrohr-Einengmaschine

lassen. Die Rohreinengmaschinen arbeiten halbautomatisch. Das rotglühende Rohrende wird eingelegt und die Maschine durch Fußhebelschaltung eingerückt. Eine Feder bewirkt, daß der volle Preßdruck der Einengrollen erst dann wirksam wird, wenn das Rohr mit den Rollen auf dem Umfang synchron läuft. Nachdem die Einengung maßhaltig hergestellt ist, gibt die Maschine das Rohr frei. Das Einengende wird nun in einem Glühofen geglüht. Danach rollt das Rohr mit seinem rauchkammerseitigen Ende durch den nächsten Glühofen und wird dort zum Aufweiten erwärmt. Zum Aufweiten wird eine Aufweitmaschine verwendet, bei der der Aufweit- und Schlicht-

Bild 126: Rauchrohr-Aufweitmaschine

vorgang in einem Schlittenhub erfolgt (siehe Bild 126). Dazu werden Aufweitdorne und Schlichtringe für verschiedene Abmessungen verwendet. Die aufgeweiteten Rohrenden müssen ebenfalls geglüht werden.
Die Eineng- und Aufweitenden sind nach dem Abkühlen metallisch blank zu schmirgeln oder zu strahlen.
Zum Schluß werden alle Rohre auf Dichtheit geprüft. Obwohl die Rohre im Kessel von außen unter Druck stehen, sind Prüfstände für die Prüfung mit Innendruck einfacher in der Bedienung und im Aufbau. Die geprüften und nicht beanstandeten Rohre werden abgelegt und satzweise zusammengestellt.

### 6.602 Werkstatt für Dampfsammelkästen

Diese Werkstatt kann mit der Werkstatt für Kesselverschlüsse zusammengelegt werden.
Die ausgebauten Dampfsammelkästen werden in der Strahlanlage mit Stahlkies gereinigt. In der Fertigungswerkstatt werden sie zunächst einer Wasserdruckprüfung unterzogen, um Undichtheiten festzustellen. Undichtheiten werden durch Schweißen oder Stemmen beseitigt. Die Dichtflächen für die Regler- und Einströmrohre werden auf einem Horizontal-Bohrwerk nachgearbeitet. Die Kegeldichtflächen für die Überhitzereinheiten werden entweder mit einer Fräsvorrichtung und Bohrmaschinenantrieb oder auf dem Bohrwerk nachgefräst. Hierbei müssen der Abstand und die Tiefe der zusammengehörenden Sitze eingehalten werden.
Nachdem der Dampfsammelkasten fertig aufgearbeitet ist, erfolgt eine Wasserdruckprüfung mit dem Prüfdruck des zugehörigen Kessels, wobei die Naßdampfkammer und die Heißdampfkammer getrennt zu prüfen sind.

### 6.603 Werkstatt für Überhitzereinheiten

Diese Werkstatt ist in der Regel mit der Werkstatt für Heiz- und Rauchrohre zusammengelegt. Vor der Werkstatt muß ein ausreichender Stapelplatz mit Laufkran für aufzuarbeitende und aufgearbeitete Überhitzersätze vorhanden sein.

Die Überhitzereinheiten sind in der Strahlanlage mit Stahlkies zu reinigen. Die Werkstatt für Überhitzereinheiten ist nach den Grundsätzen der fließenden Fertigung einzurichten. Die Reihenfolge der Arbeitsgänge ist wie folgt:

1. Auf dem Untersuchungsstand werden die Überhitzereinheiten auf Abzehrungen, Verbiegungen und Beschaffenheit der Dichtflächen und Undichtheiten untersucht. Die auszuführenden Arbeiten sind mit Ölkreide zu kennzeichnen.

2. Auf dem Abbrenn- und Schweißstand werden die abgezehrten und undichten Rohrstücke und Umkehrenden autogen herausgeschnitten. Das Brennschneiden erfordert vom Schweißer große Geschicklichkeit, da die Rohre oft mit Salzen oder Kesselstein zugesetzt sind. Es sind in der Länge gestufte Umkehrenden zu verwenden, da dadurch die Arbeitsproduktivität gegenüber den Anschweißenden mit nur einer Länge nahezu verdoppelt werden kann. Die Umkehrenden sind vor dem Anschweißen zu aluminieren, um den Abbrand zu verringern.

3. Nach Beendigung der Schweißarbeiten werden die Rohre gerichtet und, falls erforderlich, neue Überhitzerflansche aufgesteckt und die Rohre darin maschinell eingewalzt. Es folgt die Wasserdruckprüfung.

4. Auf dem Prüfstand werden die Überhitzereinheiten gespült, mit Wasser (1,3 p) geprüft und mit Dampf oder Preßluft ausgeblasen. Beim Prüfen ist das Rohrbündel mit einem kleinen Handhammer abzuklopfen.

5. Nach dem Prüfen erhalten die Überhitzereinheiten Abstandshalter und werden dazu in eine Spannvorrichtung eingespannt.

6. Die Dichtflächen für die Doppelkegel werden auf einer Sonderfräsmaschine mit zwei Frässpindeln spansparend nachgefräst.

7. Zum Schluß werden die Überhitzereinheiten so gerichtet, daß sie beim Einbau in den Kessel die richtige Lage haben. Jeweils eine Einheitenreihe wird gleichzeitig so an einen Aufspannkopf geschraubt, wie sie später an den Dampfsammelkasten angeschlossen wird. Hierbei ist zu prüfen:
   a) die Lage des Flansches parallel zum Dampfsammelkasten,
   b) die Höhe des Abstandes zum Dampfsammelkasten unter Berücksichtigung der Länge der Doppelkegel und
   c) die Abstände der einzelnen Rohrbogen, um Reibestellen zu vermeiden.

8. Nach dem Richten sind die zusammengehörigen Einheiten zu kennzeichnen.

9. Überhitzereinheiten werden jeweils satzweise in Tragbügel gelegt und zum Kessel transportiert oder abgelegt.

### 6.604 **Werkstatt für Kesselverschlüsse**

In dieser Werkstatt werden folgende Teile aufgearbeitet:

1. Domhauben,
2. Domdeckel mit und ohne Druckring für Dampf- und Speisedome,
3. Deckel und Pilze für Waschluken und
4. Deckel für Schlammsammler.

6.604.1 *Domhauben*

Domösen oder -haken sind zu untersuchen und eventuell zu ersetzen. Die Entlüftungsschraube wird gangbar gemacht und lose eingedreht.
An Domhauben, bei denen die Dicke des Domringes das Werkgrenzmaß nicht unterschritten hat, werden die Dichtflächen mit einer Domschleifmaschine nachgeschliffen (siehe Bild 127). Dampfstraßen oder andere Abzehrungen werden durch eingesetzte Kupferstifte vor dem Schleifen beseitigt. Ist das Werkgrenzmaß für den Dichtflächenüberstand (1,0 mm für alle Baureihen) unterschritten, muß der Domring nachgedreht werden. Diese Arbeit wird mit derselben Maschine ausgeführt.
An Domhauben, bei denen das Werkgrenzmaß für die Domringdicke und den Dichtflächenüberstand erreicht ist, kann die Dichtfläche aufgeschweißt werden. Nach dem Schweißen ist die Dichtfläche zu drehen und zu schleifen.

6.604.2 *Domdeckel mit und ohne Druckring*

Domdeckel werden entweder mit der Domschleifmaschine oder auf einer Drehmaschine gedreht und geschliffen. Die Druckringe sind nach Bedarf zu richten.

6.604.3 *Deckel und Pilze für Waschluken*

Die Deckel für Waschluken werden gereinigt und die Dichtflächen nachgedreht. Sind die Deckel verbogen, werden sie in der Schmiede warm gerichtet.

Bild 127: Dom-Dreh- und -Schleifmaschine

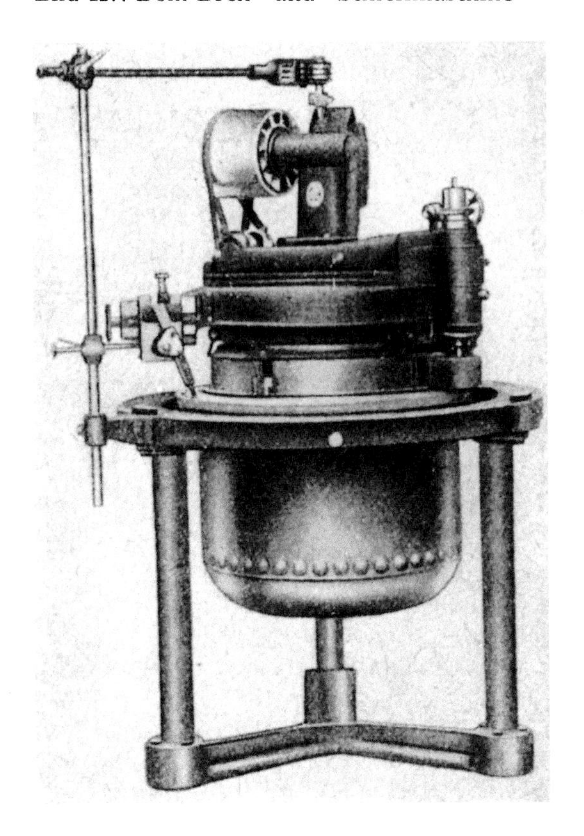

Die Pilze für Waschluken werden nach dem Reinigen auf Abzehrung und Anbrüche untersucht. Der Schaft darf $^1/_4$ des Durchmessers abgezehrt sein. Das Gewinde wird nachgeschnitten und die Dichtflächen mit hartmetallbestücktem Schaber von anhaftendem Dichtungsmaterial befreit. Beschädigte Dichtflächen werden auf einer Sonderdrehmaschine nachgedreht.
Der Lukensteg ist auf Anrisse zu untersuchen. Stark verbogene Lukenstege sind in der Schmiede warm zu richten.

6.604.4 *Deckel für Schlammsammler*

Die Deckel für Schlammsammler werden wie die Deckel für Waschluken behandelt. Es sind hier zusätzlich die Dichtflächen für die Abschlammvorrichtung aufzuarbeiten und die Stiftschrauben nachzuschneiden oder zu ersetzen und zu stemmen.

### 6.605 Werkstatt für Feuertüren

Neben den Feuertüren werden auch die Feuertürgrundplatten und die Feuerlochschoner aufgearbeitet. Wenn auch die Feuertüren möglichst wieder an den alten Kessel angebaut werden, so sind sie doch tauschfähig. Drehtüren werden hier ebenfalls aufgearbeitet.
Verzogene Feuertürgrundplatten sind zu richten. Die Stiftschrauben zum Befestigen der Feuertür sind nachzuschneiden oder zu ersetzen. Die Feuerlochschoner sind auf Wiederverwendungsfähigkeit zu prüfen. Bei Hauptuntersuchungen sind neue Feuerlochschoner einzubauen. Die Aufarbeitung beschränkt sich auf einfache Schweißarbeiten, wie abgebrochene Ecken anschweißen usw.
Die Feuertüren sind bei der Untersuchung (L3 und L4) auf einem Wendebock zu zerlegen und aufzuarbeiten (siehe Bild 128). Bei Zwischenausbesserungen werden sie nur bei Vermerk auf der Vormeldung aufgearbeitet.
Die Feuertürwelle ist an ihren Lagerstellen und Vierkanten maßhaltig aufzuarbeiten. Die Lagerstellen sind ggf. nachzuhärten. Die Türplatte und das Schonerblech sind zu richten, vorzuschuhen oder zu ersetzen. Die Türplatte ist in das Geschränk so einzupassen, daß sie dicht schließt und im warmen Zustand nicht klemmt. Die Federn sind auf notwendige Spannkraft zu prüfen. Die Feuertürgriffe mit den Gewichten sind auf die Welle aufzupassen. Risse und Brüche im Geschränk sind zu schweißen. Die Drosselklappen sind auszubauen, zu richten oder zu ersetzen. Die Schmiergefäße sind zu reinigen und auf freien Öldurchgang zu prüfen. Die eingelagerte Feuertürwelle muß mit einem Handgriff leicht geöffnet und geschlossen werden können.
Die Arbeitsprüfung erstreckt sich außer auf die Arbeitsausführung auch auf das selbsttätige Schließen der geöffneten Tür bei Überdruck in der Feuerbüchse, wobei der Überdruck durch leichtes Andrücken mit der Hand nachgeahmt wird (Schutz des Lokomotivpersonals vor Verbrühung bei Rohrreißen).

### 6.606 Werkstatt für Armaturen

Die Armaturenwerkstatt ist in einem abgeschlossenen Raum untergebracht. Hier werden sämtliche Armaturen aufgearbeitet außer denen, die Zentralwerkstätten zuzuführen sind. Da die Armaturen größtenteils tauschfähig sind, wird der Arbeitsvorrat für die Werkstatt vom Tauschlager zugeliefert. Einzelne Sonderarmaturen werden für das Fahrzeug direkt aufgearbeitet.

Bild 128: Wende- und Arbeitsbock für Feuertüren

Die Aufarbeitung ist nach den Grundsätzen der fließenden Fertigung zu spezialisieren. Neben normalen Drehmaschinen wird eine große Zahl von Vorrichtungen, Hilfsvorrichtungen und Prüfeinrichtungen benötigt.
Die einzelnen Fertigungsgruppen oder Fließbänder sind so einzurichten, daß sie für Serien kleiner Losgrößen umstellbar sind. Die Arbeitsgänge sind weitestgehend zu mechanisieren. Ventile und Hähne sind grundsätzlich zu trennen. Die Serien werden jeweils innerhalb einer Armaturenbauart gebildet. Es sind getrennt aufzuarbeiten:

1. Hähne
   Wasserstandshähne,
   Durchgangshähne, auch Wasserstandsprüf- und Druckmesserhähne,
   Dampfheizungsendhähne,
   Dreiwegehähne für Dampfheizung und Bläser.

2. Ventile
   Durchgangsventile (Haupt-, Einzel- und Gruppenventile),
   Kesselsicherheitsventile,
   Sicherheitsventile für Dampfheizung,
   Entwässerungsventile,
   Ventilregler,
   Druckausgleichventile,
   Luftsaugeventile,
   Abschlammvorrichtungen,
   Sonderventile,

3. Armaturen, die in zentralen Fertigungswerkstätten aufgearbeitet werden
   Druckmesser, Fernthermometer (Pyrometer einschließlich Leitung),

Geschwindigkeitsmesser,
Bremsarmaturen,
Schmierpressen,
Ölsperren.

Reihenfolge des technologischen Arbeitsablaufes:

### 6.606.1 *Zerlegestand*

Die in der Metallwaschmaschine vorgereinigten Armaturen werden auf dem Zerlegestand auseinandergebaut und die zusammengehörigen Armaturteile in Förderkästen gelegt. Zum Zerlegen sind Aufspannvorrichtungen mit Schnellspanneinrichtungen vorzusehen, und für das Lösen der Schrauben und Muttern sind Schlagschrauber an Federzügen über dem Arbeitsplatz aufzuhängen. Die Kästen rollen auf einer Rollbahn zum Nachreinigungsstand.

### 6.606.2 *Nachreinigungsstand*

Die Armaturteile werden in Werkstätten mit kleiner Leistung von Hand nachgereinigt. Maschinell angetriebene Rotationsbürsten erleichtern die Handreinigung. Für Werkstätten mit großer Leistung ist eine Metallwaschmaschine für Kleinteile vorteilhaft. Ultraschallwaschanlagen finden für komplizierte Kleinteile in zunehmendem Maße Eingang, da sie vollautomatisch und sehr sauber arbeiten. Bei vollautomatischer Nachreinigung ist der Arbeitsablauf wie folgt:
Längs der Zerlegestände läuft ein Förderband, das die mit Armaturteilen gefüllten Transportkörbe nach Auslösung der Rutschensperre aufnimmt. Die Transportkörbe gelangen vor die Ultraschallwaschanlage, wo ein mit Photozelle gesteuerter Schieber den Transportkorb vom Förderband schiebt. Die Armaturteile werden in der Waschanlage im Laugenbad eingeweicht und die Schmutzteile im Wirkbereich der Ultraschallköpfe gelöst und ausgeschwemmt. Es folgen Abspritzen mit heißem Klarwasser und Trocknen in einer Heißluftdusche. Damit ist die Reinigung in der Ultraschallwaschanlage beendet. Die Körbe laufen über ein selbststeuerndes Verteilerband zu den Untersuchungsständen.

### 6.606.3 *Untersuchungsstand*

Auf den Untersuchungsständen werden die Armaturteile untersucht, die auszuführenden Arbeiten angezeichnet und serienweise in Transportkörbe eingeordnet, wo sie bis zum Zusammenbau verbleiben.

### 6.606.4 *Einzelteilbearbeitung*

Für die Bearbeitung der Armaturteile sind Dreh-, Schleif-, Fräs-, Ventileinschleif- und sonstige Maschinen aufgestellt. Es werden Ventilspindeln nachgedreht, Gewinde nachgestrählt, Hahnküken und Ventilsitze nachgedreht usw. Die in großen Stückzahlen anfallenden kleinen Durchgangshähne werden in Hahnküken-Einschleifautomaten eingeschliffen (siehe Bild 129). Sämtliche Teile werden arbeitsgeprüft.

### 6.606.5 *Zusammenbaustände*

Die zusammengehörenden Armaturteile werden auf diesen Ständen mit Hilfsvorrichtungen zusammengebaut.

Bild 129: Hahnküken-Einschleifautomat

6.606.6 *Armaturen-Prüfstände*

Sämtliche Armaturen werden in der Werkstatt entweder mit Wasserdruck oder Preßluft geprüft, wobei sie zum leichteren Erkennen der Undichtheiten in ein Wasserbad getaucht oder abgeseift werden.
Die Armaturen werden ins Tauschlager transportiert und abgelegt.
Darüber hinaus werden die Kesselsicherheitsventile mit Dampf geprüft und eingestellt.

6.607 **Werkstatt für Kesselbekleidung und Sandkästen**

Vor der Werkstatt ist ein überdachter Abstellplatz für den Arbeitsvorrat mit möglichst kurzem Transportweg in die Werkstatt einzurichten.
Die Werkstatt ist neben dem üblichen Klempnerwerkzeug und den Handmaschinen mit einer elektrisch betriebenen Tafelschere (bis 3 mm Blechdicke und 2 m Schnittlänge), einer Abkantmaschine (bis 3 mm Blechdicke und 2 m Arbeitslänge), einer Blechschere für Blechdicke bis 10 mm und einer Blech-Richt- und -Rund-Maschine für Blechdicken bis 3 mm ausgerüstet. Zur Mechanisierung handwerklicher Arbeiten sind elektrische und Preßluft-Blechscheren (siehe Bild 130) und Knabber, Handbohrmaschinen, Gewindeschneider, Schrauber, Preßluft-Nietvorrichtungen und Punktschweißmaschinen eingesetzt. Diese Handmaschinen sind je nach Möglichkeit an Federzügen oder am Haken eines Rollwagens angehängt, die auf Tragseilen über den Arbeitsplätzen bewegt werden. Die Energiezuführung erfolgt von oben. Zum Bördeln und Schweifen eignen sich Vorrichtungen mit eingebautem kleinen Preßluft-Stemmhammer (siehe Bild 131). Blechteile, wie Lukenverkleidungen, Kragenbleche, Deckbleche usw., sind unter hydraulischen Pressen zu drücken, anstatt handwerklich zu fertigen. Die gereinigten Bekleidungsbleche werden zur Arbeitsaufnahme aufgelegt und Vorschuhe, Flicken und sonstige Arbeiten angezeichnet.
Nach dem Schweißen sind die Bleche zu richten und die Verstärkungen anzubringen.

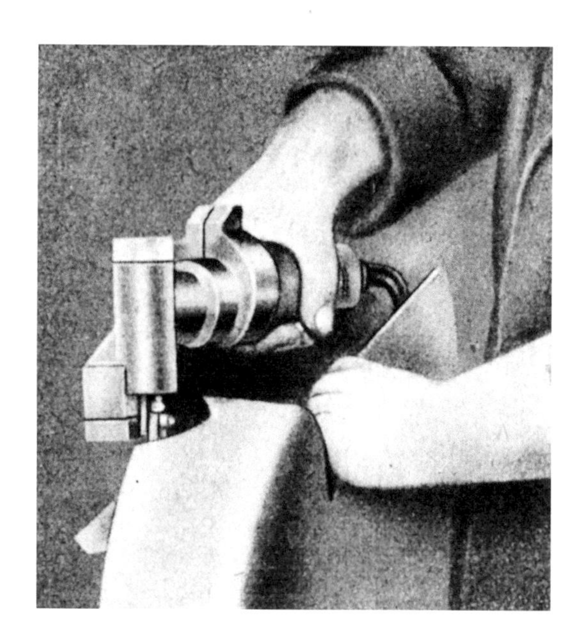

Bild 130: Preßluft-Handschere [Werkfoto: VEB Niles]

Die Sandkästen werden in gleicher Weise aufgearbeitet und die Deckel spritzwasserdicht angepaßt. Die Bekleidungsbleche sind nach der Aufarbeitung zu entrosten und mit einem Grundanstrich zu versehen.
Die fertig aufgearbeiteten Kesselbekleidungen werden am Kessel-Einkleidestand abgestellt, der unmittelbar neben dieser Werkstatt einzurichten ist, um Förderarbeiten einzusparen.

### 6.608 **Werkstatt für Aschkästen**

Die Werkstatt für Aschkästen soll möglichst nahe am Abstellplatz für ausgebaute Lokomotivteile eingerichtet werden, um kurze Förderwege zu erhalten. Es werden hier sämtliche abgebauten Aschkästen und Teile von nicht abgebauten Aschkästen aufgearbeitet.
Genietete Aschkästen werden mit dem Preßlufthammer und geschweißte mit dem Schneidbrenner zerlegt. Die Aschkasten-Seitenteile und -Klappen werden in der Schmiede warm gerichtet. Nach dem Richten sind Flicken und Vorschuhe einzuschweißen. Die Beschläge, wie Bänder, Wellen, Riegel, Züge usw., werden in der Zwischenzeit aufgearbeitet. Die Dreharbeiten werden in der Dreherei ausgeführt. Ausgeschlagene Bolzenlöcher werden gestaucht oder ausgebuchst.
Die nach Zeichnung aufgearbeiteten oder neuen Aschkastenteile werden zusammengesetzt, wobei das Oberteil auf einen alten Bodenring aufgesetzt und die Unterteile auf das Oberteil aufgepaßt und befestigt werden. Danach werden die Boden- und Luftklappen angebaut und angepaßt.
Der Aschkasten wird jetzt in seine Normallage gedreht, die Zügel werden angebaut und die Ausschnitte für Rostbalkenträger, Kipprostwelle usw. vom Kessel, an den der Aschkasten angebaut wird, übertragen und autogen ausgeschnitten sowie die Löcher für die Tragstifte gebohrt.
Die aufgearbeiteten Aschkästen sind arbeitszuprüfen.
In der Aschkastenwerkstatt werden große Richtplatten, eine Säulenbohrmaschine, Blechbearbeitungsmaschinen für Blechdicken bis 8 mm und

Bild 131:
Bördel- und Schweifvorrichtung

Schweißkabinen benötigt. Bei Schweißarbeiten außerhalb der Schweißkabine sind Schutzblenden zu verwenden.

### 6.609 Werkstatt für Reglereinrichtung

Regler und Dampfsammelkasten werden nicht in dieser Werkstatt aufgearbeitet. Das Reglerrohr wird bei der Hauptuntersuchung stets ausgebaut. Reglerrohre, die noch zylindrische Form haben und deren Wanddicke mindestens 75 % ihrer ursprünglichen Maße beträgt, sind wieder verwendbar. Lose Reglerrohrlinsen sind nachzuwalzen. Das Reglerrohr wird von außen mit Kesselprüfdruck geprüft. Die Dichtflächen der Reglerrohrlinsen werden spansparend nachgedreht. Die Reglerrohrlinsen neuer Reglerrohre werden eingewalzt und gesichert.

Reglerknierohre sind zu ersetzen, wenn die Wanddicke mehr als $^1/_3$ abgezehrt ist. Dichtflächen für Reglerrohrlinsen dürfen aufgeschweißt werden. Die Dichtflächen für Regler und Reglerrohr sind spansparend nachzudrehen.

Die Führungsbuchse für die Reglerwelle ist bei der Hauptuntersuchung stets zu ersetzen; im übrigen nur nach Befund. Das Knierohr ist ebenfalls einer Wasserdruckprüfung zu unterziehen.

Die Reglerwelle ist auf Länge zu prüfen. Verbogene Wellen sind zu richten. Ist der vordere Lagerzapfen bis auf Werkgrenzmaß ($^9/_{10}$ des Herstellungsmaßes) abgenutzt, ist ein Anschweißende auf der elektrischen Widerstands-Schweißmaschine anzuschweißen. Die Hebel auf der Reglerwelle für die Betätigung des Reglers müssen die zeichnungsmäßigen Stellungen haben. Andernfalls ist die Welle anzuwärmen und die vorgeschriebene Winkelstellung wieder herzustellen. Die Hebel auf der Reglerwelle sind in den Wellen- und Bolzenbohrungen aufzuarbeiten. Das hintere Reglerwellenende ist am Bund und am Schaft zu glätten. Ist das Werkgrenzmaß an der Lagerstelle unterschritten, so ist mit Ms63 aufzuspritzen (siehe Bild 132). Der Hebel des Hebelwerkes muß einwandfrei auf die Welle aufgepaßt sein.

| Deutsche Reichsbahn Entwicklungsstelle für Technologie und Organisation der RAW | **Metallspritzen**<br>Arbeitsanweisung für das Aufspritzen von Reglerwellenenden | Blatt Nr. 1002<br>Zeichn. Nr. Fld 3.49 |
|---|---|---|

| Gerät: | Haftgrundvorbereitg. | Brenngas: | Zusatzwerkstoff: | Grundwerkstoff: |
|---|---|---|---|---|
| Spritzpistole (M 53) | Gewinde reißen 0,75 mm, Stg., 0,5 mm tief | Azetylen | Ms 63 2,0 mm ∅ | Mst Zu St 34.12 |

Einsparung gegenüber Auflöten:

| | Auflöten | Aufspritzen |
|---|---|---|
| Lohnkosten | 3,60 DM | 2,00 DM |
| Buntmetallverbrauch | 3,000 kg * | 0,750 kg |

* Größere Verspanung als beim Spritzen

Spritzschicht
36 φ
Werkgrenzmaß
Haftgrund Gewinde reißen
Spritzschicht

| Arbeits-stufen-Nr. | Arbeitsstufe | Betriebsmittel | Spritzwerte |
|---|---|---|---|
| 1 | Vordrehen | | Aufgetragene Schichtdicke<br>maximal: 3,5 mm<br>minimal: 1,0 mm |
| 2 | Haftgrund Gewinde reißen | Drehmaschine | |
| 3 | Metallspritzen | Spritzpistole | Azetylendruck: 0,5 atü |
| 4 | Fertigdrehen | Drehmaschine | Sauerstoffdruck: 4,0 atü |
| | | | Druckluft: 4,0 atü |
| | | | Spritzabstand: 1,50 mm |
| | | | Drehzahl n = 170 U/min |
| | | | Vorschub s = 1,3 mm/U |
| | | | Fertigarbeiten: Drehen G 1 |
| | | | Schleifscheibe: – |

| Aufgestellt: Entwicklungsstelle für Technologie und Organisation der RAW Zwickau<br>I. A. gez. Schwerdtner, Tag 8. 1. 59 | Geprüft: Arbeitsgemeinschaft „Schweißtechnik"<br>Arbeitsgruppe „Metallspritzen"<br>gez. i. A. Mille Tag: 20. 2. 59 | Genehmigt:<br>HV RAW<br>gez. Nied | TÜ / TÜ 1<br>Rundstempel<br>gez. Kohl 2. 2. 59 |
|---|---|---|---|

Bild 132: Arbeitsanweisung für das Aufspritzen von Reglerwellenenden

Bild 133:
Ringtische für Rauchkammertüren

Die Reglergrundbuchse ist so aufzuarbeiten, daß die Dichtfläche auf dem Untersatz gut dichtet. Die Stiftschrauben sind nachzuschneiden oder zu ersetzen.
Das Reglerhebelwerk und der Reglerbock sind je nach Befund auszubuchsen und zu richten. Bei Lokomotiven mit einfachem Reglerhebel ist sinngemäß zu verfahren.

### 6.610 **Werkstatt für Rauchkammertüren**

Die Rauchkammertüren werden beim Bearbeiten auf Böcke oder Ringtische gelegt (siehe Bild 133). Es werden die abgebauten Rauchkammertüren aller Schadgruppen aufgearbeitet.
Die Türen der Kessel, die Hauptuntersuchung erhalten, sind voll aufzuarbeiten, während für die Lokomotiven der Schadgruppen L3 und L2 die Rauchkammertüren nach Befund oder nach Vormeldung aufzuarbeiten sind. Der Arbeitsaufnehmer bestimmt, welche Teile zu ersetzen, vorzuschuhen oder zu belassen sind. Für Türen der Kessel mit Hauptuntersuchung ist folgender Arbeitsablauf einzuhalten:

1. Rauchkammertür zerlegen,
2. Bordring teilweise oder vollständig ersetzen,
3. äußeres Türblech richten oder als Preßteil ersetzen,
4. inneres Türblech warm richten und danach aufarbeiten,
5. Verstärkungsring warm richten,
6. Dichtfläche der Rauchkammertür mit Spezial-Fräsvorrichtung (siehe Bild 134) oder auf Karussell- oder Kopfdrehmaschine planen,
7. Hülse für Zentralverschluß und Türbänder annieten,

Bild 134: Fräsvorrichtung für Rauchkammertür-Dichtflächen

8. Tür zusammenbauen,
9. Schonerblech ersetzen und anpassen,
10. Tür wenden,
11. Handgriffe, Keilflächen, Auflageringe, Nummernschildträger und Laternenstütze anschweißen,
12. Spindel mit Handrad für Zentralverschluß einbauen,
13. Tür auf Ringtisch legen sowie auf Werkgrenz-Kreis- und Planabweichung prüfen und richten und
14. Schonerblech anbauen.

### 6.611 **Kümpelschmiede**

In der Kümpelschmiede werden Kümpelflicken angefertigt. Kesselteile, wie Rückwände, Rohrwände, Stehkesselvorderwände und Feuerbüchsen, liefert die volkseigene Industrie.
Die Ausrüstung der Kümpelschmiede besteht aus einem offenen Schmiedefeuer oder Glühofen, Kümpelpresse mit Preßgesenken, Richtplatte und großen Holzhämmern, Schraubzwingen und anderen Schmiedewerkzeugen. Autogene Schneid- und Anwärmbrenner vervollständigen die Ausrüstung.

### 6.612 **Dreherei der Kesselschmiede**

Die Dreherei für Kesselkleinteile ist in einem von der Kesselschmiede getrennten Raum untergebracht. Durch die Einrichtung einer Dreherei in der Nähe der Kesselschmiede wird Transportweg gespart. Es werden dort Teile bearbeitet, wie Stehbolzen aller Art, Bügel- und Queranker, Untersätze, Lukenpilze und Lukendeckel und andere Kesselkleinteile.

## 6.7 Endprüfung

Die werkstattfertige und mit Wasser und Kohle versehene Lokomotive wird auf dem Prüfgleis kuppelbereit zur Endprüfung aufgestellt. Der Arbeitsprüfmeister für die Endprüfung untersucht Lokomotive und Tender, wobei er von Arbeitsprüfern unterstützt wird. Über die Mängel werden Beanstandungsmeldungen ausgeschrieben und den Meistern zugeleitet. Nachdem die Mängel beseitigt sind, wird die Lokomotive mit dem Tender gekuppelt und im Anheizgebäude angeheizt.

Vor dem Anheizen der Lokomotive ist zu prüfen:

1. Wasserstand von Kessel und Tender,
2. Dichtheit der Rohre, Stehbolzen und Schmelzpfropfen in der Feuerbüchse,
3. Reglerstellung „zu“,
4. Steuerung „Mitte“ und
5. Handbremse „angezogen“.

Der Beginn der Dampfentwicklung im Kessel wird mit der Dampfpfeife festgestellt. Von diesem Zeitpunkt an muß die Lokomotive durch einen für diesen Zweck ausgebildeten Arbeitsprüfer überwacht werden. Undichtheiten sind durch Nachziehen oder Nachdichten sofort zu beseitigen. Wird die Verbindung dabei nicht dicht, ist zu entscheiden, ob weiterzuheizen oder das Feuer zu löschen ist. Am unter Druck stehenden Kessel darf keine Stemm- oder andere Dichtarbeit ausgeführt werden.

Bei einem Kesseldruck von etwa 10 $kp/cm^2$ Überdruck sind die Speiseeinrichtungen und danach die übrigen Einrichtungen, wie Luftpumpe, Heizung, Lichtmaschine, Bläser usw., zu prüfen. Der Regler darf nicht betätigt werden. Die Kolbenschieber werden, sofern es nicht bereits geschehen ist, ausgebaut und dafür Abdeckhülsen in die Schieberbüchsen so eingesetzt, daß die Überströmkanäle zum Zylinder abgedeckt werden.

Die Lokomotive wird ins Freie gezogen, und durch einen reglerberechtigten Arbeitsprüfmeister werden die Überhitzer, Einströmrohre und Zylinder mit Dampf ausgeblasen. Es ist so lange zu blasen, bis reinweißer Dampf aus den Schieberbüchsen strömt und aus den Flanschen für die Zylinder-Entwässerungsventile sauberes Kondensat abfließt. Beim Ausblasen sind der Wasserstand und der Kesseldruck sorgfältig zu beobachten. Während des Ausblasens ist der gefährdete Raum vor der Lokomotive abzusperren.

Bild 135: Probefahrt-Lokomotive mit druckluftgesteuertem Indiziergerät

Die Abdeckhülsen in den Schieberbüchsen sind nach dem Ausblasen sofort auszubauen, die Schieberbüchsen mit Heißdampföl kräftig einzuölen, die Schieber einzubauen und die Zylinderentwässerungshähne anzubauen. Die Lokomotive wird danach weiter geheizt. Die Kessel-Sicherheitsventile dürfen jedoch noch nicht ansprechen.
Während dieser Abschlußarbeiten wird das Indiziergerät angebaut (siehe Bild 135). Die Lokomotive wird auf dem Werkhof „durchfahren", d. h., die Lokomotive wird mit eigener Kraft in Schrittgeschwindigkeit bewegt, und es wird dabei die freie Beweglichkeit der Teile geprüft.
Die Lokomotive wurde bereits während des Anheizens abgeölt, und die Schmierdochte wurden eingesetzt.
Nach Abstellung der Mängel übergibt der Endprüfmeister die Lokomotive der Abnahmeinspektion zur Probefahrt. Die mit der Durchführung der Endprüfung beauftragten Arbeitsprüfer müssen neben einer guten Kenntnis der Dienstvorschriften, zeichnungsgerechten Ausführung der Arbeiten und der Werkgrenzmaße, -formabweichungen und -spiele auch über eine einwandfreie Kenntnis der Produktion der einzelnen Teile und Aggregate verfügen. Die Werkleitung sorgt für stete Weiterbildung und Qualifizierung dieser Arbeitskräfte.
Eine nachlässige und oberflächliche Endprüfung verursacht Reklamationen, die erhöhten Kostenaufwand nach sich ziehen, und Zuglaufstörungen, die dem Lokomotivpersonal das Erfüllen der Transportpläne erschweren. Beanstandungen der Endprüfung sind zügig und gewissenhaft auszuführen, um die Lokomotiven dem Betrieb so schnell wie möglich zurückzugeben.
Für die Übergabe der Lokomotive von der Lokomotiv-Abteilung an die Endprüfung, von der Endprüfung an die Abnahmeinspektion zur Leerprobefahrt und zur Lastprobefahrt ist ein Nachweis nach Merkblatt E 2 vom 15. Mai 1952 „Endprüfung von Dampflok", Anlage 1 zu führen.

### 6.701 Steuerungsprüfung

Zur Steuerungsprüfung muß die jeweilige Triebwerkseite der Lokomotive in die Totpunktstellung gebracht werden. Diese Stellungen sind auch zum Einstellen der Schieber erforderlich. Zum Ermitteln der genauen Totlage des Dampfkolbens verfährt man wie folgt:

1. Lokomotive auf einem waagerechten und geraden Gleis aufstellen,
2. Lokomotive muß waagerecht stehen, d. h., die Abstände der oberen Bezugsflächen der Achslagergehäuse von der Unterkante der Rahmenausschnitte müssen gleich sein,
3. Lokomotive so weit verziehen, bis der Dampfkolben ca. 10 mm vor seiner Totlage steht,
4. diese Stellung an Gleitbahn und Kreuzkopf anreißen,
5. gleichzeitig mit U-förmigem Stichmaß (Bremstragzapfenkörner bis Oberkante Bremsklotz) auf dem Radreifen einen Anriß anbringen,
6. Lokomotive so weit über den Totpunkt hinaus verziehen, bis die unter 4. gekennzeichnete Stellung des Dampfkolbens wieder erreicht ist,
7. einen zweiten Anriß wie unter 5 anbringen,
8. Mitte zwischen den Anrissen nach 4 und 7 anreißen und
9. Lokomotive so weit verziehen, bis das U-förmige Stichmaß mit dem unter 8 gefundenen Mittenanriß übereinstimmt.

Das Einstellen der Totpunktlage nach Augenmaß oder unter Abfühlen der

Kreuzkopfbewegung ist unzulässig, da es nicht die genügende Genauigkeit gewährleistet.

In den Totpunktlagen ist zu prüfen:

1. *Stellung des Aufwerfhebels*

   Bei Mittelstellung der Steuerung (bei „kalten" Lokomotiven, deren Steuerbock an Stehkessel befestigt ist, muß die Längenänderung bei Betriebstemperatur berücksichtigt werden!) ist die Schwingenstange an der Schwinge abzukuppeln und die Schwinge von Hand hin und her zu bewegen. Hierbei darf sich der Schieber höchstens bis 2 mm bewegen.

2. *Schwingenradius, Schwingenstangenlänge, Gegenkurbelradius und -stellung*

   Nachdem die Schwingenstange wieder an der Schwinge angekuppelt ist, wird die Steuerung nach vorwärts und rückwärts ausgelegt. Auch hierbei darf sich der Schieber höchstens bis 2 mm bewegen.

Da diese Prüfungen in beiden Totlagen durchzuführen sind, kann an den zugeordneten Schieberbewegungen Fehlerart und -größe ermittelt werden. Die vorgefundenen Fehler sind sofort abzustellen.

### 6.702 **Prüfungen vor der ersten Fahrt**

Bevor die Lokomotive mit eigener Kraft bewegt wird, sind die folgenden Prüfungen auszuführen:

1. Die Lokomotive ist äußerlich, auch von der Arbeitsgrube aus, zu besichtigen und zu untersuchen. Hierbei ist auf vollständigen Anbau und ordnungsgemäße Sicherung aller Teile zu achten.
2. Der rote Strich des Kesseldruckmessers muß mit dem höchstzulässigen Betriebsdruck des Kessels übereinstimmen.
3. Der Kesseldruckmesser muß mit dem Prüfdruckmesser übereinstimmen.
4. Das Fernthermometer für die Überhitzung muß bei geschlossenem Regler 35 °C anzeigen.
5. Die Wasserstands-Anzeigevorrichtung und die Wasserstandsprüfhähne sind einer Funktionsprüfung zu unterziehen. Hierbei sind der sichtbare Wasserstand auszublasen und die Wirksamkeit des Kugelverschlusses zu prüfen. Alle Hähne müssen sich leicht von Hand bewegen lassen.
6. Die Prüfschrauben der Ölsperren sind zu öffnen. Durch Nachkurbeln der Schmierpresse ist zu prüfen, ob Schmieröl austritt.
7. Die Luftpumpe ist vorsichtig anzustellen und der Hebel des Führerbremsventils in Füllstellung zu legen. Die Druckmesser für Hauptluftbehälter und Hauptluftleitung müssen gleichen Druck anzeigen. Bei 5,0 $kp/cm^2$ Druck in der Hauptluftleitung ist der Hebel des Führerbremsventils in Fahrtstellung zu legen. Der Luftpumpenregler muß bei 8 $kp/cm^2$ Hauptluftbehälterdruck die Luftpumpe stillsetzen. Nach Absinken des Druckes im Hauptluftbehälter auf 7,7 . . . 7,6 $kp/cm^2$ muß die Luftpumpe wieder selbsttätig anlaufen.
8. Die Wertungszahl „f" der Luftpumpe ist nach DV 464 (Brevo), Teil III, § 4 F. 1 und 2 sowie Anlage 8 zu prüfen. Die Wertungszahl „f" berechnet sich zu

$$f = \frac{n \cdot t \cdot 100}{Q^2}$$

Hierin bedeuten:

n = Zahl der Einzelhübe, die erforderlich sind, um den Druck im Hauptluftbehälter von 0 auf 8 $kp/cm^2$ zu bringen

t = Zeit in Sekunden, in der der Hauptluftbehälter mit „n" Einzelhüben gefüllt wird

Q = Inhalt des Hauptluftbehälters in $dm^3$ (400 $dm^3$ oder $2 \times 400 = 800\ dm^3$)

Es müssen folgende Wertmeßzahlen bei gegebenem Arbeitsdampfdruck „$P_d$" in $kp/cm^2$ erreicht werden:

Bei Doppelverbundluftpumpen:

| $p_d$ ($kp/cm^2$) | für Q = 400 $dm^3$ | | | für Q = 800 $dm^3$ | | |
|---|---|---|---|---|---|---|
| | n (Einzelhübe) | t (s) | f | n (Einzelhübe) | t (s) | f |
| 12 | 157 | 54 | 5.3 | 320 | 106 | 5.3 |
| 11 | 157 | 56 | 5.5 | 320 | 110 | 5.5 |
| 10 | 157 | 58 | 5.7 | 320 | 114 | 5.7 |

Bei Verbundluftpumpen:

| | | | | | | |
|---|---|---|---|---|---|---|
| 12 | 280 | 114 | 20 | 575 | 222 | 20 |
| 11 | 280 | 120 | 21 | 575 | 234 | 21 |
| 10 | 280 | 126 | 22 | 575 | 246 | 22 |

*Beispiel:*

Gegeben: Doppelverbundluftpumpe, 2 Hauptluftbehälter zu je 400 $dm^3$ Inhalt (Q = 800 $dm^3$), Arbeitsdampfdruck $p_d$ = 11 $kp/cm^2$

Gefordert: Wertungszahl f = 5,5 bei 320 Einzelhüben in 110 s

9. Die Bremseinrichtung ist nach DV 464 (Brevo), Teil II, § 50 zu prüfen. Hierzu gehören: Dichtigkeitsprobe, richtiger Kolbenhub und gleichmäßiges Anlegen der Bremsklötze. Die Bremsklötze dürfen im angelegten Zustand nicht über die Radreifen ragen.

10. Die Speiseeinrichtung ist einer genauen Funktionsprüfung zu unterziehen. Der Prüfende muß sich vorher davon überzeugen, daß die Kesselspeiseventile und Saugventile offen sind.
Kolbenspeisepumpen sind vorsichtig anzustellen, damit der Dampfzylinder vorgewärmt und das Speisewasser angesaugt wird. „Kaltspeisen" ist dabei zu vermeiden. Die Förderleistung einer Kolbenspeisepumpe soll mit 30 Doppelhüben in einer Minute den Wasserstand im Kessel um 30 mm von 50 auf 80 mm heben.
Bei der Dampfstrahlpumpe darf aus dem Schlapperventil kein Wasser auslaufen.

11. Sandstreuer, Rauchkammer- und Aschkastenspritze sowie Beleuchtungsanlage sind auf sichere Funktion zu prüfen. Der Turbogenerator ist mit wenig Dampf langsam einlaufen zu lassen, damit kein Wasser mitgerissen wird und die Turbine nicht durchgeht.

Die gleichen Prüfungen sind ebenfalls vor jeder Probefahrt und bei Übernahme der Lokomotive durch das Stammpersonal durchzuführen.

### 6.703 **Standprüfverfahren**

Das Standprüfverfahren ist ein Lokomotiv-Überprüfungsverfahren, um Undichtheiten und den Zustand des Triebwerkes und der Steuerung festzustellen. Die Lagerspiele in den Achs- und Stangenlagern sowie zwischen Kreuzkopf und Gleitbahn lassen sich gleichzeitig qualitativ feststellen.
Erforderliches Werkzeug:

1 Hammer
1 Splintzieher
1 Meißel
1 Durchschlag
8 Radkeile
1 Lunte
4 Keile für Zylinder-Entwässerungsventile
1 Einsteckholz oder -rohr für Voreilhebel
1 Abhörstab

Die einzelnen Arbeitsgänge reihen sich wie folgt aneinander:

1. Lokomotive auf Gleis mit Arbeitsgrube so aufstellen, daß der rechte Treibzapfen etwa 30° nach dem hinteren Totpunkt steht (Vorwärtsfahrt angenommen). Kurz vor dem Halten der Lokomotive ist zu sanden.
2. Tenderbremse und Zusatzbremse anziehen. Auf der anderen Lokomotivseite die Kuppelradsätze vorn und hinten mit Radkeilen festlegen.
3. Steuerung auf Mitte legen, Druckausgleicher über Anfahrstellung in Fahrtstellung schalten und Zylinder-Entwässerungsventile schließen.
4. Auf beiden Seiten den Bolzen in Voreilhebel und Lenkerstange entfernen. Beide Voreilhebel senkrecht stellen.
5. Aschkastenklappen schließen, Bläser, Turbogenerator und Pumpen abstellen.
6. Regler vorsichtig öffnen.
7. Die vorderen und hinteren Zylinder-Entwässerungsventile mit Keilen lüften.
8. Feuertür etwas öffnen. Bei Undichtheiten an den Umkehr-Enden der Überhitzereinheiten ist das Geräusch des ausströmenden Dampfes zu hören. Feuertür wieder schließen.
9. Rauchkammertür öffnen, Dampfsammelkasten und Einströmrohre mit Lunte ableuchten. Undichtheiten fachen die Luntenflamme an. Dichtes Anliegen der Paß- und Deckbleche sowie gleichmäßige Saugzugverteilung in der Rauchkammer ist an der Löscheverteilung festzustellen. Dampfaustritt aus dem Blasrohr läßt auf undichte Schieberbuchsen schließen.
10. Kolbenschieber auf beiden Seiten auf Dichtheit prüfen. An den gelüfteten Zylinder-Entwässerungsventilen darf nur leichter Dampfhauch abziehen, da die Kolbenringstöße stets etwas Dampf durchlassen. Die Prüfschrauben der Ölsperren sind zu öffnen. Tritt Dampf aus oder wird Öl

herausgedrückt, so ist das untere Ventil der Ölsperre undicht. Der Flansch der Einströmrohre auf dem Zylinder, die Anschlüsse für Ölsperren, Fernthermometer und Schieberkasten-Druckmesser sind auf Dichtheit zu prüfen.

11. Keil unter dem rechten vorderen Zylinder-Entwässerungsventil entfernen und rechten Voreilhebel mit Einsteckholz oder -rohr nach vorn schieben (Vorsicht — Quetschgefahr!). Ist der Dampfkolben dicht, strömt am hinteren Zylinder-Entwässerungsventil kein Dampf aus. Ist das Druckausgleichventil undicht, so strömt Dampf aus dem Blasrohr aus. Zylinder, Zylinderdeckel, Stopfbuchsen, Zylindersicherheitsventile, Ölstutzen und Druckausgleicher auf Dichtheit und Risse prüfen. Danach hinteres Zylinder-Entwässerungsventil mit Keil lüften und auf freien Durchgang prüfen.
12. Die Prüfung nach laufender Nr. 11 wird rechts hinten, links vorn und hinten sinngemäß wiederholt.
13. Zum Schluß werden die Lagerspiele geprüft. Dazu wird die Zusatzbremse gelöst. Die Radkeile auf der linken Lokomotivseite sind auf festen Sitz zu kontrollieren. Die Keile unter den Zylinder-Entwässerungsventilen des rechten Zylinders werden entfernt, der Schieberkastendruck auf 5 bis 6 kp/cm$^2$ vermindert und bei der folgenden Prüfung auf diesen Druck gehalten. Der rechte Voreilhebel wird mit dem Einsteckholz oder -rohr abwechselnd vorwärts und rückwärts bewegt. Dabei sind zu prüfen:
    a) Zylinderbefestigung am Lokomotivrahmen,
    b) Dichtigkeit der Ausströmkästen, Schieberkastendeckel, Ölstutzen und Ölsperren,
    c) fester Sitz des Kolbens auf der Kolbenstange, wozu der Abhörstab auf die Kolbenstange aufgesetzt wird, um den Schlag zu hören,
    d) fester Sitz der Kolbenstange im Kreuzkopf und des Kreuzkopfkeiles,
    e) Gleitbahnbefestigung am hinteren Zylinderdeckel und Gleitbahnträger,
    f) Spiele zwischen Gleitbahn und Kreuzkopf sowie der feste Sitz der Kreuzkopfgleitplatten,
    g) Spiele im vorderen Treibstangenlager und fester Sitz des Kreuzkopfbolzens,
    h) Spiele im hinteren Treibstangenlager und fester Sitz der Stellkeilvorrichtung,
    i) Spiele im Steuerungsgestänge und in den Kuppelstangen einschließlich der Gelenkbolzen und
    k) Spiele der Achswellen in den Achslagern und der Achslager in den Achslagerführungen, fester Sitz des Treibzapfens in der Treibzapfennabe und des Radkörpers auf der Achswelle.
14. Nach dieser Prüfung ist der Voreilhebel wieder senkrecht zu stellen, die Keile sind unter das vordere und hintere Zylinder-Entwässerungsventil zu schieben und so der Zylinder zu entwässern.
15. Die Kuppelradsätze der rechten Lokomotivseite werden mit Radkeilen festgelegt und die Prüfungen nach lfd. Nr. 13 auf der linken Lokomotivseite wiederholt.

Das Standprüfverfahren ist nach jeder Probefahrt durchzuführen, bevor die Lokomotive zur Ausführung der Nacharbeiten abgestellt wird.

## 6.8 Probefahrten

Der Abnahme-Lokomotivführer untersucht die Lokomotive und führt die Probefahrten durch. Dem Abnahme-Lokomotivführer sind ein Probefahrtheizer und ein Probefahrtschlosser beigegeben.
Die Lokomotiven aller Schadgruppen sind einer Leer- und einer Lastfahrt zu unterziehen. Von der Lastfahrt kann bei Lokomotiven der Schadgruppe L0 und bei einigen Lokomotiv-Baureihen der Schadgruppe L2 abgesehen werden.
Bei der Leerfahrt wird die Lokomotive zunächst mit geringer Geschwindigkeit gefahren. Erwärmen sich dabei Lagerstellen, so kann durch kräftiges Nachschmieren mit Heißdampföl die Probefahrt zunächst fortgesetzt werden.
Die Lagerstellen sind gut zu beobachten und nach der Probefahrt zu untersuchen, wenn sie sich nicht eingelaufen haben.
Die Lokomotive ist bei der Leerfahrt vorzuindizieren. Nach Rückkehr von der Leerfahrt sind die Diagramme sofort auszuwerten, um eventuelle Berichtigungen an der äußeren und inneren Steuerung vorzunehmen. Zur wärmetechnischen Untersuchung gehört die Ermittlung der Vorwärmetemperatur des Kesselspeisewassers beim Eintritt in den Speisedom und des Saugzugs in der Rauchkammer.
Nach Rückkehr von der Leerfahrt ist das Standprüfverfahren durchzuführen, und die Kesselsicherheitsventile sind einzustellen und zu plombieren.
Über die Mängel wird eine Probefahrtmeldung angefertigt, und die Mängel werden beseitigt. Danach wird mit der Lokomotive eine Lastfahrt durchgeführt, wobei auch leistungsmäßige und wärmetechnische Untersuchungen anzustellen sind.
Nach der Lastfahrt ist ebenfalls eine Probefahrtmeldung anzufertigen, und die Mängel sind abzustellen.

## 6.9 Abschlußarbeiten und Übergabe der Lokomotive

Nach Beendigung der Probefahrten werden die Abschlußarbeiten ausgeführt. Dazu gehören:

1. Zylinder isolieren und Zylinderbekleidung anbauen,
2. Indiziergeräte abbauen,
3. Lokomotive und Tender wiegen (siehe (Bild 136),
4. Lokomotive und Tender reinigen und
5. Lokomotive und Tender lackieren.

Lokomotive und Tender werden mit Heißwasser abgespritzt und von Hand nachgereinigt. Die Flächen, die einen Farbanstrich erhalten, sind möglichst fettfrei zu reinigen. Die offenen Lagerstellen, besonders die Gleitbahnen, erhalten einen Ölfilm.
Die gut abgetrocknete Lokomotive erhält in der Lokomotiv-Farbspritzhalle (siehe Bild 137) den vorgeschriebenen Lackanstrich. Der Spritzlackierer steht in der Spritzkabine und steuert den Durchlauf der Lokomotive durch die Kabine. Für den Betrieb von Spritzanlagen sind die Sicherheitsbestimmungen zu beachten.
Durch die Anwendung des Heißspritzverfahrens wird der Zeitaufwand für das Lackieren der Lokomotive gesenkt.
Nachdem der Lackanstrich abgetrocknet ist und die Anschriften angeschrieben sind, wird die Lokomotive dem Stammpersonal der Heimat-Dienststelle über-

Bild 136:
Lokomotiv-Waage

Bild 137: Lokomotiv-Farbspritzstand
mit Spritzkabine

geben und die Übernahme im Abnahmeprotokoll bestätigt (siehe Bild 138). Werkzeug, Gerät und Signallampen werden anhand des Geräteverzeichnisses (siehe Bilder 11 und 12) zurückgegeben. Gleichzeitig wird das Betriebsbuch mit allen Eintragungen, Unterschriften und Beilagen sowie das neu angelegte Leistungsbuch, in das die Leistungen der Probefahrten eingetragen sind, ausgehändigt.

RAW „7. Oktober“ Zwickau

**Abnahmeprotokoll**

Lokomotive ....................................................................................

Heimat-Bw .......................................... Rbd ........................................

...................................................................................................

Art der Ausbesserung (Schadgruppe) ........................................................

Besondere Bemerkungen ...........................................................................

...................................................................................................

...................................................................................................

...................................................................................................

...................................................................................................

...................................................................................................

...................................................................................................

...................................................................................................

Die Lok ist ordnungsgemäß wiederhergestellt. Sie wurde nach erfolgter Abnahme vom Betrieb übernommen.

Zwickau, den ................................

1. Der Werkdirektor oder dessen Stellvertreter ............................................
2. Der Hauptbereichsleiter Lok ....................................................................
3. Der Hauptbereichsleiter Kesselschmiede ...................................................
4. Der Abnahme-Inspektor der GdR ..............................................................
5. Der Oberlokführer des Stammpersonals ....................................................

Luftpumpe-Nr. ............................

Speisepumpe-Nr. ..........................

Bild 138: Abnahmeprotokoll

# 7. Unterhaltung der Dampflokomotiven im Bahnbetriebswerk

## 7.1 Bedeutung des Bahnbetriebswerkes für die Unterhaltung der Dampflokomotiven

### 7.101 **Bahnbetriebswerk (Bw)**

Das Bahnbetriebswerk hat die Aufgabe, das für den Betrieb erforderliche Triebfahrzeug und das benötigte Personal zu stellen, die Triebfahrzeuge betriebsfähig zu unterhalten und zu pflegen sowie für die Betriebsfähigkeit und die Unterhaltung der maschinellen Anlagen zu sorgen.
Zu diesem Zwecke ist das Bahnbetriebswerk in Verantwortungsbereiche aufgegliedert, denen jeweils ein technischer Gruppenleiter vorsteht. Diese Gruppenleiter sind:

a) für den Lokomotivbetrieb der Lb-Gruppenleiter,
b) für die Lokomotivunterhaltung der Lu-Gruppenleiter,
c) für die technischen Anlagen der TA-Gruppenleiter.

Das gesamte Bahnbetriebswerk wird von einem Dienstvorsteher geleitet.
Der Lu-Gruppenleiter ist für den gesamten Bereich der Lokomotivwerkstatt und den technischen Zustand der Lokomotiven verantwortlich.
Im Bahnbetriebswerk werden die nach der Dienstvorschrift (DV) 947 vorgeschriebenen Planausbesserungen, die nach der DV 464 geforderten Bremsuntersuchungen und die anfallenden Zwischenreparaturen ausgeführt. Soweit es die Einrichtung des Bahnbetriebswerkes zuläßt, können auch Bedarfsausbesserungen größeren Umfanges zur Entlastung der Reichsbahnausbesserungswerke ausgeführt werden.

### 7.102 **Lokomotivbahnhof (Lokbahnhof)**

Einem Bahnbetriebswerk können ein oder mehrere Lokomotivbahnhöfe unterstellt sein. Die meisten dieser Lokomotivbahnhöfe, denen nur eine geringe Zahl von Lokomotiven unterstehen, sind reine Lokomotiveinsatzstellen. Sämtliche Unterhaltungsarbeiten an den Lokomotiven werden im Heimat-Bahnbetriebswerk ausgeführt.
Es bestehen aber auch größere Lokomotivbahnhöfe mit eigenen Werkstätten. Hier werden die gleichen Unterhaltungs- und Pflegearbeiten an den Lokomotiven ausgeführt wie im Bahnbetriebswerk. Die Leitung dieser Lokomotivbahnhöfe unterliegt einem Gruppenleiter. Die Weiterentwicklung strebt dahin, Unterhaltungs-Bahnbetriebswerke einerseits und Einsatz-Bahnbetriebswerke andererseits zu schaffen. Ein Unterhaltungs-Bahnbetriebswerk wird die Reparaturen für mehrere Einsatz-Bahnbetriebswerke übernehmen. Durch die größere Anzahl der im Unterhaltungs-Bahnbetriebswerk zu behandelnden Lokomotiven kommt der Arbeitsablauf einer kontinuierlichen Fertigung näher. Hierbei läßt sich ein höherer Mechanisierungsgrad erreichen als bei den zur Zeit angewandten, zum Teil noch unwirtschaftlichen Fertigungsmethoden. Die Auswirkungen dieser Maßnahme werden die Verkürzung der Standzeiten und die Verbilligung der Lokomotivreparaturen sein.
Das Einsatz-Bahnbetriebswerk wird jedoch eine selbständige Dienststelle; hierin unterscheidet es sich grundsätzlich von den derzeitigen Lokomotivbahnhöfen.

## 7.2 Werkstätten des Bahnbetriebswerkes

### 7.201 **Lokomotivschuppen**

Der Lokomotivschuppen dient betrieblicherseits dem Zweck, die nicht im Einsatz befindlichen Lokomotiven witterungsgeschützt und frostfrei unterzustellen. Hier werden die Lokomotiven für die Fahrt vorbereitet und nach der Fahrt abgerüstet. Außer den hierfür betrieblich bedingten Gleissträngen ist die entsprechende Anzahl von Reparatursträngen im Lokomotivschuppen untergebracht.

Es werden drei Bauformen von Lokomotivschuppen unterschieden, der Kreisschuppen, der Ringschuppen und der Rechteckschuppen. Letzterer ist als die modernste Bauform zu betrachten.

Der Kreisschuppen hat eine zentral in der Schuppenmitte angeordnete Drehscheibe, von der die Gleise strahlenförmig in Richtung auf die Schuppenwand verlaufen. Durch diese Bauform ist er von der Mitte aus sehr gut zu übersehen. Durch das Vorhandensein von nur zwei Schuppentoren (Einfahrt und Ausfahrt) ist er auch verhältnismäßig leicht warm zu halten.

Die Nachteile des Kreisschuppens sind:

1. der sich zur Drehscheibe hin verengende Raum zwischen den Ständen, der die Bewegungsfreiheit bei Arbeiten an den Lokomotiven stark einschränkt und
2. die fehlende Möglichkeit, die Zahl der Stände bei Bedarf zu erhöhen.

Da alle Kreisschuppen älteren Baujahres sind, haben sie meistens nur 16-m-Drehscheiben, die eine Behandlung der großen Schlepptender-Lokomotiven ohne Entkupplung des Tenders nicht zulassen. Für die Unterbringung der Tenderlokomotiven sind diese Schuppen gut geeignet.

Im Ringschuppen lassen sich Dampflokomotiven jeder Größe unterbringen. Er stellt aber vom technologischen Standpunkt die ungünstigste Form des Lokomotivschuppens dar. Der Flächenbedarf ist wegen der außen liegenden Drehscheibe und der Strahlengleise sehr groß. Der Ringschuppen ist äußerst unübersichtlich. Ebenfalls verengt sich der Raum zwischen den Ständen zu den Schuppentoren hin. Wegen der in vielen Ringschuppen knapp bemessenen Standlängen treten oftmals Transportbehinderungen auf. Der größte Nachteil ist die große Anzahl der Schuppentore, wodurch das Warmhalten sehr schwierig gestaltet wird. Durch das Einwirken von Zugluft sind die Arbeitsbedingungen ungünstig. Die Vergrößerung des Schuppens durch Überdachung weiterer Strahlengleise ist in verschiedenen Fällen möglich.

Bei Ausfall der Drehscheibe können beim Kreis- sowie auch beim Ringschuppen die Unterhaltungsarbeiten an den Lokomotiven nur außerhalb des Schuppens durchgeführt werden, da sämtliche Schuppengleise blockiert sind.

Die modernste Form des Lokomotivschuppens ist der Rechteckschuppen. Hier werden drei Grundformen unterschieden. Als einfachste Bauform, die auf Nebenbahnen anzutreffen ist, gilt der kleine Rechteckschuppen mit einer geringen Anzahl von Gleisen. Für diesen Schuppen, der nur für Tenderlokomotiven bestimmt ist, sind Drehscheibe und Schiebebühne nicht notwendig. Wegen der geringen Anzahl der Gleise (etwa 4 bis 5) erfolgt die Gleisentwicklung in einer Weichenstraße.

Für größere Rechteckschuppen ist an Stelle der Weichenstraße eine Drehscheibe eingebaut. Hier können Schlepptender-Lokomotiven gedreht werden,

und durch den Wegfall der Weichenstraße wird viel Platz gespart.
Die Rechteckschuppen großer Bahnbetriebswerke sind mit einer oder mehreren Schiebebühnen ausgerüstet. Für das Drehen der Lokomotiven ist außerdem eine Drehscheibe erforderlich.

Die Vorteile des Rechteckschuppens sind folgende:
a) gute Übersichtlichkeit,
b) günstige Platzverhältnisse für die Lokomotivreparaturen,
c) breite Transportwege,
d) gute Warmhaltemöglichkeit, da wenig Schuppentore.

Durch günstige Anordnung der Drehscheibe und Schiebebühnen läßt sich erreichen, daß bei Ausfall einer dieser Anlagen nicht der gesamte Schuppen blockiert ist.
Die Lage der einzelnen Werkstätten zum Lokomotivschuppen ist von großer Bedeutung für die wirtschaftliche Fertigung. Je kürzer die Transportwege, desto geringer sind die hierfür anfallenden Verlustzeiten. Ein Teil der älteren Bahnbetriebswerke bildet Musterbeispiele für äußerst ungünstige Anordnungen. Bei zwei auseinanderliegenden Lokomotivschuppen wurden die Werkstatträume oftmals zwischen diesen — zum Teil in vollständig getrennten Gebäuden — untergebracht. Die günstigste Anordnung bilden in jedem Falle die unmittelbar an die Reparaturstände angrenzenden Werkstatträume (siehe Bild 139).
Läßt sich auf Grund ungünstiger Platzverhältnisse ein Zusammenlegen der zur Lokomotivunterhaltung gehörenden Werkstätten in der Nähe der Reparaturstände nicht ermöglichen, muß der Arbeitsablauf im innerbetrieblichen Transport weitgehend mechanisiert werden, um die Verlustzeiten und den Anteil schwerer körperlicher Arbeit so klein wie möglich zu halten. Die Anwendung motorisierter Transportgeräte, wie z. B. Elektrokarren, bedingt gut befestigte und tragfähige Transportwege.
Für die Rekonstruktion der Bahnbetriebswerke sind möglichst kurze Transportwege von besonderer Wichtigkeit. Dieser Grundsatz bezieht sich natürlich auch auf das Heranbringen des zu verarbeitenden Materials und der Tauschteile; das heißt: Werkzeugausgabe, Werkstoff- und Tauschlager gehören in unmittelbare Nähe des Arbeitsplatzes.
Es läßt sich natürlich kein einheitliches Schema für alle Bahnbetriebswerke aufstellen, weil die örtlichen Verhältnisse sehr verschieden sind. Einzelne Verbesserungen lassen sich noch überall durchführen.
Bei der Unterbringung von mehreren Traktionsarten in einem Bahnbetriebswerk, wie Dampf- und Diesellokomotiven oder Dampf- und Elektrolokomotiven, ist eine räumliche Trennung der Lokomotivarten durch Errichten einer Zwischenwand im Lokomotivschuppen notwendig.

### 7.201.1 *Erforderliche Reparaturstände*

Die Anzahl der erforderlichen Reparaturstände, die von mehreren Faktoren bestimmt wird, ist abhängig von den im Bahnbetriebswerk beheimateten Lokomotiven nach Anzahl und Baureihe sowie vom Planausbesserungs-Rhythmus, der hauptsächlich von den Auswaschfristen und von der durchschnittlichen Standzeit der Lokomotiven einschließlich der Zwischenreparaturen bestimmt wird. Kleine Bahnbetriebswerke mit höchstens 25 Ständen sind mit 1 bis 2 Auswaschständen und 2 Ständen für Achswechsel und größere Arbeiten ausgerüstet.

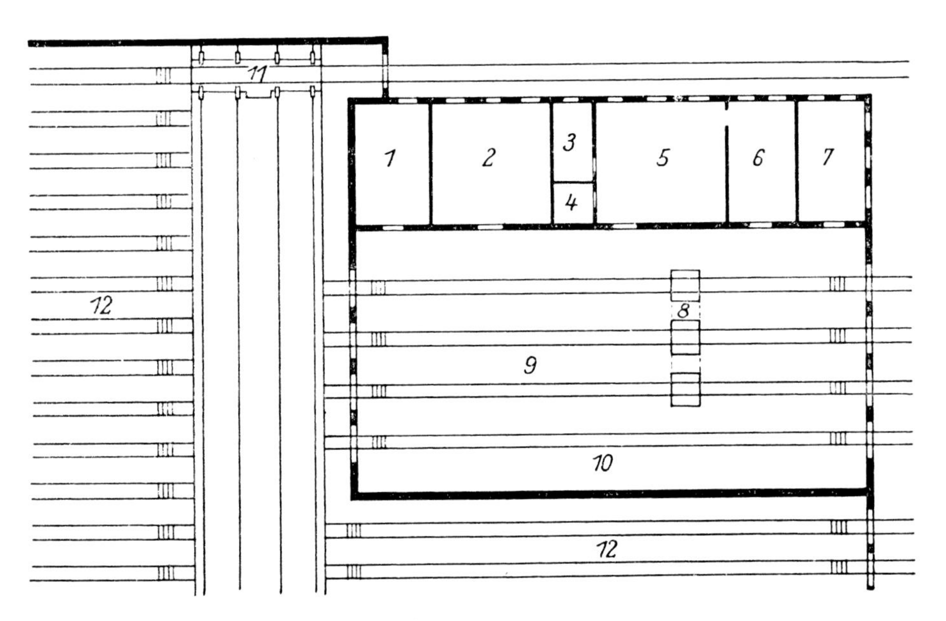


Bild 139: Werkstattanordnung in einem Rechteckschuppen

1 Tischler, Maler, Glaser
2 Nebenlager
3 Werkzeugausgabe
4 Werkmeister
5 Mechanische Werkstatt und Schlosserei
6 Lagergießerei und Klempnerei
7 Schweißerei und Schmiede
8 Achssenke
9 Reparaturgleise
10 Auswaschgleis
11 Schiebebühne
12 Abstellgleis

Bahnbetriebswerke mit 30 Ständen besitzen 2 bis 3 Auswaschstände und 2 bis 3 Stände für Achswechsel und größere Arbeiten.
In großen Bahnbetriebswerken findet man 3 bis 5 Stände für das Auswaschen, für den Achswechsel 2 bis 3 und zusätzlich für größere Arbeiten 2 Stände.
Bei der Anwendung moderner Schaumreinigungsverfahren empfiehlt es sich, hierfür einen besonderen Stand einzurichten.
Die Länge der Ausbesserungsstände richtet sich nach der Länge der zu behandelnden Lokomotiven. Die Standlänge ist so groß, daß alle Arbeiten vor und hinter der Lokomotive bei geschlossenen Toren ausgeführt werden können (siehe Abschnitt 3.302). Ausreichende Transportwege müssen frei gehalten werden.
Werden mehrere Lokomotiven hintereinander aufgestellt, so ist zwischen ihnen ein Abstand von mindestens 0,6 m erforderlich.
Die mit einer Achssenke ausgerüsteten Stände sind allgemein so lang, daß jede beliebige Achse ohne Öffnen der Schuppentore gesenkt werden kann. Bei günstigster Lage der Achssenke zur Werkstatt können die Gleise bis in die angrenzende Werkstatt hineingeführt sein.
Jedes Schuppengleis besitzt eine Arbeitsgrube. Die mittlere Tiefe der Arbeitsgrube liegt bei 1,15 m unter Schienenoberkante. Zur Entwässerung der Arbeitsgrube hat der Boden ein Gefälle von 1 : 200 zum Abfluß hin. Jeder Stand ist mit einem Rauchabzug versehen.

### 7.201.2 *Maschinelle Ausrüstung des Lokomotivschuppens*

#### 7.201.21 Anlagen für das Umsetzen der Lokomotiven

Das Bewegen der kalten Reparaturlokomotiven wird meistens mittels Spillanlagen durchgeführt. Viele Drehscheiben und Schiebebühnen besitzen derartige Anlagen. Die Seilwinden sind für Zugkräfte bis zu 9000 kp gebaut. Für das Hereinziehen der kalten Lokomotiven in den Schuppen sind an den Gleisabschlüssen Umlenkrollen vorhanden. Neuerdings ist eine größere Anzahl von transportablen Lokomotivverzugswinden zum Einsatz gekommen (siehe Bild 140). Diese Winden können an bestimmten Stellen verankert werden. Sie lassen sich wirtschaftlich einsetzen bei geringen Anschaffungskosten.
Das Umsetzen kalter Lokomotiven mittels einer zweiten warmen Lokomotive bietet dagegen Nachteile. Sofern es sich um kleine Lokomotiven bzw. entkuppelte Schlepptender-Lokomotiven handelt, wobei beide Lokomotiven auf der Drehscheibe bzw. Schiebebühne Platz finden, läßt sich das Umsetzen verhältnismäßig einfach durchführen. Bei großen Lokomotiven werden hierfür schon zwei Rangierlokomotiven erforderlich, d. h., der Aufwand für das Umsetzen in bezug auf Lokomotiven und Personal ist unvertretbar hoch. Außerdem ist das Kuppeln zweier Fahrzeuge über Arbeitsgruben mit Unfallgefahren verbunden.
Die Lokomotivverzugswinden und Spillanlagen werden dagegen vom Werkstattpersonal oder Drehscheiben- und Schiebebühnenwärter mitbedient. Es entsteht kein zusätzlicher Personalbedarf.

#### 7.201.22 Achssenken und Hebeböcke

Während früher zum Auswechseln der Radsätze ausschließlich hydraulische Achssenken gebräuchlich waren, finden sich in moderneren Anlagen Achssenken mit 2 oder 4 elektrisch angetriebenen Gewindespindeln für Raddurchmesser bis 2200 mm und bis zu 30 000 kp Tragfähigkeit. Weiterhin sind noch einige Sonderbauarten in Gebrauch.
Die Lokomotive wird mit der zu wechselnden Achse über die Achssenke gefahren. Bei hydraulischen Achssenken legt sich das Querhaupt mit den Aufnahmegabeln gegen die Achswelle und hebt den Radsatz vom Gleis ab; bei Spindelachssenken wird der Hubtisch elektrisch hochgefahren, hierbei wird der Radsatz an den Spurkränzen angehoben. Die frei gewordenen Fahrschienenbrücken werden je nach Bauart ausgeschwenkt oder seitlich verschoben. Daraufhin wird die Achse abgesenkt. Die Achssenke wird nun innerhalb der Achswechselgrube auf Schienen seitlich verfahren, der Radsatz wird auf das nächste Gleis gehoben und zur Werkstatt gerollt. Der Einbau geht in umgekehrter Reihenfolge vor sich.
Die älteren hydraulischen Achssenken haben meist nur eine Tragfähigkeit von 5000 kp. Nachteilig ist die sehr tiefe Achssenkgrube, die durch den Druckwasserzylinder bedingt ist. Die hydraulischen Achssenken erfordern eine gute Wartung und einwandfreie Entwässerung der Gruben.
Die elektrischen Spindelachssenken genügen allen Anforderungen einer momernen Lokomotivwerkstatt.
Die Bauarten der Achssenken und ihre Funktion wurden in der Literatur bereits eingehend behandelt.
Für das Auswechseln ganzer Radsatzgruppen, wie es bei der Umrißbearbeitung der Kuppelachsen im Rahmen der LO-Ausbesserung notwendig wird,

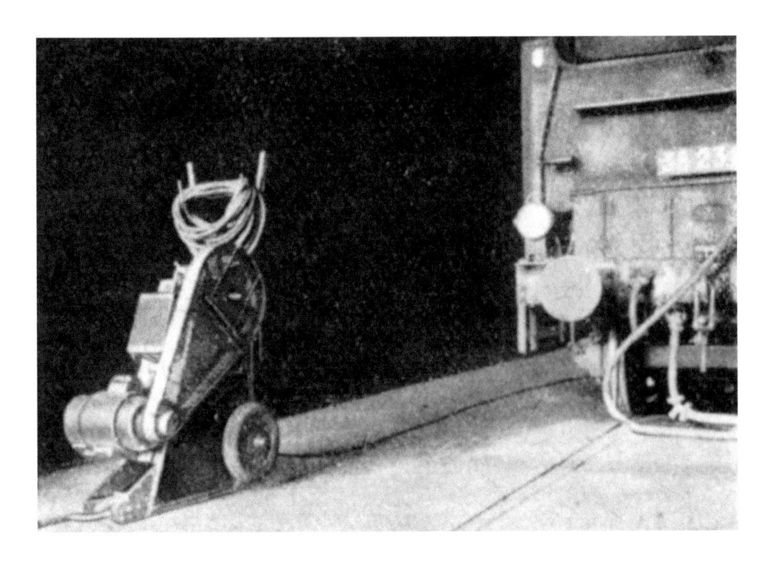

Bild 140: Lokomotivverzugswinde

werden Hebeböcke benutzt, damit sämtliche Radsätze gleichzeitig ausgebaut werden können. Nachteilig ist allerdings, daß Notachsen, Hilfsdrehgestelle oder Ablageböcke vorhanden sein müssen, um die Lokomotive bis zur Fertigstellung der Radsätze absetzen zu können.
Zum Heben der Fahrzeuge sind 4 Hebeböcke erforderlich, von denen je 2 quer zur Gleislage einen Tragbalken (Traverse) aufnehmen. Moderne elektrische Spindelhebeböcke besitzen eine Tragfähigkeit von je 25 000 kp. Die 4 Antriebsmotoren sind hierbei so geschaltet, daß die Spindeln synchron laufen, um ein Verkanten der Tragbalken und Abrutschen der Last zu verhüten.

7.201.23 Kräne

Für Montagearbeiten an den Lokomotiven und zum Verladen von Großteilen sind im Lokomotivschuppen Kräne vorgesehen. Für den An- und Abbau von Luft- und Kolbenspeisepumpen, Domdeckeln, Lichtmaschinen usw. genügt ein Elektrozug von 1500 kp Tragfähigkeit. Die Kranbahn ist rechtwinklig zum Gleis angebracht und hat eine Länge (Arbeitsbereich) von mindestens 5 m.
Für das Verladen von Radsätzen ist eine Kranbrücke über 2 Gleise mit einer Laufkatze von wenigstens 6000 kp Tragfähigkeit gebräuchlich. Der Kran ist so über den Gleisen montiert, daß die mit der Achssenke ausgebauten Radsätze unmittelbar, d. h. ohne Umsetzen auf ein anderes Gleis, verladen werden können.

7.201.24 Transportmittel

Für kleine Bahnbetriebswerke mit verhältnismäßig geringem Arbeitsanfall sind zwei- und vierrädrige gummibereifte Handwagen ausreichend. Die Tragfähigkeit der letzteren muß so groß sein, daß Luft- und Speisepumpen transportiert werden können. Für große Bahnbetriebswerke und solche mit langen Transportwegen ist der Einsatz von Elektro- und Dieselkarren lohnend. Hier besteht auch die Möglichkeit der Verwendung von Hubtischen. Die abgebauten Teile werden auf die Hubtische gelegt. Der Hubkarren fährt unter den Hubtisch, hebt diesen hydraulisch an, bringt ihn in die Werkstatt und setzt den Tisch dort ab.

7.201.25 Auswaschanlage

Für das Auswaschen der Lokomotivkessel sind die Bahnbetriebswerke mit Auswaschanlagen ausgerüstet. Zu diesen Anlagen gehören je ein Spritz- und Füllwasserbehälter mit den dazugehörigen Kreiselpumpen, der Schlammfang, die Dampf- und Wasserrohrleitungen mit den Absperr- und Umschaltventilen, am Auswaschstand die Standrohre mit den Schlauchanschlüssen und der Frischwasseranschluß.
Sofern keine stationäre Auswaschanlage vorhanden ist, wird der Tender der Auswaschlokomotive als Spritz- und Füllwasserbehälter benutzt. Hierbei muß ein fahrbares Pumpenaggregat verwendet werden.
Soll die Auswaschanlage für das Umwälzabkühlverfahren des Lokomotivkessels benutzt werden, muß die Möglichkeit des Kreislaufs Lokomotive — Spritzbehälter — Pumpe — Lokomotive gegeben sein. Hierzu muß eine Verbindung zum Feuerlöschstutzen der Lokomotive hergestellt werden. Die Temperaturdifferenz entsteht durch den Frischwasserzusatz. Zwischen Zulauf und Ablauf des Wassers wird ein schreibendes Thermometer geschaltet.

7.201.26 Anlage für das feuerlose Anheizen

Für das feuerlose Anheizen wird als Wärmequelle ein Dampfkessel benötigt. Notfalls kann hierfür auch eine Heizlokomotive dienen. Der Einbau eines Wärmespeichers in die Anlage ist zweckmäßig. Hierdurch wird die Kapazität der Anlage besonders bei kleinen Kesselanlagen vergrößert bzw. ein Vorrat an Dampf und Heißwasser geschaffen. Aus dem Wärmespeicher wird der Dampf und das Wasser für den Anheizvorgang entnommen. Die Schaltung der Anlage ist zweckmäßig so gestaltet, daß die Rohrleitungen und Pumpen der Auswaschanlage mit entsprechenden Zwischen- und Umschaltventilen mitbenutzt werden können.

7.201.27 Sonstige Ausrüstung des Lokomotivschuppens

Der Lokomotivschuppen ist mit mehreren Werkbänken für einfache Arbeiten ausgestattet. Der Gebrauch fahrbarer Werkbänke bringt eine bedeutende Arbeitserleichterung.
Die Verwendung einer Metallwaschmaschine zum Reinigen der abgebauten Teile, wie Gewerk, Triebwerksteile, Ausgleichhebel u. a. m., ermöglicht eine einwandfreie Anrißprüfung, trägt zur besseren Sauberhaltung der Werkstatträume bei und schafft verbesserte Arbeitsbedingungen. Die Aufstellung der Metallwaschmaschine ist deshalb im Lokomotivschuppen am zweckmäßigsten.
Für Arbeiten auf dem Kessel (Dom, Sandkasten) sind Arbeitsbühnen vorhanden. Für ausgebaute Kolben und Schieber werden Ablageböcke benötigt.

## 7.202 **Mechanische Werkstatt**

Zur Durchführung der Fristarbeiten und Erledigung anfallender Zwischenreparaturen sind verschiedene Werkzeugmaschinen und Werkstatteinrichtungen notwendig, die in gesonderten Räumen untergebracht sind. Hier werden alle Teile wieder aufgearbeitet oder neu angefertigt, sofern sie nicht als fertige Tauschteile bezogen werden.

### 7.202.1 *Werkstatt für spanabhebende Werkstoffbearbeitung*

In diesem Raum sind alle Maschinen aufgestellt, die zum Drehen, Bohren, Hobeln, Fräsen, Sägen und Schleifen notwendig sind.
Einen größeren Umfang nehmen die Dreharbeiten ein. Zu diesem Zweck sind mehrere Drehmaschinen mit verschiedenen Abmessungen aufgestellt. Von der in einem Bahnbetriebswerk aufgestellten Drehmaschine wird gefordert, daß sie sowohl für die Bearbeitung von Stahl und Grauguß als auch für Rotguß-, Weißmetall- und Preßstoffarbeiten benutzt werden kann. Einige Drehmaschinen müssen auch für Gewindeschneidearbeiten eingerichtet sein. Der Geschwindigkeitsbereich muß sich daher in weiten Grenzen bewegen, so daß sie sich für langsame Schrupparbeiten wie auch für schnellen Lauf bei Feinarbeiten eignen. Für Mechanikerarbeiten ist eine kleinere Drehmaschine zweckmäßig.
Die Werkzeugmaschinen, die zur Bearbeitung von Preßstoff vorgesehen sind, müssen mit einer Absaugvorrichtung ausgerüstet sein.
Für größere Bohrarbeiten über 12 mm Bohrdurchmesser dient die Säulenbohrmaschine. Auf ihr sollen Bohr-, Aufreib- und Senkarbeiten ausführbar sein. Hierfür sind mehrere Bohrspindeldrehzahlen einstellbar. Der Vorschub ist von Hand oder auch durch ein Getriebe während des Laufes der Bohrmaschine möglich.
Für kleinere Bohrarbeiten genügen Tischbohrmaschinen mit 3 oder 4 verschiedenen Drehzahlen. Ein von Hand zu betätigender Vorschub ist ausreichend.
Für die Flächenbearbeitung, z. B. bei Achslager- und Kreuzkopfgleitplatten oder Herstellung von Nuten bei Wellen u. dgl., sind in den Bahnbetriebswerken handelsübliche Waagerecht- oder Universal-Fräsmaschinen für alle anfallenden Arbeiten geeignet. Die Bearbeitung von mindestens 1000 mm langen Werkstücken muß möglich sein. Je nach Art und Umfang der Aufgaben, die an die Fräsmaschine gestellt werden, ist eine größere Anzahl von Walzen- und Scheibenfräsern notwendig.
Für einfachere Arbeiten ist die Schnellhobelmaschine (Shaping) ausreichend. Die Kraftübertragung vom Elektromotor zum Stößel erfolgt mechanisch über eine Pendelschwinge oder durch ein Flüssigkeitsgetriebe.
Zum Schneiden von Stangen- und Profilwerkstoff dienen elektrische Bügelsägen. Diese Maschinen sind einfacher Art und bedürfen keiner Aufsicht während des Betriebes. Nach beendetem Sägeschnitt erfolgt selbsttätige Ausschaltung.
Für Grobschleifarbeiten aller Art sind mehrere Schleifmaschinen in der Werkstatt und im Schuppen aufgestellt. Zum Nachschleifen der Drehmeißel wird zweckmäßigerweise eine gesonderte kleinere Schleifmaschine aufgestellt. Für Rundschleifarbeiten genügt eine Schleifvorrichtung, die auf dem Support einer Drehmaschine befestigt wird.

### 7.202.2 *Schmiede*

In der Schmiede erfolgt die bei der Reparatur von Lokomotivteilen notwendige spanlose Verformung durch Warmbearbeitung. Die Werkstücke werden im offenen Feuer des Schmiedeherdes angewärmt. Zur Feueranfachung

Bild 141:
Handdünngußmaschine

dient ein elektrisches Gebläse oder eine Kompressoranlage für Drucklufterzeugung. Die Schmiedearbeit wird größtenteils von Hand ausgeführt. Größere Bahnbetriebswerke sind mit einem elektrischen Lufthammer ausgerüstet. Eine häufig anzutreffende Bauart ist der Tauchkolbenhammer mit einer Masse des Bäres von etwa 300 kg.

7.202.3 *Lagergießerei*

Die Lagergießerei besteht bei einfachen Verhältnissen nur aus dem mit Koks oder Gas beheizten Gießofen, dem Gießtisch und den nötigen Gießkernen. Der Gießofen dient neben dem Schmelzen des Lagermetalls auch zum Ausschmelzen der Lagerschalen. Das hier ausgeschmolzene Lagermetall hat durch Einwirkung des Sauerstoffs seine gute Laufeigenschaft verloren und darf nicht mehr zum Ausgießen der Lagerschalen verwendet, sondern muß umgehüttet werden. Um eine Wiederverwendung des ausgeschmolzenen Lagermetalls zu ermöglichen, werden in modernen Lagergießereien die Lagerschalen in einem Salzbad oxydfrei ausgeschmolzen. Zum Neuvergießen wird das Lagermetall in einem gasbeheizten Schmelzofen erhitzt. Auf der Handdünngußmaschine (siehe Bild 141) erfolgt das Ausgießen der Lagerschalen. Die zu den einzelnen Lagerschalen passenden Spannteile garantieren hier unter guter Abdichtung einen einwandfreien materialsparenden Lagermetalleinguß.

7.202.4 *Schweißerstand*

Bei der Lokomotivunterhaltung wird das elektrische Lichtbogenschweißen und das autogene Schweißen angewendet. Für die Lichtbogenschweißung werden elektrische Schweißaggregate für Gleichstrom (Umformer) und Wechselstrom (Umformer oder Transformatoren) benutzt. Bei der autogenen Schweißung wird als Heizgas vorwiegend Azetylen verwendet, das in Flaschen geliefert oder in kleinen fahrbaren Azetylenentwicklern erzeugt wird.

Bild 142: Armaturenprüfstand

Zur Arbeit am Schweißstand dient ein Schweißtisch. Um den Schweißer vor den entstehenden Gasen zu schützen, ist der Schweißtisch so ausgebildet, daß alle Schweißgase durch die gitterförmige Tischplatte mittels eines Ventilators nach unten abgesaugt werden.

7.202.5 *Lagerpresse*

Zum Auswechseln der Lagerbuchsen an Treib- und Kuppelstangen, Ausgleichhebeln, Gewerkteilen usw. wird eine hydraulische Lagerpresse benötigt. Der Antrieb erfolgt durch einen Elektromotor. Die erreichbaren Höchstdrücke sind je nach Ausführung verschieden. Um jede Lagerart mit Sicherheit aus- und einpressen zu können, ist eine Mindestdruckkraft von 25 Mp erforderlich. Zu jeder Lagerpresse gehört neben verschiedenen Unterlegstücken zum Ein- und Auspressen der Lagerbuchsen ein in der Höhe verstellbarer Bock, welcher zum Abstützen längerer Gegenstände (Treib- und Kuppelstangen) dient.

7.202.6 *Armaturen-Werkstatt*

Bei der Aufarbeitung der Armaturen im Bahnbetriebswerk werden die Absperrventile und -hähne untersucht und nachgeschliffen. Die aufgearbeiteten Armaturen werden zweckmäßigerweise am Prüfstand einer Dichtigkeitsprobe unterzogen. An diesem Prüfstand (siehe Bild 142) werden die Armaturen mit Hilfe einer Exzenterspannvorrichtung auf eine Gummidichtung gepreßt und dann mit Druckluft geprüft.
Zur Säuberung der mit Kesselstein behafteten Teile dient das Salzsäurebad. Das Säuregefäß befindet sich wegen der gesundheitsschädigenden Dämpfe im Freien.

7.203 **Labor für Kesselspeisewasser-Untersuchung**

Zur Kohleeinsparung im Lokomotivbetrieb wie auch zur Schonung der Kesselbaustoffe wird die innere Kesselspeisewasser-Aufbereitung bei der

Deutschen Reichsbahn durchgeführt. Der Erfolg dieser Maßnahme setzt eine ständige Kontrolle des Kesselspeisewassers, des Kesselwassers sowie die Anleitung der Lokomotivpersonale voraus. Zur Verwirklichung dieser Aufgaben wurden in den Bahnbetriebswerken Laboratorien geschaffen. Diese sind zur Untersuchung des Kessel- und Tenderwassers mit folgender Ausrüstung versehen:

a) Flaschen und Gefäße zur Entnahme von Proben,
b) Filtrierapparate, Kühler zur Entnahme von Kesselwasserproben und Filtriervorrichtung,
c) Aräometer (Spindel) mit Standgefäß zur Messung des Salzgehaltes (Dichte in °Bé),
d) Chemikalien (n/10 Salzsäure, n/10 Natronlauge und Indikatoren) sowie Meßkolben, Erlenmeyerkolben und Büretten zur Bestimmung des p- und m-Wertes,
e) Chemikalien und Geräte zur Bestimmung der Härte des Wassers nach Boutron und Boudet,
f) Mischraum bzw. Mischtrommel zur Vorbereitung und Mischung der Fällchemikalien für das Kesselspeisewasser.

Das zu prüfende Kesselwasser wird aus dem Ablaßhahn des sichtbaren Wasserstandes der Lokomotive mit einem Kühler entnommen. Zur Bestimmung des Salzgehaltes wird ein Aräometer in einen mit Kesselwasser gefüllten Standzylinder gesenkt und die Dichte nach Baumégraden abgelesen. Weiterhin werden der p- und der m-Wert durch Maßanalyse ermittelt. Aus beiden Ergebnissen errechnet sich der 2 p—m-Wert. Die Bestimmung der Härte wird nach Boutron und Boudet nach der Schüttelmethode mit Seifenlösung durchgeführt.
Aus den ermittelten Werten werden den Lokomotivpersonalen die Ergebnisse der Kesselspeisewasserpflege durch eine Aushangtafel bekanntgegeben. Gleichzeitig werden Hinweise für die weitere Dosierung der Enthärtungsmittel erteilt.
Im Labor wird eine Kartei über Untersuchungsergebnisse, Auswaschtage und Kesselzustand geführt.

### 7.204 **Sonstige Werkstätten**

Für die Erledigung der Tischler-, Maler-, Glaser- und Klempnerarbeiten sind in den Bahnbetriebswerken die entsprechenden Werkstätten vorhanden. Da aber erfahrungsgemäß diese Werkstätten in den kleineren und mittleren Bahnbetriebswerken von der Gruppe Lokomotivunterhaltung nicht voll ausgelastet sind, werden hier gleichzeitig die Aufgaben für die Unterhaltung der technischen Anlagen mit erledigt.

## 7.3 Organisation der Lokomotivausbesserung im Bahnbetriebswerk

Die laufende Unterhaltung und Ausbesserung der Lokomotiven wird von der Gruppe Lokomotivunterhaltung (LU-Gruppe) durchgeführt. Die Zusammensetzung der LU-Gruppe ist im allgemeinen folgende:

1. Gruppenleiter
2. Gruppenleitervertreter
3. Arbeitsaufnehmer

4. Materialbereitsteller
5. Werkmeister
6. Werkstattbrigaden

An Handwerkern sind erforderlich: Lokomotivschlosser, Kesselschmiede, Schweißer, Spezialschlosser wie Pumpen- und Armaturenschlosser, Dreher, Schmiede, Gießer, Klempner, Lokomotivelektriker, Auswäscher, Feuerschirmmaurer, Werkhelfer, Werkzeugschlosser und -ausgeber; ferner für den gesamten Bereich des Bahnbetriebswerkes Tischler, Maler und Glaser.
Die Notwendigkeit weiterer Kräfte richtet sich nach dem jeweiligen Aufbau des betreffenden Bahnbetriebswerkes (z. B. Kesselwärter).

Als wichtigste Arbeitsgrundlagen der Lokomotivunterhaltung gelten:

1. die DV 947 (Dienstvorschrift für die Behandlung und Unterhaltung der Dampflokomotiven im Betrieb),
2. DV 464 (Vorschriften für den Bremsdienst),
3. die DV 300 und 303 (Eisenbahn-Bau- und Betriebsordnung),
4. die DV 946 (Erhaltung der Dampflokomotiven in den Reichsbahnausbesserungswerken),
5. Richtlinien für die Arbeitsaufnahme an Dampflokomotiven bei den Schadgruppen L2, L3 und L4 (999 383 bis 385),
6. Verfügungen und Merkblätter,
7. die Arbeitsschutzanordnungen,
8. weitere Dienstvorschriften über Bauart, Wirkungsweise und Unterhaltung bestimmter Bauteile der Dampflokomotiven.

Hieraus resultieren im einzelnen folgende Aufgaben:

1. Überwachung des technischen Zustandes der Lokomotiven,
2. Überwachung der Einhaltung der Planausbesserungsfristen,
3. Überwachung der Einhaltung der Fristen der Zuführung der Lokomotiven zum Reichsbahnausbesserungswerk,
4. Einhaltung der vorgeschriebenen Arbeitsverfahren und ständige Verbesserung des Arbeitsschutzes.

### 7.301 Planausbesserung

Um die Betriebstüchtigkeit der Lokomotiven zu erhalten, werden in bestimmten Zeitabständen Planausbesserungen durchgeführt. Diese Zeitabstände werden bestimmt durch den normalen Verschleiß der Lokomotivbauteile, welcher sich aus den Strecken- und Betriebsverhältnissen ergibt, ferner aus den notwendigen Kesselauswaschungen, die ihrerseits von den Wasserverhältnissen und den gebräuchlichen Wasserenthärtungsmethoden abhängig sind. Der Planausbesserungsrhythmus wird also vom Verschleiß bestimmt. Die Auswaschungen müssen nun entsprechend eingeordnet werden (Reichenbacher Verfahren).

### 7.302 Überplanarbeiten

Alle über die festgelegten Planausbesserungen hinaus notwendig werdenden Arbeiten bezeichnet man als Überplanarbeiten. Diese müssen am Planausbesserungstag mit durchgeführt werden. Zwischenreparaturen bedeuten meistens den Ausfall einer Lokomotive für ihre planmäßige Leistung. Deshalb muß man die Zwischenreparaturen soweit als möglich vermeiden und die Fristen entsprechend bemessen. Treten bestimmte Arbeiten häufig als Überplanarbeiten auf, so empfiehlt es sich, diese als Planarbeiten in den Planausbesserungsrhythmus einzubeziehen oder deren Fristen zu verkürzen.

### 7.303 **Fristenüberwachung**

In dem Verzeichnis der Fristarbeiten an Dampflokomotiven (enthalten in der DV 947) sind die Höchstfristen für die durchzuführenden Planarbeiten festgelegt. Nach den örtlichen Verhältnissen sind diese Fristen zu verringern, und zwar so, daß die Planarbeiten den Charakter der vorbeugenden Verschleißkontrolle mit den sich hieraus ergebenden Arbeiten erhalten.
Für jede Lokomotiv-Baureihe wird hiernach ein Fristenplan aufgestellt. Hierbei sind die in längeren Zeiträumen wiederkehrenden Fristen so auf die Planausbesserungstage zu verteilen, daß annähernd je Planausbesserungstag ein gleicher Arbeitsumfang erzielt wird. Es kann sogar notwendig werden, für eine Lokomotiv-Baureihe mehrere Fristenpläne aufzustellen, sobald die Lokomotiven in verschiedenen Dienstplänen laufen, die grundlegend andere Betriebsverhältnisse aufweisen.
Zur Kontrolle der Durchführung der Planausbesserungen muß für jede Lokomotive ein Nachweis der Fristarbeiten geführt werden. Dieser Nachweis ist wie der Fristenplan aufgebaut. Die tatsächlich ausgeführten Fristarbeiten sind mit Datum und Namenszeichen des Verantwortlichen einzutragen.

Zur technischen Überwachung sind weiterhin zu führen:

Beurteilungs- und Meßblatt für Feuerbüchsen,
Schmelzpfropfenüberwachungsbogen,
Radreifenmeßblatt und
Vordruck „Laufleistung der Achs- und Stangenlager".

Um eine einwandfreie Überwachung der Planausbesserungstage zu gewährleisten, wurde der „Überwachungsbogen zur Einhaltung der Planausbesserungstage" eingeführt.
Dieser Plan gibt Auskunft über die Soll-Planausbesserungstage nach dem Fristenplan, die operativen Veränderungen, die tatsächlichen Planausbesserungstage sowie alle aufgetretenen Unregelmäßigkeiten. Die Abweichungen vom Plan werden analysiert. Aus dieser Analyse lassen sich wertvolle Schlüsse für die Verbesserung des Arbeitsablaufes ziehen.

### 7.304 **Arbeitsaufnahme**

Die Arbeitsaufnahme für die Lokomotivausbesserung enthält folgende Punkte:

a) Erfassung aller für den betreffenden Planausbesserungstag festgelegten Fristarbeiten.
b) Erfassung der im Reparaturbuch durch das Lokomotivpersonal eingetragenen Besonderheiten.
c) Weiterhin hat der Arbeitsaufnehmer die Lokomotive auf Schäden und Besonderheiten selbst zu untersuchen. Spätestens alle drei Monate wird die Lokomotive durch den Arbeitsaufnehmer einer besonders gründlichen Untersuchung unterzogen. Die Durchführung des Standprüfverfahrens zeigt dem Arbeitsaufnehmer den Zustand der Lokomotive auf, wie Dichtigkeit der Dampfwege, Dichtigkeit der Rauchkammer, Dichtigkeit der Kolben und Schieber, Vorhandensein von Zylinder- und Zylinderdeckelrissen,

Spiel und Sitz der Triebwerks- und Laufwerksteile sowie Zustand des Rahmens und der Rahmenverbindungen.

Auf Grund der unter a)—c) angegebenen Schadensfestlegung werden die Arbeits- und Materialscheine ausgestellt.

### 7.305 **Arbeitsabnahme**

In der Struktur der LU-Gruppe ist keine besondere Arbeitsrate für die Arbeitsabnahme vorgesehen. Für die ordnungsmäßige Arbeitsausführung sind die Werkmeister verantwortlich. Der Lokomotivführer, der die Lokomotive von der Planausbesserung übernimmt, hat diese ebenfalls auf Betriebstüchtigkeit und auf gute Arbeitsausführung zu prüfen.
Es gehört zu den Aufgaben der Wirtschaftsfunktionäre des Bahnbetriebswerkes (Vorsteher, LU-Gruppenleiter), sich stichprobenweise von der Arbeitsdurchführung und Einhaltung der geforderten Qualität zu überzeugen.

## 7.4 Arbeitsablauf bei der Planausbesserung

Im folgenden Teil sind die zur Lokomotivunterhaltung gehörenden Arbeiten beschrieben. Die verschiedenen Fristen der einzelnen Arbeiten werden hierbei nicht berücksichtigt. Diese gehen aus dem Fristenplan hervor. Die Durchführung der Fristarbeiten erfolgt in den Bahnbetriebswerken nach einheitlichen Arbeitsabläufen.

### 7.401 **Reinigung der Lokomotive**

Die Reinigung der Lokomotiven wird in reiner Handarbeit oder mit einem Schaumreinigungsgerät (siehe Bild 143) durchgeführt. In einem Kessel werden Chemikalien (Schaumfix) in Wasser gelöst. Durch diese Lösung wird Druckluft geblasen, welche den hierbei entstehenden Schaum durch eine Spritzleitung auf die zu reinigenden Flächen aufträgt. Nach kurzer Einwirkzeit werden die eingeschäumten Flächen mit warmem Wasser abgespritzt. Die Nachbehandlung erfolgt durch Einreiben mit Lackpflegemitteln. Die

Bild 143:
Schaumreinigungsgerät

Schaumreinigung bringt eine Einsparung an Arbeitskräften, hat aber den Nachteil, daß der Schaum an warmen Teilen festbrennt; die Lokomotive wird hierdurch unansehnlich. In Entwicklung befindet sich ein automatischer Abspritzstand. Arbeitskräfte zur Reinigung sind nicht mehr erforderlich, da die Lokomotive mit eigener Kraft die Anlage langsam durchfährt.

## 7.402 Auswaschen des Lokomotivkessels

### 7.402.1 *Abkühlen des Lokomotivkessels*

Die natürliche Abkühlung des Lokomotivkessels zum Auswaschen ist sehr zeitraubend. Um den Arbeitsablauf zu beschleunigen und die Standzeiten der Lokomotive zu verringern, wird das Umwälz-Abkühlverfahren angewendet.

Entsprechend der Größe des Bahnbetriebswerkes sowie der vorhandenen Anlagen und der zu unterhaltenden Lokomotiven bestehen verschiedene Ausführungsmöglichkeiten.

Ist eine stationäre Auswaschanlage (siehe Bild 144) vorhanden, so wird über diese umgewälzt; im anderen Falle muß über den Tender der auszuwaschenden Lokomotive umgewälzt werden. Während im ersten Falle für den Umwälzvorgang die stationäre Kreiselpumpe verwendet wird, benutzt man im zweiten Falle das fahrbare Pumpenaggregat.

Das Umwälz-Abkühlverfahren bezweckt eine schnelle und annähernd gleichmäßige Abkühlung des gesamten Kessels.

Für einen schnellen Umlauf ist ein ausreichender Ablaufquerschnitt von ausschlaggebender Bedeutung, da von ihm allein die erzielbare Wälzgeschwindigkeit abhängt.

Die auszuwaschende Lokomotive wird mit 8 bis 10 kp/cm$^2$ Dampfdruck und einem Mindest-Wasserstand von $^3/_4$ der Höhe des Wasserstandglases ohne Feuer, mit geschlossenen Aschkasten- und Bodenklappen sowie geschlossener Rauchkammer- und Feuertür auf dem Auswaschstand abgestellt. Der Schornstein wird abgedeckt. Nun beginnen die Arbeiten für den Umwälzvorgang.

1. Der Füllwasserbehälter der Auswaschanlage ist so weit mit Frischwasser zu füllen, daß sein Wasserinhalt gleich dem zum restlosen Auffüllen des Lokomotivkessels notwendigen Volumen zusätzlich 2 bis 3 m$^3$ entspricht.

2. Der Spritzwasserbehälter muß rund $^1/_3$ der notwendigen Füllwasserbehältermenge enthalten.

3. Anschließen der Dampfheizung der Lokomotive mittels eines Dampfschlauches an die Leitung zum Füllwasserbehälter der Auswaschanlage. Ablassen des Dampfes aus dem Lokomotivkessel in den Füllwasserbehälter, bis das darin befindliche Wasser eine Temperatur von rund 70 °C bis 80 °C erreicht hat.

4. Danach ist der Dampfablaßschlauch von der Leitung zum Füllwasserbehälter zu lösen und an die Leitung zum Spritzwasserbehälter anzuschließen.

5. Der Füllschlauch ist an den Feuerlöschstutzen der Auswaschlokomotive und an das Pumpendruckrohr der Auswaschanlage anzuschließen.

6. Die Auswaschpumpe ist auf den Füllwasserbehälter umzuschalten und in Betrieb zu setzen. Der Lokomotivkessel wird mit dem Warmwasser aufgefüllt. Nach gänzlicher Füllung des Kessels läuft das Wasser über den Heizanschluß der Lokomotive in den Spritzwasserbehälter über.

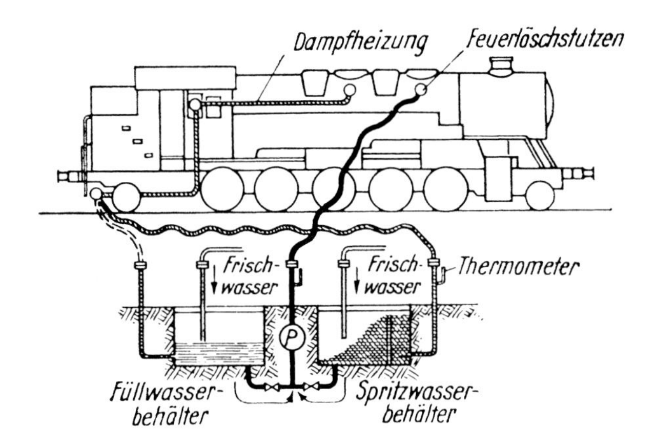


Bild 144: Schaltbild der stationären Auswasch- und Umwälzanlage

7. Nach Überlauf von etwa 1 $m^3$ Wasser wird die Auswaschpumpe auf den Spritzbehälter umgeschaltet, und der Umwälzvorgang beginnt.
Das Wasser nimmt nun den Weg vom Spritzbehälter über die Pumpe zum Feuerlöschstutzen durch den Kessel zur Dampfheizleitung und zurück zum Spritzbehälter.

8. Nach Absinken der Kesselwassertemperatur auf etwa 20 °C über der des Spritzwasserbehälters wird in die Saugleitung des Wälzkreises Frischwasser eingespeist und so einreguliert, daß die Temperaturdifferenz zwischen Vor- und Rücklauf stets etwa 20 °C beträgt.

9. Hat die Temperatur des aus dem Kessel zurückfließenden Wassers die gewünschte Endtemperatur erreicht, so ist die Frischwasserzugabe zu beenden und der Umwälzvorgang noch etwa 10 Minuten lang fortzusetzen, um eine gleichmäßige Wärmeverteilung im Kessel zu erreichen.
Die Einhaltung der Temperaturdifferenz wird durch den Diagrammstreifen des schreibenden Doppelthermometers festgehalten. Hierdurch ist jederzeit eine nachträgliche Kontrolle möglich.

10. Nach Ablassen des Kesselwassers in den Spritzwasserbehälter werden sämtliche Luken geöffnet, und der Kessel wird ausgewaschen.

Bei richtiger Anwendung des Umwälzabkühlverfahrens wird erreicht, daß der gesamte Kessel intensiv und fast gleichmäßig abgekühlt wird. Dadurch wird ein Festbrennen von in Schlammform abgesetzten Kesselsteinbildnern mit Sicherheit vermieden.
Der früher teilweise sehr schwierige Auswaschvorgang (Abstoßen von Kesselstein) wird bei innerer Kesselspeisewasseraufbereitung lediglich auf ein Abspritzen bzw. Ausspülen beschränkt, um einwandfrei saubere Kessel zu erhalten.

### 7.402.2 *Auswaschvorgang*

Folgende Auswaschverfahren sind gebräuchlich:

1. Waschen und Füllen mit warmem Wasser mittels Dampfstrahlpumpe einer anderen Lokomotive.

Auf dem Nachbargleis der zu waschenden Lokomotive wird eine unter Dampf stehende Lokomotive aufgestellt.
Ein Kesselspeiseventil wird geschlossen und an den zugehörigen Feuerlöschstutzen der Auswaschschlauch angeschlossen, in den die Dampfstrahlpumpe das Wasch- und Füllwasser mit etwa 60 °C drückt.

2. Waschen und Füllen mit warmem Wasser, das im Tender der Lokomotive durch den eigenen Dampf erwärmt und mittels fahrbarer Kreiselpumpe gefördert wird.
Von der zum Auswaschen abgestellten Lokomotive wird der überschüssige Dampf unter entsprechender Schaltung der Dampfstrahlpumpe in den Tender abgelassen.
Eine fahrbare elektrisch betriebene Kreiselpumpe entnimmt das warme Wasch- und Füllwasser aus der Tender-Wasserkupplung.
Die unter 1 und 2 genannten Verfahren werden kaum angewendet.

3. Waschen mit warmem, Füllen mit heißem Wasser.
Dieses Verfahren wird auf Grund seiner geringen Gesamtkosten und besten Wärmeausnutzung fast ausschließlich angewendet.
Dampf- und Kesselwasser werden nacheinander in den Spritz- bzw. Füllwasserbehälter abgelassen.
Die Aufspeicherung des Füll- und Spritzwassers in zwei getrennten Behältern ist notwendig, damit das abgelassene, mit Mineralien völlig gesättigte Wasser nicht wieder in den Kessel gefüllt wird. Zum anderen wird durch diese Trennung die Möglichkeit gegeben, das Füll- und Spritzwasser auf verschiedene Temperaturen zu erwärmen.
Der Dampf der auszuwaschenden Lokomotive wird über eine Dampfleitung, die im Füllwasserbehälter 100 mm über der Sohle mit etwa 8 m Länge endet, mit dem Frischwasser vermischt.
Das Kesselwasser wird über eine besondere Leitung und einen Schlammfang dem Spritzwasserbehälter zugeleitet. Beide Behälter können aus der Frischwasserleitung gespeist und in besonderen Fällen durch eine kurze Rohrleitung miteinander verbunden werden.
Die Kreiselpumpe entnimmt das Wasser aus dem einen oder anderen Behälter und drückt es durch die Spritz- oder Fülleitung in den Auswaschschlauch, der an ein Standrohr angeschlossen wird.
Die Temperatur in den Behältern bzw. der Wasserstand wird durch entsprechende Meßgeräte festgestellt.
Nach dem Ablassen des Dampfes und des Wassers werden die Waschluken und Reinigungsdeckel geöffnet. Für das Ausspritzen des Kessels gilt nachstehende Reihenfolge:

1) die Feuerbüchse von oben,
2) die Rohrwand und den oberen vorderen Umbug,
3) die Schlammtaschen des Langkessels von den Seitenluken aus,
4) die Seitenwände des Stehkessels vom Führerstand aus,
5) den Rückwandraum des Stehkessels vom Führerstand aus,
6) die vordere Rohrwand und den Langkessel von der Rauchkammer aus,
7) Restspülung des Stehkessels von den unteren Luken aus nach allen Richtungen.

Anschließend wird der Kessel vom Werkmeister durch Ableuchten auf seine Sauberkeit gründlich untersucht.

Hierbei ist besonders auf Ablagerungen von Kesselstein, Abzehrungen und Rißbildungen zu achten.
Vor dem Schließen des Kessels sind die Reinigungsdeckel und Lukenpilze zu säubern. Wo erforderlich, sind Lukenpilze mit neuen Dichtringen zu versehen und mit Graphit einzuschmieren.

7.402.3 *Unterhaltungsarbeiten*

Die Kesselarmaturen werden abgebaut, an der Werkbank untersucht und nachgearbeitet. Diese Nacharbeit besteht in dem Einschleifen folgender Hähne und Ventile:

Wasserstandshähne,
Wasserstandsablaßhähne,
Prüfhähne,
Dreiwegehahn,
sämtliche Absperrventile,
Absperrhahn für den Druckmesser,
Druckausgleich-Umstellhahn.

Die Armaturen werden vor Anbau auf dem in Bild 142 gezeigten Gerät auf Dichtheit geprüft.
Zur Untersuchung des Reglers wird nach Entfernen der Bekleidung der Domdeckel abgenommen. Danach werden der Wasserabscheider und der Regler ausgebaut. Bei schadhaftem Hauptventil erfolgt ein Austausch des Reglers. Eingeschlagene Hilfsventilkegel dürfen ausgewechselt werden. Weiterhin dürfen nur Reinigungsarbeiten vorgenommen werden. Vor dem Einbau wird der Regler auf das Knierohr dampfdicht aufgeschliffen. Auf einwandfreie Versplintung des Reglergestänges ist zu achten. Hiernach kann der Domdeckel wieder geschlossen werden. Die Reglerstopfbuchse wird neu verpackt.
Bei der Untersuchung der Dampfstrahlpumpen wird nach Abnehmen des Deckelflansches der Düsensatz ausgebaut und im Salzsäurebad vom Kesselstein gereinigt. Rückschlagventil und Spindelspitze des Anstellventils werden nachgeschliffen. Der Düsensatz wird zum Einbau mit neuen Dichtungen versehen. In diesem Zusammenhang werden die Kesselrückschlagventile untersucht und nachgearbeitet.
Von der Kolbenspeisepumpe werden die Steuerkolben ausgebaut, gereinigt, geprüft und vor Wiedereinbau eingefettet. Schadhafte Steuerkolbenringe werden durch neue ersetzt. Die Saug- und Druckventile werden gereinigt und nachgeschliffen; sind sie schadhaft, so erfolgt Austausch.
Die Untersuchung des Wasserkolbens erstreckt sich auf festen Sitz und einwandfreie Versplintung.
Bei zu geringer Förderleistung der Pumpe werden die abgenutzten Wasserkolbenringe ausgewechselt.
Die Schmierpumpe, die Ölleitungen und Ölsperren werden gereinigt und auf einwandfreies Arbeiten geprüft.
Die Abschlammvorrichtungen werden abgebaut und an der Werkbank auf ihren ordnungsgemäßen Zustand untersucht.
Die Untersuchung der Überhitzerelemente erfordert deren Ausbau; dieser kann erfolgen, nachdem alle hinderlichen Teile ausgebaut sind. Die Prüfung der ausgebauten Überhitzereinheiten erfolgt mit einem Wasserdruck von

30 kp/cm². Schadhafte Überhitzereinheiten werden ausgebessert oder ausgewechselt. Die Abstandhalter werden gerichtet und die Dichtflächen an den Überhitzereinheiten und am Dampfsammelkasten gesäubert.
Die Schmelzpfropfen werden nach festgelegten Fristen ausgewechselt. Vor Einbau werden sie gestempelt.
Folgende Kesseleinrichtungen werden auf ordnungsgemäßen Zustand bzw. einwandfreie Funktion geprüft:

Funkenfänger und Prallblech,
Rauchkammer- und Aschkasteneinspritzung,
Aschkasten nebst Klappen und Kipprost,
Oberflächenvorwärmer auf Dichtheit,
Kesselsicherheitsventil.

Die Mischvorwärmeranlage wird nach Öffnen der Deckel von Schlamm- und Ölrückständen gereinigt. Die Schwallbleche werden auf festen Sitz und die Abflußleitung vom Ölabscheider auf freien Durchgang geprüft.
Das Stand- und Blasrohr wird fristgemäß von den ölkohlehaltigen Ansätzen gereinigt.
Die Stehbolzen werden durch Aufbohren der feuerbüchsseitigen Kontrollbohrungen offen gehalten. Besonders gefährdet sind die Stehbolzen in Verbrennungskammern.
Die Schlammabscheider, Wassereinspritzeinrichtungen und Düsen werden zur Reinigung ausgebaut. Bei vorhandenem Speisedom werden die Winkeleisenroste herausgenommen und gereinigt. Die Reinigung der Ablenkbleche erfolgt durch die seitlichen Luken und bei Kesseln mit Speisedom auch von diesem aus.
Bei allen Arbeiten auf dem Kesselscheitel wird ein Arbeitsgerüst zur Sicherung gegen Abstürzen der Handwerker benutzt.

7.402.4 *Feuerloses Anheizen*

Um das zeitraubende Anheizen der Lokomotiven nach dem Auswaschen auf ein Minimum zu senken, wurde das feuerlose Anheizen der Lokomotiven entwickelt.
Im Hinblick auf die Gesundheit der Werktätigen bedeutet das feuerlose Anheizen eine wesentliche Verbesserung, da die Verqualmung des Lokomotivschuppens vermieden wird.
Weitere Vorteile sind die Schonung des Kessels durch zweckmäßige wärmetechnische Behandlung und die Verringerung der Wärmespannungen.
Undichtigkeiten können beim feuerlosen Anheizen bereits zu Beginn des Vorganges festgestellt und ohne größeren Zeitaufwand behoben werden, während es beim üblichen Anheizen mit Brennstoffen meist erforderlich ist, bei Undichtigkeiten den Kessel wieder zu entfeuern, bevor die Arbeiten ausgeführt werden können.
Im Bild 145 ist das feuerlose Anheizen im Gegenstromverfahren schematisch dargestellt.
Der Dampf wird über die Hauptleitung aus einem ortsfesten Netz zugeführt, das von einer Kesselanlage oder einer Heizlokomotive gespeist wird.
Aus der Dampfleitung wird über einen Ventilständer, in dem alle Armaturen, Regel- und Überwachungseinrichtungen zusammengefaßt sind, zum Vorwärmen die Verbindung zum Abschlammventil hergestellt; der zweite Anschluß geht über die Mischdüse zum Feuerlöschstutzen. Die Leitungen

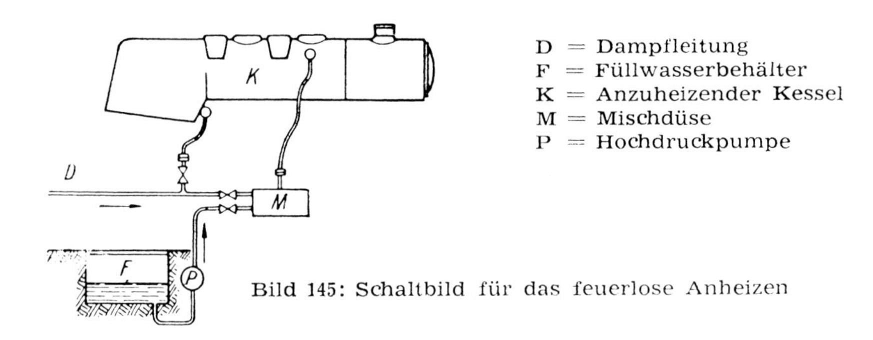

Bild 145: Schaltbild für das feuerlose Anheizen

verlaufen zur Arbeitsgrube und von dort über Hochdruck-Gelenkschläuche oder abnehmbare Rohrleitungen mit Schnellkupplungen zur Lokomotive.
Das Vorwärmen erfolgt über beide Anschlüsse, um eine möglichst weitreichende Erwärmung des Kessels zu erzielen.
Nach einer Vorwärmzeit von 15 bis 20 Minuten mit Dampf von 4 kp/cm² wird vom Füllwasserbehälter durch eine Hochdruckpumpe Füllwasser von 70 °C zum Ventilständer gedrückt. In der Mischdüse wird durch Zusatz von Heizdampf die Temperatur um etwa 50 °C erhöht und das Wasser dann durch dieselbe Verbindung wie beim Vorwärmen zum Kesselventil befördert. Gleichzeitig wird die Dampfzufuhr durch das Abschlammventil mit höherem Druck weitergeführt.
Nach Füllung des Kessels bis zur unteren Grenze des Wasserstandsglases wird die Wasserzufuhr abgestellt und der Kessel bis 8 kp/cm² über das Abschlammventil durch Heizdampf aufgeladen.
In der Feuerbüchse ist sowohl vor dem Anheizen als auch beim Weiterheizen das Brennstoffbett vorzubereiten, so daß es durch die Erwärmung des Kessels gut vortrocknet. Zu Beginn des Vorwärmens ist der Kessel zunächst etwa 5 Minuten zu entlüften. Die Steuerung ist auf Mitte zu legen, die Bremse anzuziehen und die Lokomotive zu verkeilen.
Nach dem feuerlosen Anheizen soll ein Kesseldruck von mindestens 8 kp/cm² bei etwa ¾ Wasserhöhe im Wasserstandsglas bestehen, damit die Hilfsmaschinen geprüft werden können und die Lokomotive mit eigener Kraft aus dem Schuppen fahren kann. Das vorgetrocknete Brennstoffbett wird außerhalb des Schuppens zur Entzündung gebracht.

### 7.403 Unterhaltungsarbeiten am Lokomotivrahmen

#### 7.403.1 *Rahmen und Kesselauflage*

Der gesamte Rahmen der Lokomotive und des Tenders ist auf festen Sitz aller Verbindungen und auf Anrisse zu untersuchen. Besonderes Augenmerk ist auf die Verbindungen zwischen Rahmen und Kessel, Zylinderbefestigungen und Befestigungen der Rahmenquerverbindungen zu legen.
Besonders rißgefährdete Stellen sind die Ausrundungen der Rahmenausschnitte für die Achslager.
An den Teilen der Lenkgestelle, die unter dem Aschkasten liegen, treten oft Abzehrungen auf. Diese sind zu beobachten und, wenn erforderlich, bei der Raw-Vormeldung zu berücksichtigen.
Die Gleitflächen der Stehkesselträger und der Schlingerstücke sind mit Graphit zu schmieren. Zum Schmieren der Schlingerstücke sind die Keile

auszubauen. Gleichzeitig werden die Ölgefäße und Ölrohre abgebaut und gereinigt. Die Rohre werden vor dem Wiederanbau ausgeglüht und mit Luft durchgeblasen. Beim Anziehen der Keile an den Schlingerstücken ist darauf zu achten, daß die Längsausdehnung des Kessels nicht blockiert wird.

### 7.403.2 *Dreh- und Lenkgestelle*

Zur Prüfung der Dreh- und Lenkgestelle sind diese gründlich zu säubern, um Anbrüche und sonstige Schäden sichtbar zu machen. Zur Untersuchung des Drehzapfens wird die Lokomotive angehoben bzw. das Lenkgestell abgesenkt. Sämtliche gleitenden und drehenden Teile werden gereinigt, geprüft und neu eingefettet. Die Ölgefäße und Ölrohre werden gereinigt und geprüft.

### 7.403.3 *Zug- und Stoßvorrichtungen*

An den Zugvorrichtungen wird der Zustand der Federn geprüft. Die Seitenbeweglichkeit ist festzustellen, die Ölgefäße und Ölrohre sind zu reinigen und zu prüfen sowie die Schmierdochte zu wechseln. Der Pufferstand wird kontrolliert. Die Entfernung von Mitte Puffer bis Schienenoberkante darf 940 bis 1065 mm betragen, die Entfernung der Puffermitten 1740 bis 1770 mm. Die Pufferfedern sind zu prüfen. Sind diese erlahmt oder ist der Pufferteller lose, so wird der Puffer getauscht.
Die Haupt- und Notkuppelbolzen zwischen Lokomotive und Tender sind auf richtige Versplintung, die Stoßpufferfedern auf richtige Lage und Anbrüche zu kontrollieren.
Es ist weiterhin festzustellen, ob die Bahnräumer festen Sitz und richtige Lage haben (70 mm über Mitte Schienenkopf im geraden Gleis).
Die Dichtigkeit und Aufhängung der Speisewasserkupplung sowie die Gangbarkeit und der Durchgang der Entwässerungshähne werden geprüft.

Bild 146: Steckschlüssel für Kreuzkopfbolzenmutter

Bild 147:
Zylinderdeckelwagen

## 7.404 Unterhaltungsarbeiten an der Dampfmaschine

### 7.404.1 *Dampfkolbenuntersuchung*

Die Dampfkolbenuntersuchung erstreckt sich auf folgende Teile:

1. Zylinder (einschließlich Zylinderdeckel),
2. Kolben und Kolbenstange,
3. Kreuzkopf und Gleitbahn,
4. Stopfbuchsen und Kolbentragbuchsen,
5. Zylinder-Entwässerungsventile und Zylindersicherheitsventile bzw. Bruchplatten.

Zuerst werden das Ölrohr vom Kreuzkopfbolzen und die Lenkerstange abgebaut. Mit dem Steckschlüssel (siehe Bild 146) wird die Kreuzkopfbolzenmutter gelöst und abgeschraubt.
Weiterhin werden abgebaut: Fangbügel, Kolbenstangenschutzrohr, vordere Kolbenstangentragbuchse mit Ölgefäß bzw. Ölsperre. Der Zustand der Kolbentragbuchse wird hierbei geprüft; bei Abnutzung über 1 mm erfolgt ein Neuausguß.
Vor dem Abbau des Zylinderdeckels werden die Kolbenstopfbuchsen abgenommen. Hierbei werden die Dicht- und Deckringe geprüft. Dann werden die Zylinderdeckelmuttern mit einem Ratschenschlüssel gelöst. Nach Abnehmen des Druckringes wird der Zylinderdeckel abgezogen. Während die zweiteiligen Zylinderdeckel von Hand abgebaut werden, benutzt man für den einteiligen den Zylinderdeckelwagen (siehe Bild 147).
Nach dem Abbau der Gestänge für die Zylinder-Entwässerungsventile wird die hintere Kolbenstopfbuchse ausgebaut und zerlegt. Der Kreuzkopfkeil wird ausgebaut, anschließend die Kolbenstange mittels hydraulischer Vorrichtung ausgepreßt (siehe Bild 148). Nun kann der Kolben aus dem Zylinder herausgenommen und auf Böcke abgelegt werden.

Bild 148: Hydraulische Kolbenabpreß-vorrichtung

Sämtliche abgebauten Teile und der Zylinder mit seinen Kanälen werden gereinigt, wobei die Zylinderwandung auf Abnutzung und Kreis- und Zylinderhaltigkeit untersucht wird. Kolbenstangenkegel, Kreuzkopfhals und Lenkeransatz werden mit Schlämmkreide bestrichen und auf Anrisse untersucht.
Durch Betätigen der Schmierpumpe wird die Zylinderölung durch Kontrolle des Ölaustritts geprüft.
Bevor die neuen Kolbenringe aufgezogen werden, sind sie auf dichtes Anliegen im Zylinder zu prüfen. Hierbei darf die Fugenbreite der Ringstöße nicht breiter als 4 mm sein. Die Kanten der Kolbenringe sind leicht zu brechen.
Nach dem Einfetten der Zylinderwandung wird der Kolben mit den vorher aufgezogenen Ringen eingesetzt.
Die Kolbenstange wird im Kreuzkopf durch den Keil befestigt. Der Anbau der übrigen Teile erfolgt in umgekehrter Reihenfolge wie beim Ausbau.
Vor dem Anbau der Treibstange wird zum Vermessen des schädlichen Raumes der Kolben in beide Endstellungen gebracht und diese gekennzeichnet. Bei angebauter Treibstange wird die Lokomotive in beide Totpunktlagen gefahren; hierbei wird die Kolbenlage ebenfalls gekennzeichnet. Durch Feststellen der Differenzen zwischen Kolbenendlage und Totpunkt wird der schädliche Raum kontrolliert.
Für innenliegende Zylinder weicht der Arbeitsablauf nur unwesentlich ab. Hierfür werden zusätzlich folgende Vorrichtungen benutzt:
Ratschenschlüssel und Auflagebock für das Lösen und Befestigen der Zylinderdeckelmuttern,
Vorrichtung zum Anheben und Einrichten des mittleren Kolbens, Ständer zum Einführen des Kolbens und
Seilwinde zum Senken und Heben des innenliegenden Kreuzkopfes.

### 7.404.2 *Schieberuntersuchung*

Die Schieberuntersuchung wird wie folgt durchgeführt: Als erstes ist das Schieberstichmaß zu prüfen. Die richtige Auflage des Stichmaßes ist beson-

ders zu beachten. Der vordere Schieberkastendeckel wird abgebaut und dabei die Tragbuchse auf Abnutzung geprüft. Beträgt der Einlauf mehr als 1 mm, so wird die Tragbuchse um 180 ° gedreht bzw. neu ausgegossen. Die Lenkerstange ist abzunehmen. Zeigt sich zwischen Schieberkreuzkopf und Schieberführungsgleitflächen eine größere Abnutzung als 1 mm, so wird dieser Verschleiß durch Beilagen am Schieberkreuzkopf ausgeglichen. Nach Abbau der Stellmuttersicherung und Abschrauben der Stellmuttern wird der Schieber nach vorn herausgezogen. Zum Lösen der Stellmuttern ist ein Spezialschlüssel zu verwenden. Die hintere Schiebertragbuchse wird ausgebaut und ebenfalls auf Abnutzung geprüft.
Die Schieberringe sind vom Schieberkörper abzunehmen, zu reinigen und nach Bedarf zu ersetzen. Die Kolbenschieber mit ihren Ringnuten und die Schieberbuchsen, besonders die Auslaufflächen, sind gründlich zu reinigen. Danach werden die Schieberkörper auf festen Sitz und Anrisse geprüft.
Bei Druckausgleich-Kolbenschiebern sind die Muttern und Sicherungsbleche abzubauen, Schieberkörper und Federn abzuziehen und zu reinigen. Auf einwandfreie Dichtflächen ist zu achten, undichte Flächen sind nachzuschleifen. Aufgelaufene Schieberkörper werden auf der Drehbank auf Rundlauf geprüft. Die Schieberbuchsen sind auf festen Sitz und Abnutzung zu kontrollieren. Abgenutzte Buchsen und Bolzen der Steuerungsteile müssen ersetzt werden. Der freie Durchgang der Entwässerungsrohre muß gewährleistet sein.
Bevor die Schieberringe auf die Schieberkörper aufgezogen werden, sind sie allein in die Schieberbuchse einzuführen, um an mehreren Stellen das Anliegen zu prüfen und die Fugenbreite festzustellen. Als Größtmaß sind 1,5 mm zugelassen. Um die Ringe beim Aufstreifen nicht über die Elastizitätsgrenze zu beanspruchen, ist hierzu eine Zange mit Hubbegrenzung zu verwenden. Die Schmierpumpe wird so lange betätigt, bis das Öl aus den Schmierlöchern austritt.
Sämtliche Teile werden mit einem Gemisch von Flockengraphit und Heißdampföl eingefettet. Nachdem bei den Druckausgleich-Kolbenschiebern die Beweglichkeit der losen Schieberkörper geprüft ist, können die Schieber eingebaut werden.
Der weitere Zusammenbau ist dem Ausbau gemäß vorzunehmen. Mit Hilfe des Schieberstichmaßes wird der Schieber in die richtige Lage gebracht.

#### 7.404.3 *Druckausgleicher und Luftsaugeventile*

Zur einwandfreien Funktion der Druckausgleicher und Luftsaugeventile sind diese entsprechend den festgelegten Fristen zu reinigen und einzufetten. Hierbei werden gleichzeitig alle Teile untersucht.
Schadhafte Ventilteller, erlahmte oder schadhafte Federn und Kolbenringe werden getauscht. Bei kleinen Undichtigkeiten werden die Dichtflächen nachgearbeitet, bei größeren Schäden werden Druckausgleicher und Luftsaugeventile getauscht.

### 7.405 **Unterhaltungsarbeiten an Trieb- und Laufwerk**

#### 7.405.1 *Radsätze*

Die Untersuchung der Radsätze erstreckt sich in erster Linie auf die Abnutzung der Radreifen. Mit der Betriebsgrenzmaßlehre werden Spurkranzdicke, Tiefe der Abnutzung im Laufkreis und die Radreifendicke gemessen.

Vor jeder Messung sind die Radreifen an den Meßstellen gründlich zu reinigen. Sind die vorgeschriebenen Betriebsgrenzmaße erreicht, so geht die Lokomotive zum Nachdrehen der Radreifen oder zum Neubereifen in das Reichsbahnausbesserungswerk. Bei Bildung einer fühlbaren Kante oder eines Grates am Spurkranz müssen diese durch Abschleifen oder andere Mittel beseitigt werden. Zur Zeit werden verschiedene Arten von Abgrat- und Schleifvorrichtungen erprobt, um auch diese Arbeit zu mechanisieren.
Wird festgestellt, daß die Radreifen auf dem Radkörper lose sitzen, so müssen diese Radreifen im Reichsbahnausbesserungswerk ersetzt werden. Die Untersuchung der Radsätze erstreckt sich weiterhin darauf, ob die Radkörper auf den Achswellen lose sind, was sich durch Ölaustritt an den Trennfugen bemerkbar macht, ferner auf Speichenanbrüche.

7.405.2 *Treib- und Kuppelstangen*

In festgesetzten Fristen werden die Treib- und Kuppelstangen abgebaut, gründlich gesäubert und auf Anrisse untersucht. Hierzu werden sie auf Böcke gelegt. Die Untersuchung auf Anrisse erfolgt durch das Schlämmkreideverfahren oder die magnetische Durchflutung. Beim Schlämmkreideverfahren werden die Stangen mit Petroleum eingerieben, damit dieses in etwa vorhandene Risse eindringen kann. Nach Abreiben des Petroleums werden die Stangen mit in Spiritus angerührter Schlämmkreide dünn bestrichen. Nach Trocknung der Schlämmkreide erfolgt mit einer Lupe die Prüfung auf Anrisse.
Beim magnetischen Durchflutungsverfahren werden die zu untersuchenden Treib- oder Kuppelstangen mittels Polschuhen elektromagnetisch durchflutet. Die Stange wird mit dünnflüssigem Prüföl, das mit gefärbtem magnetischem Metallstaub durchsetzt ist, übergossen. An vorhandenen Rissen stauen sich die magnetischen Linien an der Oberfläche der Stange. Der sich dort ansammelnde Metallstaub zeigt den Rißverlauf. Treib- und Kuppelstangen, die Anrisse enthalten, werden ausschließlich im Reichsbahnausbesserungswerk aufgearbeitet.
Abgenutzte Gelenkbolzen und ausgeschlagene Buchsen werden durch neue ersetzt.
Sämtliche Schweißarbeiten an Radsätzen sowie Treib- und Kuppelstangen dürfen im Bahnbetriebswerk nicht ausgeführt werden.

7.405.3 *Achs- und Stangenlager*

Während die Achslager mit einteiliger Lagerschale bei Abnutzung der Lagerlaufflächen neu ausgegossen werden müssen, ist bei den Achslagern der Bauart „Obergethmann" und „Mangold" eine Nachstellmöglichkeit vorhanden. Das Nachpassen der Obergethmannlager geschieht durch Auswechseln der Beilagen. Hierzu werden die Achslagerunterkästen mit den Achslagerschalen-Unterteilen und den Beilagen abgenommen. Die Achslagerschalen-Unterteile werden mit dem Unterkasten ohne Beilagen wieder angebaut und so weit angezogen, daß die Unterteile am Achsschenkel leicht anliegen. Durch Ausmessen des Zwischenraumes zwischen der oberen und unteren Achslagerschale wird die erforderliche Beilagendicke bestimmt. Zur Vermeidung von Heißläufern wird ein Zuschlag von 0,5 mm gegeben. Hiernach erfolgt der Zusammenbau.
Bei ausgebauter Achse läßt sich jedoch das Wechseln der Beilagen leichter und mit größerer Genauigkeit durchführen.

14 *

Beim Mangoldlager ist das Nachstellen der Seitenlagerschalen wesentlich einfacher. Nach Abnehmen der Sicherungsvorrichtung und Lösen der Druckschrauben des Achslagerunterkastens lassen sich die seitlichen Lagerschalen durch Keil nachstellen. Zur Vermeidung von Heißläufern ist der Stellkeil nach dem Anziehen beiderseits um 2 mm aus seiner festen Anlage zurückzuziehen. Heißgelaufene oder stark abgenutzte Lagerschalen werden in der Lagergießerei mit einem neuen Lagermetallausguß versehen.
Bei zu großem Spiel des Achslagergehäuses in der Achslagerführung werden die Stellkeile nach vorherigem Lösen und Schmieren gleichmäßig nachgestellt, nachdem bei geteilten Stangenlagern die Stellkeile gelöst wurden. Bei Lokomotiven ohne Achslagerstellkeile ist ein Hinterlegen der Achslagergleitplatten erforderlich. Hierzu muß die Achse gesenkt werden. Zum Senken der Achse auf der Achssenke müssen die Achsgabelstege und die hinderlichen Teile des Bremsgestänges abgebaut werden.
Beim Zusammenbau der Achslager ist auf festen Sitz der Achslagerunterkästen zu achten. Die Ölabschlüsse müssen dicht sein. Die Schmierpolster oder Gestelle der Unterschmierung werden ausgewechselt, sobald die Polster verfilzt oder die Federn erlahmt sind.
Die Stangenlager werden regelmäßig auf ihren Zustand und festen Sitz geprüft. Sobald das Stangenlager auf dem Zapfen zuviel Spiel hat, werden beim geteilten Lager schwächere Beilagen eingebaut. Buchsenlager erhalten neuen Lagermetallausguß. Bei ungleichmäßiger Abnutzung der Stangenlager werden die Lagerschalen so nachgeschabt, daß überall die gleiche Beilagendicke benutzt werden kann.
Alle mit einem neuen Lagermetalleinguß versehenen Achs- und Stangenlager werden nach dem Mittenansatz auf dem Bohrwerk ausgebohrt. Geteilte Treibstangenlager sowie Obergethmannlager erhalten stets 4 bzw. 5 mm dicke Beilagen nach dem Neuausguß, Kuppelstangenlager nur bei Ausgießen des gesamten Stangensatzes. Wird nur ein Kuppelstangenlager neu ausgegossen, ist zur Erhaltung des Stichmaßes die Beilagendicke der übrigen Lager zu verwenden. Bei Buchsenlagern muß zur Erzielung des Preßsitzes ein Übermaß von 0,15—0,25 mm vorhanden sein.

7.405.4 *Ausgießen der Lager*

Die von den Lokomotiven abgebauten Lagerschalen und -buchsen, deren Lagermetall-Ausguß nicht mehr den betrieblichen Anforderungen entspricht, werden in die Lagergießerei gebracht, um hier ausgeschmolzen und neu ausgegossen zu werden. Vor dem Ausschmelzen werden die Lagerschalen und -buchsen im Vorreinigungsbad gesäubert. Dieses enthält 90 °C warmes Wasser mit einem Zusatz von Siliron (ca. 4 Prozent), welches das Lösen von Öl und Schmutz fördert.
Die gesäuberten Lagerteile werden im Salzbad ausgeschmolzen. Die Schmelze besteht aus Härtolsalz und hat eine Temperatur von ca. 480 °C. Das ausschmelzende WM-10-Lagermetall bleibt im Salzbad unter Luftabschluß, wodurch eine Oxydbildung verhindert wird. Das ausgeschmolzene Lagermetall hat annähernd die gleiche prozentuale Zusammensetzung wie Neumetall und kann daher mehrmals ohne Umhüttung sofort wieder vergossen werden. Lediglich die Drehspäne müssen noch umgehüttet werden. Weiterhin wird erreicht, daß die Lagerschalen keinen zu hohen Temperaturen ausgesetzt werden und somit auch keine Gefügeveränderung eintreten kann.

Das Befördern der in einen Drahtkorb gelegten Lagerteile in das Vorreinigungsbad, in das Salz- und Wasserbad geschieht mit einem kleinen Handdrehkran.
Die Lagerstützkörper sind nach dem Ausschmelzen im Salzbad metallisch rein und können nach dem Abspülen in einem Wasserbad ohne Nacharbeit auf der Handdünngußmaschine neu ausgegossen werden.
Durch die metallisch reine Oberfläche können an den Lagerstützkörpern auch sofort Schäden festgestellt und beseitigt werden. Auf der Handdünngußmaschine werden die Lagerstützkörper mit WM-10-Lagermetall neu ausgegossen. Hierzu werden die Lagerstützkörper unverzinnt und im kalten Zustand mit den dazugehörigen Spannteilen auf der Handdünngußmaschine aufgespannt. Wichtig ist hierbei, daß die Lagerstützkörper die vorgeschriebenen Mittenansätze und Metallverklammerungen aufweisen. Eine gute Abdichtung mit Asbest und Wasserglas ist zum Ausgießen erforderlich. Nach diesen Vorbereitungen werden die Lagerstützkörper durch Gasflammen vorgewärmt.
Das Eingußmetall WM 10 ist das aus dem Salzbad zurückgewonnene Lagermetall. Es wird durch Neumetall ergänzt. Das Lagermetall wird in einem besonderen kleinen Schmelzofen gießfertig geschmolzen. Vor dem Vergießen wird die Schmelze mit Salmiakpulver bestreut und die entstandene Krätze entfernt. Die Gießtemperatur beträgt 480 °C.
Auf der Handdünngußmaschine erfolgt die Vorwärmung des Lagerstützkörpers bis zu einer Temperatur von etwa 350 °C.
Die Prüfung der Temperatur erfolgt mit Farbumschlagstiften.
Nach diesen Voraussetzungen erfolgt das Eingießen des Lagermetalls. Daraufhin wird sofort von außen die Abkühlung mit Wasser vorgenommen, und zwar von unten nach oben. Nach Kristallisation des Metalleingusses erfolgt durch die Hohlkerne die Wasserkühlung von innen her. Durch dieses Abschreckverfahren werden Härte und Verschleißfestigkeit des Lagermetalles WM 10 gesteigert, womit sich die Laufleistung der Lager wesentlich erhöht.
Nach Abkühlung werden die neu ausgegossenen Lagerschalen oder -buchsen in der mechanischen Werkstatt auf einem Bohrwerk oder einer Drehmaschine weiterbearbeitet.

### 7.405.5 *Federung und Ausgleich*

Die Prüfung der Federung und des Ausgleichs kann nur nach gründlicher Reinigung dieser Teile stattfinden. Alle Tragfedern und alle Teile des Ausgleichs werden auf richtige Lage und festen Sitz kontrolliert. Die Lokomotive muß dabei auf einem einwandfrei geraden Gleis stehen. Sind Federlagen gebrochen oder Tragfedern erlahmt, werden die betreffenden Tragfedern ausgewechselt.
Zum Auswechseln der Tragfedern ist der Ausgleich durch Zwischenlagen zwischen Ausgleichhebeln und Rahmen festzulegen. Durch geringes Anheben des Federbundes mittels eines Öldruckhebers wird der Federbolzen entlastet und kann ausgebaut werden. Nach Abschrauben der Muttern an den Federspannschrauben kann die Tragfeder nach unten abgelassen werden. Der Einbau erfolgt in umgekehrter Reihenfolge.
Bei oben liegenden Tragfedern werden nach Festlegung des Ausgleichs die Federspannschraubenmuttern abgeschraubt und die Feder abgehoben.

Wird die gesamte Lokomotive wegen größerer Arbeiten angehoben, dann erübrigt sich das Entlasten der einzelnen Federn.
Bei unzulässigen Abnutzungen an den Bolzen und Buchsen des Ausgleichs werden die Ausgleich- und Winkelhebel nach Entlastung ausgebaut, die Buchsen ausgepreßt und durch neue ersetzt. Die Bolzen werden getauscht.
Vor jedem Zusammenbau aller sich bewegenden Teile werden diese an den Lagerstellen mit einem Graphit-Ölgemisch bestrichen. Das Auswechseln von Tragfedern und Teilen des Ausgleichs sind Überplanarbeiten.

### 7.406 Unterhaltungsarbeiten an der Bremse

Die wichtigste Unterhaltungsarbeit an der Bremse ist die Zwischenbremsuntersuchung. Sie wird entsprechend der Bremsvorschrift spätestens nach 6 Monaten ausgeführt und erstreckt sich auf den Austausch folgender Teile:

Druckmesser für Hauptluftbehälter, Hauptluftleitung und Bremszylinder; Führerbremsventil mit Leitungsdruckregler, Zusatzbremshahn, Sicherheitsventil, Steuerventil, Doppelrückschlagventil, G-P-Umstellhahn und Bremskupplungen.

Weiterhin werden Hauptluft-, Hilfsluft- und Ausgleichbehälter entwässert, die Ablaßöffnungen mit einem Draht auf freien Durchgang geprüft.
Die Tropfbecher und Staubfänger werden geöffnet und gereinigt. Zur Untersuchung des Bremszylinders wird mittels einer Vorrichtung der Bremskolben zusammen mit dem Zylinderdeckel herausgenommen. Hierbei bleibt die Feder in ihrer vorgespannten Lage. Der Bremskolben mit seiner Manschette wird zerlegt und gereinigt. Vor dem Wiedereinbau des Bremskolbens wird dieser sowie die innere Zylinderwandung mit Boluskol mäßig eingefettet.
Bei der Untersuchung des Bremsgestänges werden die Spannschlösser gereinigt, eingefettet und gangbar gemacht. Sämtliche Bolzen werden herausgenommen. Bei unzulässiger Abnutzung werden Bolzen und Buchsen erneuert. Alle beweglichen Teile, wie Gestänge, Bremswelle und Bremsklotzhängeeisen, werden gereinigt, geprüft und eingefettet.
Abgenutzte Bremsklötze bzw. Bremssohlen werden durch neue ersetzt.
Die abschließende Prüfung der Bremse erstreckt sich auf Dichtheit der druckluftführenden Apparate und Leitungen sowie Funktion aller Teile.
Außer der Zwischenbremsuntersuchung wird nach vorgeschriebenen Fristen die gesamte Bremseinrichtung entwässert.
Von der Luftpumpe werden die Saug- und Druckventile und Steuerkolben nach Herausnahme gereinigt und untersucht. Schadhafte Steuerkolbenringe werden ersetzt.
Der Luftpumpendruckregler und die Schmierpumpe mit Leitungen und Ölsperren werden auf ihre Funktion geprüft. Das gesamte Bremsgestänge wird regelmäßig eingefettet.

### 7.407 Unterhaltungsarbeiten am Tender

Zum Auswaschen des Tenders wird durch Entkuppeln der Wasserschläuche das Wasser abgelassen; die Siebe werden ausgebaut, gereinigt und mit Rostschutzfarbe gestrichen. Der Wasserkasten wird durch Ausspritzen gereinigt. Anschließend werden die Absperrventile geprüft. Zuletzt werden die Wasserschläuche angekuppelt.
Der Schwimmer und das Gestänge des Tender-Wasserstandsanzeigers sind auf einwandfreie Funktion zu prüfen und die Stopfbuchse neu zu verpacken.

Nach Erledigung dieser Arbeiten wird der Tender unter Beigabe der entsprechenden Menge Enthärtungschemikalien gefüllt.
Mit Gleitlagern versehene Tender werden einer Lageruntersuchung unterzogen. Hierbei werden die Schmierpolster ausgebaut, untersucht, gereinigt und wieder eingebaut bzw. bei Unbrauchbarkeit getauscht.
Die übrigen Unterhaltungsarbeiten sind mit denen der Lokomotive zusammengefaßt.

## 7.408 **Unterhaltung der Hilfseinrichtungen**

### 7.408.1 *Schmierung*

Die Unterhaltungsarbeiten an den Schmierpumpen erstrecken sich auf die Reinigung der Ölsiebe. Lediglich beim Bosch-Öler sind beschädigte Pumpeneinheiten auszuwechseln.
Zur Prüfung der Schmierleitungen und Ölsperren werden die Schmierpumpen auf größte Förderleistung eingestellt und durchgekurbelt. Anschließend wird kontrolliert, ob an den Austrittsöffnungen der Ölsperren die erforderliche Ölmenge heraustritt. Schadhafte Ölsperren werden getauscht.
Bei der Spurkranzschmiervorrichtung wird das in der Fettleitung eingebaute Filter gereinigt. Weiterhin werden die Düsen gereinigt und auf richtige Lage zum Spurkranz geprüft. Die Manschette im Fettzylinder wird geprüft, und die Fettleitungen werden mit Druckluft durchgeblasen.

### 7.408.2 *Sandstreuer*

Zur Prüfung der Sandstreueinrichtung werden die Gehäusedeckel geöffnet, die Sandstreudüsen ausgebaut und gereinigt. In den Sandabfallrohren anhaftender Sand wird durch Abklopfen entfernt. Die Rohre werden auf ihre Befestigung und Lage zur Schiene geprüft.

### 7.408.3 *Elektrische Beleuchtung*

Die Prüfung der Lichtmaschine erfolgt bei kalter Lokomotive mittels Druckluft. Hierbei wird der Kommutator geprüft, ob seine Oberfläche blank ist und die Bürsten funkenfrei laufen. Erforderlichenfalls wird der Kommutator bei geringer Drehzahl mit feinem Glaspapier vorsichtig blank geschliffen. Bei Bedarf werden die Kohlebürsten ausgewechselt.
Das Sieb in der Frischdampfleitung wird ausgebaut und gereinigt, bei Bedarf auch die Regelorgane. Der Einbau der Regelorgane erfolgt ohne Fett und Öl. Die Spannung der Lichtmaschine wird mit einem Voltmeter geprüft, bei Abweichung wird sie einreguliert.
Nach Öffnen der Deckel der Steck- und Abzweigdosen sowie des Sicherungskastens werden alle Leitungen auf guten Kontakt geprüft.

### 7.408.4 *Dampfheizeinrichtung*

Zur Prüfung werden die Absperrhähne der Heizleitung geschlossen und der Dreiwegehahn bzw. das Umstellventil auf Mittelstellung gebracht. Nach Öffnen des Anstellventiles wird die Heizleitung auf Dichtheit und Isolierung geprüft. Das Sicherheitsventil muß nach Anzeige des Druckmessers bei 4,5 kp/cm$^2$ abblasen.

## 7.409 **Pflegearbeiten an kalt abgestellten Lokomotiven**

Für die Pflegearbeiten an kalt abgestellten Lokomotiven gibt die Dienstvorschrift 947 ausführliche Anweisungen. Bei diesen Lokomotiven handelt

es sich einerseits um Reservelokomotiven, andererseits um schadhafte oder zur Untersuchung im Reichsbahnausbesserungswerk fällige Lokomotiven. Die Pflegearbeiten sollen die Lokomotive vor Frostschäden und Korrosionen schützen. Hierbei kommt es darauf an, sämtliche Teile der Lokomotive zu entwässern, wie Kessel, Kolbenspeise- und Luftpumpe, alle zugehörigen Rohrleitungen, das Dampfheizsystem, das Bremssystem mit den Luftbehältern und Luftleitungen, Dampfzylinder und Tender. Alle Entwässerungshähne und -ventile werden auf Durchgang geprüft. Weiterhin ist das eventuell in die Achslagerunterkästen eingedrungene Wasser zu entfernen.
Der Kessel wird ausgetrocknet. Alle Teile der Lokomotive, die korrosionsgefährdet sind, werden mit entsprechenden Konservierungsmitteln behandelt. Besondere Sorgfalt ist auf die Behandlung der Lager und gleitenden Teile, wie Stangenlager, Kreuzkopfgleitbahnen, Kolben- und Schieberstangen, Kolbenstangen der Luft- und Speisepumpen sowie der Kesselarmaturen und Steuerungsteile auf dem Führerstand, zu legen. In entsprechenden Zeitabständen sind die Konservierungsmittel zu erneuern.

## 7.5 Organisation der Werkstattarbeit

Für die Organisation der Werkstattarbeit ist die ökonomische Nutzung der vorhandenen Maschinen und Anlagen unbedingt maßgebend. Es muß deshalb auch eine durchgehende Besetzung gesichert sein. Das Arbeitsaufkommen ist so zu verteilen, daß die vorhandene Kapazität gleichmäßig in Anspruch genommen wird, damit die planmäßige Fertigstellung der Lokomotiven gewährleistet ist.
Da sich durch den unterschiedlichen Anfall der Überplanarbeiten Belastungsschwankungen ergeben, ist es erforderlich, exakte Dispositionen über den Arbeitskräfteeinsatz zu treffen. Besondere Bedeutung bei der gleichmäßigen Verteilung des Arbeitsaufkommens über 24 Stunden hat der Vierbrigadeplan (siehe Bild 149). Durch die Schichtbesetzung über 24 Stunden wird ein kontinuierlicher Arbeitsfluß erreicht. Dadurch ist das bisher übliche Abstellen mehrerer Lokomotiven zur gleichen Zeit vermeidbar. Das Abstellen der Lokomotiven erfolgt jetzt über 24 Stunden verteilt. Die Standzeiten

Bild 149: Vierbrigadeplan

| Woche | Dienstag | | | Mittwoch | | | Donnerstag | | | Freitag | | | Sonnabend | | | Sonntag | | Montag | | | Wochenstunden |
|---|---|---|---|---|---|---|---|---|---|---|---|---|---|---|---|---|---|---|---|---|---|
| | 22–6 | 6–14 | 14–22 | 22–6 | 6–14 | 14–22 | 22–6 | 6–14 | 14–22 | 22–6 | 6–14 | 14–22 | 22–6 | 6–14 | 14–22 | 22–10 | 10–22 | 22–6 | 6–14 | 14–22 | |
| 1 | | Du | | | 1 | | | | 2 | | | | 3 | | | 4 | | 3 | | | $45^{40} + 5^{20}$ |
| 2 | | 1 | | | | 2 | | | | 3 | | | | 1 | | R | | | 1 | | $41^{40}$ |
| 3 | | | 2 | | | | 3 | | | | 1 | | | | 2 | | 5 | | | | $45^{40}$ |
| 4 | 3 | | | 3 | | | | 1 | | | | 2 | | R | | R | | | | 2 | $41^{40}$ |
| | | | | | | | | | | | | | | | | | | | | | $180^{00}$ |

1 = $6^{00}$ – $14^{20}$ 4 = $22^{00}$ – $10^{20}$
2 = $14^{00}$ – $22^{20}$ 5 = $10^{00}$ – $22^{20}$
3 = $22^{00}$ – $6^{20}$ Du = Dienstunterricht $8^{00}$ $13^{20}$

werden durch eine kontinuierliche Ausbesserung verkürzt, indem die Zeiten, bekannt unter „Warten auf Arbeitskräfte“ (wa), vermieden und somit die durch die Lokunterhaltung gebundenen Loks auf ein Minimum gesenkt werden. Im Vierbrigadeplan sind die Stunden für den Dienstunterricht und die Mehrfachqualifikation eingearbeitet, so daß eine Planmäßigkeit gesichert ist. Der Dienstunterricht ist für die fachliche und gesellschaftliche Qualifizierung der Beschäftigten von großer Bedeutung. Hierbei sind auch die Fragen des Arbeits-, Gesundheits- und Brandschutzes zu behandeln. Die für die Erlangung der Mehrfachqualifikation vorgesehene Zeit ist intensiv zu nutzen. Zielstrebig müssen die Beschäftigten im produktiven Einsatz an die verschiedenen handwerklichen Tätigkeiten herangeführt werden, damit sie sich diese aneignen und praktisch durchführen können. Für die Mehrfachqualifikation sind besonders die Arbeitsgebiete vorgesehen, die bisher wegen geringen Arbeitsanfalls nicht durchgehend besetzt waren, zum Beispiel Lagergießer, Lokomotiv-Elektriker, Pumpenschlosser und Feuerschirmmaurer, so daß von jeder Brigade sämtliche vorkommenden Arbeiten ausgeführt werden können.
Zur Verbesserung der Technologie und Arbeitsorganisation dient eine Reihe von Neuerermethoden.
Neuerermethoden werden von den Werktätigen aus dem Bewußtsein heraus geschaffen, daß in der sozialistischen Gesellschaftsordnung alle Produktionsverbesserungen und Rationalisierungen ihnen selbst zugute kommen. In der Lokomotivunterhaltung sind folgende Neuerermethoden gebräuchlich:

1. Das Bataisker- oder Reichenbacher Verfahren
   Dieses hat zum Ziel, das Arbeitsvolumen der einzelnen Planausbesserungstage möglichst gleichmäßig zu gestalten. So verteilt sich beispielsweise die Kolbenuntersuchung auf mehrere aufeinanderfolgende Planausbesserungstage, und die Lokomotive wird einer bestimmten Unterhaltungsbrigade planmäßig zugeteilt.

2. Die Seifert-Methode
   Sie dient der Steigerung der Arbeitsproduktivität, indem die vermeidbaren Verlustzeiten erkannt und beseitigt werden.

3. Die Christoph-Wehner-Methode
   Durch die Aufschlüsselung des Produktionsplanes auf jeden Produktionsarbeiter pro Schicht ist dieser in der Lage, die Erfüllung seines Plananteils selbst zu kontrollieren und eine tägliche Planübererfüllung anzustreben und zu erreichen.

4. Das Garantiepaßverfahren
   Die Brigaden verpflichten sich, mit dem Garantiepaß alle innerhalb der Garantiezeit aufgetretenen Mängel, die durch mangelhafte Arbeit verursacht wurden, zu beseitigen. Für die Verbesserung der Arbeitsqualität ist dieses Verfahren wesentlich.

Weitere Neuerermethoden, welche bereits behandelt wurden, seien der Vollständigkeit halber nochmals angeführt:

5. Umwälz-Auswaschverfahren,
6. Feuerloses Anheizen,
7. Innere Kessel-Speisewasseraufbereitung,
8. Dünngußverfahren beim Lagerausgießen,

9. Magnetische Werkstoffprüfverfahren,
10. Metallspritzen.

Die Neuerermethoden bringen nur dann den größten Nutzen, wenn sie von allen Dienststellen angewandt werden. Neben der Popularisierung durch Fachzeitschriften und Broschüren dient der Rationalisatorenwagen der Hauptverwaltung Maschinenwirtschaft dazu, neue Arbeitsabläufe und Vorrichtungen, resultierend aus Neuerermethoden und Verbesserungsvorschlägen, praktisch vorzuführen bzw. unterrichtsmäßig zu behandeln.
Hierdurch soll erreicht werden, daß die Technologie in allen Bahnbetriebswerken auf einen möglichst gleichmäßig hohen Stand gebracht wird. Dieses Niveau kann aber nur durch die Mitarbeit der Werktätigen erreicht werden. Die Produktionsberatungen und Betriebsvergleiche verwirklichen diese Mitarbeit.
Als Mittel zur Verbesserung der Arbeitsqualität werden zwischen den Reichsbahnausbesserungs- und Bahnbetriebswerken regelmäßig Erfahrungsaustausche durchgeführt, die befruchtend auf beide Teile wirken und zum besseren gegenseitigen Verständnis führen.
Die behandelten Probleme tragen wesentlich zur Qualifizierung der Arbeitskräfte und Verbesserung der Arbeitsqualität bei.
Bei der Betrachtung der Arbeitsorganisation darf unter keinen Umständen der Arbeits- und Gesundheitsschutz vernachlässigt werden. Die Sorge um den Menschen ist oberstes Gebot in der sozialistischen Gesellschaftsordnung.
Um auf dem Gebiet des Arbeitsschutzes erfolgreich arbeiten zu können, müssen bei den Verantwortlichen entsprechende Kenntnisse und Fähigkeiten vorhanden sein.
Dem vorbeugenden Arbeits- und Gesundheitsschutz ist besondere Beachtung zu schenken.
Bei der Festlegung eines Arbeitsganges muß der Arbeitsschutz von vornherein berücksichtigt werden. Es sind die richtigen Werkzeuge zu verwenden, die in einwandfreiem Zustand sein müssen. Notwendige Schutzvorrichtungen müssen vorhanden sein und verwendet werden.
Um den Forderungen des Arbeits- und Gesundheitsschutzes gerecht zu werden, sollen saubere, hygienische, helle Arbeitsräume vorhanden sein.
Aber alle angeführten Beispiele bringen nur Erfolg, wenn eine beharrliche und gründliche Aufklärung aller Beschäftigten durchgeführt wird. Diese erfolgt im Dienstunterricht, durch Betriebsfunk, Wandzeitung, Plakate und Ausstellungsstücke.

# 8. Technologische Aufgabe bei der sozialistischen Rekonstruktion der Dampflokomotivwerke

## 8.1 Allgemeines

Die sozialistische Rekonstruktion ist ein Mittel zur Lösung der ökonomischen Hauptaufgabe, die darin besteht, daß im Kampf um den wissenschaftlich-technischen Höchststand die Ziele des Siebenjahrplanes in der Erhöhung der Arbeitsproduktivität erreicht werden. Es stehen folgende Probleme im Vordergrund:

1. die Erreichung des Höchststandes der Technik durch schnelle Überleitung der Ergebnisse aus Forschung, Entwicklung und Konstruktion in die Produktion;
2. die Einführung moderner Technologien und Verfahren, die Durchsetzung der radikalen Standardisierung und die Sicherung einer hohen Qualität der Erzeugnisse;
3. die Sicherung des höchsten Nutzeffektes bei der sozialistischen Rekonstruktion durch sparsamste und wirksamste Verwendung der Investitionen und Ausnutzung der Investitionskredite.

Während die wichtigsten Zweige der Grundstoffindustrie vordringlich mit modernsten, höchstleistungsfähigen Maschinen ausgerüstet werden, sind in den übrigen Betrieben, zu denen auch die Reichsbahnausbesserungswerke gehören, rationellste technologische Verfahren — möglichst unter Ausnutzung vorhandener Maschinen und Ausrüstungen — einzuführen.
Die sozialistische Rekonstruktion in den Reichsbahnausbesserungswerken wird in erster Linie von den großen Verkehrsaufgaben der Deutschen Reichsbahn bestimmt, das heißt, daß die Werke den Veränderungen im Lokomotivpark Rechnung tragen müssen. Die Umstellung von Dampflokomotiven auf Motor- und elektrische Lokomotiven erfordert von den Reichsbahnausbesserungswerken nicht nur eine Veränderung des technologischen Arbeitsablaufes und eine Verbesserung der Fertigungsverfahren, sondern auch die Einführung neuer Arbeitsverfahren. Das gilt auch für alle anderen Lokomotivwerke, die auch in Zukunft noch Dampflokomotiven ausbessern werden.
Darüber hinaus sind solche Aufgaben zu lösen, wie die Modernisierung bzw. Rekonstruktion von vorhandenen Dampflokomotiven unter Beachtung der Typeneinschränkung für die Lokomotivteile, zum Beispiel die Verwendung von modernen Kesseln, Tendern, Speiseeinrichtungen u. a. für mehrere Gattungen, weiterhin die zentrale Neufertigung von reichsbahntypischen Ersatzteilen, die Senkung des Aufwandes für die Ausbesserungsarbeit im Verhältnis zur Leistung der Lokomotiven, die Verbesserung der Qualität der ausgeführten Arbeit und die Verminderung der Verschleißgeschwindigkeit an den Verschleißteilen, um die Laufleistung der Lokomotiven zu erhöhen. Dazu sind das Meßwesen, die Schweißtechnik, die spanabhebende Verformung, die Zerspanungsmethoden, die Härteverfahren durch die Entwicklung und Einführung neuer Methoden, Verfahren, Maschinen und Einrichtungen entscheidend zu verbessern. Der Reinigungs- und Entrostungstechnik von Lokomotivteilen und der gesamten Anstrichtechnik ist erhöhte Aufmerksamkeit zu schenken. Hier sind modernste Verfahren zu erproben und

einzuführen. Dem innerbetrieblichen Transport ist besondere Aufmerksamkeit zu widmen, da die sozialistische Rekonstruktion auch die Einschränkung der körperlich schweren Arbeit verlangt.
Die Transportarbeit ist weitgehendst zu mechanisieren, indem moderne Transportmittel eingesetzt und der Hubtisch-, Paletten- und Behälterverkehr an den besonders dafür geeigneten Stellen eingeführt wird.
Die Standardisierung der Fahrzeugteile und der Fertigungsabläufe und -verfahren wird bei der sozialistischen Rekonstruktion der Werke sehr beträchtlich zur Senkung der Selbstkosten und Steigerung der Arbeitsproduktivität beitragen.
Bei der sozialistischen Rekonstruktion spielen auch die Neuerermethoden eine entscheidende Rolle. Die Rationalisatoren-, Erfinder- und die Wettbewerbsbewegung, die Christoph/Wehner/Seifert-Methode, die Mitrofanow-Methode u. a. werden die sozialistische Rekonstruktion beschleunigen.
In sozialistischen Arbeitsgemeinschaften werden Arbeiter, Meister und Ingenieure gemeinsam Teilaufgaben bei der Einführung der neuen Technik lösen.

## 8.2 Technologische Grundlagen

### 8.201 **Darstellung des Ist-Zustandes**

Um Klarheit und Einblick in den gegenwärtigen Zustand bei den einzelnen Arbeitsabläufen zu erhalten, ist eine Analyse notwendig. Man beginnt bei den Schwerpunkten. Dabei ist wichtig, die Reihenfolge der Arbeiten, den dafür notwendigen Aufwand an Arbeitszeit, die Möglichkeit der Parallelarbeit und der Mehrmaschinenbedienung, den Durchlauf durch die Werkstatt und die Durchlaufzeit zeichnerisch festzulegen und die Werkplatzausrüstung zu ermitteln. Aus diesen Unterlagen lassen sich Kennzahlen für die Ausbesserung errechnen (siehe unter Punkt 5.503.5), die als Vergleichszahlen sehr wichtig sind und eine klare Beurteilung des ökonomischen Nutzens neuer Verfahren und Arbeitsabläufe ermöglichen. Es hat sich eine zeichnerische Darstellung und Graphik eingeführt, wie sie an einigen Beispielen (Beilagen I bis XVIII) gezeigt ist.

### 8.202 **Kapazitätsuntersuchungen**

#### 8.202.1 *Begründung der Notwendigkeit von Kapazitätsuntersuchungen*

Auch die Reichsbahnausbesserungswerke unterliegen der im Grundgesetz des Sozialismus geforderten ständigen Steigerung der Arbeitsproduktivität. Es ergeben sich jedoch einige Besonderheiten, da die Anzahl der zur Untersuchung anfallenden Lokomotiven in einem Planjahr festgelegt ist. Die in den anderen Wirtschaftszweigen angestrebte Übererfüllung des Produktionsplanes erstreckt sich in den Reichsbahnausbesserungswerken nicht auf die Fahrzeugausbesserung. Nur bei der Rekonstruktion der Fahrzeuge und bei der Neufertigung von Fahrzeugteilen wird die Übererfüllung des Produktionsplanes angestrebt. Eine Ermittlung der Produktionskapazität wird aber in jedem Falle Reserven aufdecken, die allein durch die Lokomotiv-Instandsetzung nicht nutzbar gemacht werden können. Als Folgerungen ergeben sich hieraus

1. die Erhöhung der Kapazitätsausnutzung der Reichsbahnausbesserungswerke durch Übernahme zusätzlicher Produktion,

2. die Möglichkeit der Verringerung der Anzahl der Reichsbahnausbesserungswerke für Fahrzeugausbesserung und ihre Umstellung auf andere Fertigungen, wie Kraftfahrzeug-Instandsetzung, Reparatur von Baumaschinen usw.

Die Reichsbahnausbesserungswerke stehen zur Zeit in einem Umwandlungsprozeß. Die elektrischen und Motor-Lokomotiven gewinnen als Triebfahrzeuge an Bedeutung. Diese Umstellung zwingt zu Überlegungen, wo diese neuen Lokomotiven ausgebessert werden sollen. Es ist volkswirtschaftlich nicht vertretbar, neue Werke zu bauen, wenn die Kapazität der vorhandenen Reichsbahnausbesserungswerke nicht voll ausgelastet ist. Um richtige Schlüsse zu ziehen, ist die genaue Kenntnis der vorhandenen Produktionskapazität in den Reichsbahnausbesserungswerken nötig. Es ergibt sich daraus die Notwendigkeit der Ermittlung der Produktionskapazität, wodurch die vorhandenen, jedoch noch ungenutzten Reserven aufgedeckt werden. Solche Reserven können auftreten als Verlustzeiten infolge mangelhafter Arbeitsorganisation, rückständiger technologischer Prozesse, ungenügender Qualifikation eines Teiles der Arbeiter, Nichtanwendung von Neuerermethoden, mangelhafter Pflege und Wartung der Maschinen und Werkzeuge, Begrenzung auch an sich technisch begründeter Stillstandszeiten, mangelhafter Arbeitsdisziplin usw. Die Einbeziehung dieser Reserven in den Produktionsprozeß gestattet eine weitere Steigerung der Arbeitsproduktivität. Die Reserven können ausgenutzt werden durch sozialistische Hilfe für andere Reichsbahnausbesserungswerke und Dienststellen oder durch Umbeheimatung von Lokomotiv-Gattungen, wodurch Werke für die Übernahme neuer Aufgaben, wie Motorlokomotiv-Ausbesserung, umgestellt werden können, durch die Übernahme der Produktion von Lokomotiv-Ersatzstücken und -Tauschstücken oder die Aufnahme neuer Fertigungen zur Versorgung der Reichsbahn. Die gründliche Ermittlung der Produktionskapazität und der möglichen Kapazitätsausnutzung und die gründliche Untersuchung der bestehenden Möglichkeiten zur Übernahme zusätzlicher Produktion durch die Reichsbahnausbesserungswerke gestatten klare Entscheidungen über die volkswirtschaftlich günstigsten Wege. Sie gestatten aber auch die Aufstellung langjähriger Entwicklungspläne und die zweckmäßige Verwendung von Investitionsmitteln.
Die Nutzbarmachung der aufgedeckten Reserven setzt sich nicht im Selbstlauf durch; sie kann nur durch gemeinsame Anstrengungen aller Werktätigen erreicht werden. Darum erwächst der Betriebsleitung und allen gesellschaftlichen Organisationen des Werkes die Aufgabe, durch unermüdliche Überzeugungsarbeit die Arbeitsdisziplin und Arbeitsmoral aller Werktätigen zu heben, die Werktätigen für die Anwendung von Neuerermethoden zu begeistern und sie zur aktiven Unterstützung der Aktivisten- und Wettbewerbsbewegung zu gewinnen.

### 8.202.2 *Begriffe der Produktionskapazität und der Kapazitätsausnutzung*

Die Produktionskapazität ist eine technisch-ökonomische Größe. Sie ist stets auf die günstigsten Bedingungen in einem Betrieb zu beziehen. Der wichtigste Betriebsabschnitt ist bestimmend; in den Reichsbahnausbesserungswerken sind es die Arbeitsgleise.

Die Kapazitätsausnutzung gliedert sich in verschiedene Unterbegriffe wie folgt:

1. *Mögliche Kapazität*
   Darunter ist die höchstmögliche Leistung des Werkes zu verstehen, die unter den im Planjahr erreichbaren günstigsten Bedingungen erzielt werden kann.
2. *Geplante Kapazitätsausnutzung*
   Die geplante Kapazitätsausnutzung ist im Produktionsplan festgelegt.
3. *Tatsächliche Kapazitätsausnutzung*
   Sie ist die im Planjahr tatsächlich erreichte Produktionsleistung.
4. *Optimale Kapazitätsausnutzung*
   Sie beinhaltet das größte Produktionsvermögen bei geringsten Selbstkosten je Einheit des Erzeugnisses und bei guter Qualität. Unter diesen Bedingungen ist die optimale Kapazitätsausnutzung ein Ausdruck für den rationellsten Einsatz der gesellschaftlichen Arbeit. Sie geht von zweischichtiger Arbeitszeit aus und berücksichtigt dreischichtigen Betrieb bei Disproportionen.
   Unter bestimmten Voraussetzungen ist es wirtschaftlich richtig, auch in Reichsbahnausbesserungswerken nach dem Vierbrigadesystem zu arbeiten.

### 8.202.3 *Ermittlung der Kapazität*

Bei der Ermittlung der Kapazität ist von folgenden Grundlagen auszugehen:

1. von der Leistung der Bestarbeiter,
2. von der Beschaffenheit der gesamten Werkausrüstung,
3. von der zweckmäßigsten und fortschrittlichsten Technologie,
4. vom vollen verfügbaren Fonds an Arbeitszeit und
5. vom wichtigsten Betriebsabschnitt.

Die Kapazität berücksichtigt nicht die Verluste, die durch Mängel in der Arbeitsorganisation oder durch Stillstände der Ausrüstung hervorgerufen werden. Die Zeit für Wartung und Generalreparatur muß exakt berechnet werden.
Die Produktionskapazität gibt die größtmögliche Leistungsfähigkeit unter den besten Bedingungen an, die noch nicht in jedem Betrieb vorhanden sind. Sie kann somit nicht als Grundlage zur Festlegung der Planauflage dienen. Deshalb müssen neben der Kapazität auch ihrer Grundlage entsprechende Normen für die Ausnutzung aufgestellt werden.

### 8.202.4 *Ermittlung der Kapazitätsausnutzung*

Die Normen der jährlichen Ausnutzung bilden die Basis für den Produktionsplan. Sie werden in jedem Jahr auf der Grundlage der neuesten Erfahrungen und Erkenntnisse überprüft und verändert. Bei der Planung der Ausnutzung sind folgende Punkte zu beachten:

1. Grundlage sind die bereits erreichten Ausnutzungsnormen,
2. die neuen Arbeitsmethoden und Verbesserungen der Technologie,
3. die weitere Qualifikation der Arbeiter,
4. die Verbesserung der Betriebsorganisation und
5. die volle Ausnutzung des Fonds an Arbeitszeit.

Es ist eine optimale Ausnutzung der Anlagen anzustreben, das heißt ein möglichst großer Umfang der Produktion bei sparsamstem Materialverbrauch und der notwendigen Unterhaltung und Pflege der Anlagen.

8.202.5 *Arbeitszeitfonds*

Es wird zweischichtige Arbeitszeit, das heißt eine 15stündige tägliche Arbeitszeit abzüglich begründeter Waschzeiten zugrunde gelegt. Zur Überwindung von Disproportionen arbeiten Teilbetriebe dreischichtig. Bei der Kapazitätsermittlung ist in diesen Teilbetrieben auch der dreischichtige Arbeitstag zu berücksichtigen.

*Arbeitszeitfonds bei zweischichtigem Betrieb:*
15 [Stunden/Tag] × 302 [Tage/Jahr] = 4530 [Stunden/Jahr]

*Arbeitszeitfonds bei dreischichtigem Betrieb:*
22,5 [Stunden/Tag] × 302 [Tage/Jahr] = 6795 [Stunden/Jahr]

*Arbeitszeitfonds der Maschinen und Anlagen in Stunden:*
302 [Tage/Jahr] × 3 [Schichten/Tag] × 7,5 [Stunden/Schicht] = 6795 [Stunden/Jahr]

Die begründeten Ausfallzeiten sind vom oben ermittelten Arbeitszeitfonds abzusetzen.

8.20 **Dokumentationsdienst**

Bei der Ermittlung des höchsten Standes der Technik ist die Kenntnis der in- und ausländischen Literatur sehr wichtig. Aber nicht jeder Interessierte hat aus Zeitmangel die Möglichkeit, diese Literatur laufend zu studieren. Aus diesem Grunde sind in den wissenschaftlichen Instituten und den Versuchs- und Entwicklungsstellen der Deutschen Reichsbahn Dokumentations- und Informationsstellen eingerichtet, in denen die Literatur des entsprechenden Fachgebietes ausgewertet, geordnet und gesammelt wird. Von diesen Stellen können Literaturauszüge über die verschiedensten Gebiete verlangt werden. Damit werden die Dokumentations- und Informationsstellen unentbehrliche Helfer bei der Rekonstruktion der Werke.

## 8.3 Wege zur Durchführung der Maßnahmen in den Reichsbahnausbesserungswerken

8.301 **Betriebsvergleiche**

Die beste Methode zum Erkennen und Beheben von Mängeln und Verlusten im technologischen Arbeitsablauf und bei den Fertigungsverfahren ist der Erfahrungsaustausch.
Der Betriebsvergleich ist ein Weg des Erfahrungsaustausches. Die Reichsbahnausbesserungswerke eignen sich durch die einander ähnlichen Produktionserzeugnisse, Fertigungsverfahren und Abrechnungsformen in hervorragender Weise für Betriebsvergleiche. Mit Hilfe der Betriebsvergleiche sollen die besten Arbeitsmethoden herausgefunden und in den Reichsbahnausbesserungswerken mit gleichartiger Fertigung eingeführt werden.
Die Betriebsvergleiche werden für bestimmte Schwerpunktfertigungsgebiete durchgeführt. Die Schwerpunktfertigungsgebiete legt die Hauptverwaltung der Reichsbahnausbesserungswerke auf Vorschlag des Wissenschaftlich-Technischen Rates der Hauptverwaltung der Reichsbahnausbesserungswerke für

das folgende Jahr fest. Die Hauptverwaltung der Reichsbahnausbesserungswerke bestimmt auch die überbetriebliche Kommission, die unter der Leitung der Versuchs- und Entwicklungsstelle für das Ausbesserungswesen der Deutschen Reichsbahn den Betriebsvergleich in drei ausgewählten Werken durchführt.

Der Kommission gehören der Leiter, ein Operativtechnologe und ein TAN-Bearbeiter an, die mit dem zu untersuchenden Fertigungsgebiet bestens vertraut sind und möglichst nicht den zu untersuchenden Werken angehören. Dieser Kommission wird der Rationalisatorenwagen der Hauptverwaltung Reichsbahnausbesserungswerke zur Verfügung gestellt, mit dem sie in die Werke reist. An der Erarbeitung des Ist-Zustandes im jeweils zu untersuchenden Werk nehmen außer den oben genannten Kommissionsmitgliedern der zuständige Operativtechnologe, der TAN-Bearbeiter und der Vertreter der Brigade teil, in deren Arbeitsgebiet die Untersuchung vorgenommen werden soll. Darüber hinaus sind die gesellschaftlichen Organisationen des Werkes vertreten. Es ist zu beachten, daß die Kommissionsmitglieder auf dem zu untersuchenden Arbeitsgebiet gute fachliche Kenntnisse und Erfahrungen besitzen und mit den ökonomischen Grundsätzen unserer Gesellschaftsordnung vertraut sind. Vor Beginn der Arbeit muß die Brigade, in deren Arbeitsgebiet der Betriebsvergleich durchgeführt werden soll, in einer Produktionsberatung vom Sinn und Ziel der Arbeit unterrichtet worden sein und der Kommission aufgeschlossen gegenüberstehen.

Die Arbeit beginnt mit der Ermittlung des Ist-Zustandes in drei Reichsbahnausbesserungswerken mit gleicher Fertigung. Die Grundlage für den Vergleich sind die zur Zeit gültigen Normzeiten für die einzelnen Arbeitsstufen, die aus den Technischen Arbeitsnormen (TAN) oder den Vorläufigen Arbeitsnormen (VAN) ermittelt worden sind. Der Arbeitsumfang jeder Arbeitsstufe und die Technik der Arbeitsausführung werden sehr sorgfältig geprüft und miteinander verglichen. Daraus ergeben sich die jeweils besten Arbeitsweisen. Im Bild 150 ist das Ergebnis eines Zeitvergleiches der einzelnen Teilarbeitsgänge dargestellt. Die Zeitvorgaben für die einzelnen Arbeitsstufen werden zunächst in der Reihenfolge des technologischen Arbeitsablaufes für jedes Werk in je einer Kurve dargestellt, wobei die Kurven im gleichen Ausgangspunkt beginnen. Am Verlauf der Kurven sind Abweichungen sehr leicht zu erkennen. Die besten Einzelarbeitsgänge ergeben sich aus der niedrigsten Zeitvorgabe und der besten Vorrichtung oder der besten Maschine, mit deren Hilfe mit dem geringsten physischen Aufwand die Arbeit ausgeführt werden kann. Der beste Gesamtarbeitsablauf ergibt sich aus der Zusammenstellung der besten Einzelarbeitsgänge. Dieser Arbeitsablauf ist die Grundlage für den Arbeitsablaufplan, für das Arbeitsdiagramm und für den Fließplan, in dem der Durchfluß des Werkstückes nach den Grundsätzen der fließenden Fertigung zu erkennen ist. Werkplätze, Maschinen und Fördermittel sind darin in der Reihenfolge des technologischen Arbeitsablaufes angeordnet. Im Plan der Werkplatzausrüstung sind die für jeden Arbeitsgang empfohlenen Werkzeuge, Vorrichtungen, Fördermittel und die wirtschaftlichen Zerspanungswerte bei Zerspanungsarbeiten enthalten (siehe Beilagen I bis XVIII).

Der in den oben genannten Plänen dargestellte Arbeitsablauf wird allen Werken, die ähnliche Produktionserzeugnisse aufarbeiten, zur Stellungnahme zugesandt. Die Werke vergleichen diesen Arbeitsablauf mit der Arbeits-

| Entwicklungsstelle für Technologie u. Organisation der Raw | Betriebsvergleich „..............." | | | | | | | | | Raw – – – – Raw —·— Raw —··— Bester Arbeitsgang —— |
|---|---|---|---|---|---|---|---|---|---|---|
| **Arb.G. Nr.** | **Bezeichnung der Arbeit** | **Berufs-Gruppe** | **Qualit.** | **Raw A min** | **Raw A L.Gr.** | **Raw B min** | **Raw B L.Gr.** | **Raw C min** | **Raw C L.Br.** | **Vorgabeminuten (laufende Addition)** |
| | 1. Hauptarbeitsgang | | | | | | | | | |
| | Teilarbeitsgang | | | | | | | | | |
| | " | | | | | | | | | |
| | " | | | | | | | | | |
| | " | | | | | | | | | |
| | " | | | | | | | | | |
| | " | | | | | | | | | |
| | 2. Hauptarbeitsgang | | | | | | | | | |
| | Teilarbeitsgang | | | | | | | | | |
| | " | | | | | | | | | |
| | " | | | | | | | | | |
| | " | | | | | | | | | |
| | " | | | | | | | | | |
| | " | | | | | | | | | |
| | " | | | | | | | | | |
| | " | | | | | | | | | |
| | " | | | | | | | | | |
| | 3. Hauptarbeitsgang | | | | | | | | | |
| | Teilarbeitsgang | | | | | | | | | |
| | " | | | | | | | | | |
| | " | | | | | | | | | |
| | " | | | | | | | | | |
| | " | | | | | | | | | |
| | " | | | | | | | | | |
| | " | | | | | | | | | |
| | " | | | | | | | | | |
| | " | | | | | | | | | |

Bild 150: Schema zur Ermittlung des Teilarbeitsganges mit dem geringsten Zeitaufwand

gangfolge in ihrem eigenen Werk, vergleichen die verwendeten Werkzeuge, Vorrichtungen, Transportgeräte und prüfen die Zerspanungswerte. Ergibt sich bei dieser Überprüfung, daß die Werke noch vorteilhaftere Produktionsmittel und noch bessere Verfahren anwenden, so teilen die Werke dies der Versuchs- und Entwicklungsstelle für das Ausbesserungswesen der Deutschen Reichsbahn in ihrer Stellungnahme mit. Alle Einsprüche und Vorschläge der Werke werden von dieser Stelle geprüft und, sofern sie eine Verbesserungsmöglichkeit enthalten, auch berücksichtigt.

### 8.302 **Muster-Arbeitsabläufe**

Das Endergebnis des Betriebsvergleiches ist der Muster-Arbeitsablauf für die betreffende Fertigung. Er ist ermittelt aus den besten Erfahrungen, die nunmehr in allen Werken gesammelt wurden und die in ihrer Gesamtheit allen Werken wieder zugute kommen. Die Einführung bringt allen Werken einen ökonomischen Nutzen, da die Stellen der Aufarbeitung aufgezeigt werden, die unwirtschaftlich und mit Verlustzeiten arbeiten. Damit wird die Einführung der Muster-Arbeitsabläufe ein Mittel zur planmäßigen Selbstkostensenkung und zur Steigerung der Arbeitsproduktivität.
Alle für die Umstellung auf den Muster-Arbeitsablauf nötigen Maßnahmen sind im Plan der technisch-organisatorischen Maßnahmen (Plan TOM) aufzunehmen.
Dem mit Hilfe des Betriebsvergleichs ermittelten Muster-Arbeitsablauf ist eine Form gegeben, in der in klarer, übersichtlicher und erschöpfender Weise alle Details einschließlich der Kennzahlen dargestellt werden.
Der Muster-Arbeitsablauf enthält folgende Anlagen:

1. eine Zusammenstellung des Aufwandes und der zu erwartenden Einsparung je Erzeugniseinheit und je Werk im Jahr,
2. eine bebilderte Beschreibung des Muster-Arbeitsablaufs,
3. den Arbeitsablaufplan,
4. den Plan der Werkplatzausrüstung,
5. den Fließplan (Grundrißplan) für Regelablauf und für Abweichungen vom Regelablauf,
6. das Arbeitsdiagramm, aus dem die höchstmögliche Arbeitsdichte und die Durchlaufzeiten ersichtlich sind,
7. die Zusammenstellung der Musterkennzahlen je Erzeugniseinheit, von denen die wichtigsten der Arbeitszeitaufwand, der Arbeitskräfte-, der Maschinen-, der Fördermittel- und der Werkstattflächenbedarf sind.

Sämtliche oben genannten Pläne sind in den Beilagen I—XVIII dargestellt.
Unter Zuhilfenahme des Rationalisatorenwagens wird der Muster-Arbeitsablauf in den Reichsbahnausbesserungswerken erläutert und mit den Produktionsarbeitern des jeweiligen Fachgebietes diskutiert. Zu diesem Zweck wird der Rationalisatorenwagen mit allen Plänen, Darstellungen, Fotos und evtl. mit Modellen oder Mustern von Vorrichtungen, die den Muster-Arbeitsablauf in allen Phasen darstellen, ausgestattet.
Die Ausstellung muß ansprechend, klar und übersichtlich sein, damit auch der Ungeschulte sich leicht zurecht findet. Auf Grund der Diskussion wird festgestellt, in welchem Umfange, mit welchen Mitteln und in welcher Zeit der Muster-Arbeitsablauf im Werk eingeführt werden kann. Die Werke werden dabei von den Fachingenieuren der Versuchs- und Entwicklungs-

stelle für das Ausbesserungswesen der Deutschen Reichsbahn beraten. Die einzelnen Etappen der Einführung werden in den Plan der technisch-organisatorischen Maßnahmen des Werkes aufgenommen.

### 8.303 Plan technisch-organisatorischer Maßnahmen

Die aus den Betriebsvergleichen in der Versuchs- und Entwicklungsstelle für das Ausbesserungswesen der Deutschen Reichsbahn erarbeiteten Muster-Arbeitsabläufe und Muster-Technologien werden mit Hilfe des Rationalisatorenwagens der Hauptverwaltung der Reichsbahnausbesserungswerke in den Werken vorgeführt und erläutert. Ohne auf die weitreichenden Aufgaben des Rationalisatorenwagens näher einzugehen, soll nur erwähnt werden, daß er sich als ein ausgezeichnetes Mittel für die Durchführung des Erfahrungsaustausches auf allen technologischen und organisatorischen Gebieten bewährt hat. In den Reichsbahnausbesserungswerken werden bei der Verbreitung der Muster-Arbeitsabläufe die Maßnahmen für jedes einschlägige Werk erarbeitet und im „Plan der technisch-organisatorischen Maßnahmen" (Plan TOM) festgelegt. Der Plan TOM ist ein Teil des Planes „Neue Technik". Der Plan TOM entwickelte sich aus der Sörnewitzer Methode, die zuerst in den Reichsbahnausbesserungswerken „Einheit" Leipzig und Potsdam Eingang fand.
Der Plan TOM ist seit 1957 in allen Reichsbahnausbesserungswerken eingeführt. Er wird vierteljährlich aufgestellt und faßt alle Rationalisierungsmaßnahmen zusammen, die der Vervollkommnung der Produktionstechnik, der Produktionsorganisation, der Steigerung der Arbeitsproduktivität, der Senkung der Selbstkosten und des Materialverbrauchs dienen.
Der Plan TOM ist die systematische und vollständige Zusammenfassung aller technisch-organisatorischen Maßnahmen für einen Planungszeitraum mit dem Ziel, eine Unterlage für die Arbeit des Werkkollektivs zur Erfüllung der staatlichen Kennzahlen zu haben.
Der Plan TOM gliedert sich in vier Planteile. Der Planteil

I/II beinhaltet die Vorschläge und Maßnahmen für die Rationalisierung der Erzeugnisse, der Abteilungen und Gesamteinrichtungen,
III enthält alle Verbesserungsvorschläge,
IV enthält Vorschläge über den Abbau der Verluste und Dauerverluste.

Zum Planteil I/II gehören die konstruktiven Veränderungen an Fahrzeugen und Fahrzeugteilen, die der Standardisierung, Materialeinsparung oder der vereinfachten Herstellung dienen. Zur Rationalisierung der Abteilungen gehören die Maßnahmen zur Einführung der bestmöglichen Technik, zum Beispiel der Technologie des Arbeitsablaufes, der Erhöhung der Leistungen der Maschinen und Anlagen, des Transports, des Arbeitsschutzes, der Verbesserung der Qualität der Arbeit, der Einsparung von Energie, Arbeitskräften, Hilfsmaterialien und Instandhaltungskosten. Die Anwendung von Neuerermethoden und die Investitionen und Generalreparaturen, soweit sie den Charakter einer technisch-organisatorischen Maßnahme tragen, fallen ebenfalls unter den Planteil I/II.
Im Planteil III werden sämtliche Verbesserungsvorschläge aufgenommen, die sporadisch eingereicht werden.
Im Planteil IV werden Maßnahmen zur Beseitigung aller finanziellen Verluste, die sich auf Grund der Bilanz ergeben, aufgenommen. Es fallen auch

die Verluste darunter, die durch Umarbeiten von nicht sortimentsgerecht geliefertem Material, durch Löhne für Ausfall- und Wartezeiten usw. entstehen.
Der Plan TOM enthält einen Grob- und einen Feinplan.
Im Grobplan werden alle technisch-organisatorischen Maßnahmen ohne Rücksicht auf die Realisierungsmöglichkeit aufgenommen. Es wird jedoch der Termin festgelegt, bis zu dem die einzelne Maßnahme werkstattreif bearbeitet sein muß. Ist die Realisierung nicht möglich, so wird die Maßnahme aus dem Plan TOM gestrichen.
Im Terminplan werden die werkstattreif bearbeiteten Maßnahmen aufgenommen einschließlich des errechneten Nutzens, des Einführungstermins, des Kostenaufwandes, der Finanzierungsquelle und des Verantwortlichen für die Einführung.
Durch die regelmäßige Kontrolle des Planes TOM wird sichergestellt, daß jede als nützlich und für die Rekonstruktion des Werkes als notwendig erkannte Maßnahme auch eingeführt wird.

# LITERATURVERZEICHNIS


1. DV 300 Eisenbahn-Bau- und Betriebsordnung
2. DV 946 „Dienstvorschriften für die Erhaltung der Dampflokomotiven in den Reichsbahnausbesserungswerken“ mit Teilheften
3. DV 947 Dienstvorschrift für die Behandlung und Unterhaltung der Dampflokomotiven im Betrieb
4. DV 951 Dienstvorschrift für das Schweißen in Reichsbahnwerkstätten (Werkschweißvorschrift)
5. DV 464 Vorschriften für den Bremsdienst, Teil III, vom 1. 11. 1944
6. Handbuch für Lokomotivführer und Lokomotivführeranwärter, Band 3, Otto Elsner Verlagsgesellschaft, Berlin—Wien—Leipzig 1944
7. Fachbuchreihe „Lokomotivbetrieb“ Heft I bis III, Fachbuchverlag Leipzig 1951
8. Zusammenstellung von Maß- und Arbeitsbegriffen für die Schienenfahrzeug-Aufarbeitung v. 1. Oktober 1958
9. Drucksache 999 383 bis 385 „Richtlinien für die Arbeitsaufnahme an Dampflokomotiven der Schadgruppen L4, L3 und L2“
10. Drucksache 999 368 „Richtlinien für das mechanische Vermessen und Berichtigen der Lokomotivrahmen“
11. Glebow: Arbeitsorganisation in Lokomotiv-Reparaturbetrieben, Moskau 1955
12. Kühne: „Erhaltungswirtschaft bei der Deutschen Reichsbahn“, Verkehrswissenschaftliche Lehrmittelgesellschaft mbH bei der Deutschen Reichsbahn, Berlin 1933
13. Mitteilungshefte der Entwicklungsstelle für Technologie und Organisation der Reichsbahnausbesserungswerke, Sitz Zwickau, und der Versuchs- und Entwicklungsstelle für das Ausbesserungswesen der Deutschen Reichsbahn, Sitz Engelsdorf bei Leipzig, Hefte ab 1957
14. Sammlung der Arbeitsschutzanordnungen
15. Ziem: Gedanken zur Weiterentwicklung der planmäßigen Fahrzeugerhaltung bei der Deutschen Reichsbahn, Deutsche Eisenbahntechnik, 1959, H. 4, S. 151
16. Beer, H. u. G. Schmitz: Das Flammenhärten von Fahrzeugteilen in Theorie und Praxis. Die Werkstatt, 1959, Nr. 4 und 5
17. Beer, H.: Das Vermessen des Lokomotiv-Rahmens. Die Werkstatt, 1957, Nr. 4 und 6
18. Beer, H. u. D. Schenker: Das Systemvermessen, ein neues Meßverfahren für Triebfahrzeuge. Die Werkstatt, 1958, Nr. 8
19. Nied: Die Sicherung des technischen Fortschritts in den Reichsbahnausbesserungswerken. Deutsche Eisenbahntechnik, 1958, H. 6, S. 311
20. Nied: Die sozialistische Rekonstruktion. Die Werkstatt, 1959, Nr. 6
21. Neumann: Rekonstruktion von Dampflokomotiven der DR. Die Werkstatt, 1958, Nr. 3 u. 4
22. Neumann: Artikelserie über die „Grundlagen der Erhaltungswirtschaft in der Lokomotivausbesserung (Raw) in der Beilage „Fahrt frei“, Schulung V der Wochenzeitschrift der Deutschen Eisenbahner. Herausgeber: Ministerium für Verkehrswesen

23. Jubiläumsschrift: Fünfzig Jahre Reichsbahnausbesserungswerk — Fünfzig Jahre Arbeiterbewegung 1908—1958. Aus Vergangenheit und Gegenwart des Raw „7. Oktober“ in Zwickau

24. Wolff: Die moderne Schweißtechnik, die Möglichkeiten und der Stand ihrer Anwendung in den Raw. Die Werkstatt, 1957, Nr. 10, 11 u. 12

25. Wolff: Das automatische Einschweißen von Stabstehbolzen in Lokomotivkesseln. Die Werkstatt, 1959, Nr. 1

26. Springer: Neue Transportbehälter in den Raw. Industriebetrieb, 1958, S. 453

27. Springer: Mobil- und Schienenkran in den Werkstätten der Deutschen Reichsbahn. Die Werkstatt, 1957, Nr. 7

28. Weikelt: Gliederung und Aufgaben der Entwicklungsstelle für Technologie und Organisation der Raw. Deutsche Eisenbahntechnik, 1957, Heft 8, S. 345

29. Weikelt: Technologische Analyse des Fertigungsablaufes als Grundlage für die Rekonstruktion des Produktionsprozesses in Großreparaturbetrieben. Druckschrift des VEB Verlag Technik, Berlin, über die 1. Tagung der Technologen vom 18. bis 20. 2. 1954 in Leipzig

30. Scholz, H.: Isotopeneinrichtung „TuR“ MCo 1,3. Technische Gemeinschaft, 1959, Nr. 10

31. Weikelt, Höselbarth: Die Neuorganisation der Produktion nach dem technologischen Arbeitsablauf in den Ausbesserungswerken für Lokomotiven. Die Werkstatt, 1957, Nr. 12, S. 265

32. Weikelt, W.: Neue Formen der Betriebsvergleiche in den Reichsbahnausbesserungswerken und die Aufstellung von Musterarbeitsabläufen und Musterkennzahlen, Deutsche Eisenbahntechnik, 1959, Nr. 2

33. Gilels, G.: Die Produktionskapazität des Betriebes und ihre Ausnutzung. Verlag „Die Wirtschaft“ Berlin

34. Weikelt — Müller: Die Aufgaben des Rationalisatorenwagens der Hv Raw und seine Bedeutung für die Ausbesserungswerke. Die Werkstatt, 1959, Nr. 10

35. Riege: Die Sörnewitzer Methode im Raw „Einheit“ Leipzig. Die Werkstatt, 1959, Nr. 1, S. 49

36. Strasmann, A.: Lokomotiv-Radsatzmeß- und -Bohrstand

37. Hilgers, Rodenkirchen: Rohrkaltbiegemaschinen

38. Dr. J. u. H. Krautkrämer, Köln: Gesellschaft für Elektrophysik. Ultraschallgeräte

39. Strasmann, A.: Universal-Stangenbohrwerk

40. Vorrichtungskatalog der Deutschen Reichsbahn

# Sachwort-Verzeichnis

## A

Abbau 22, 28, 39, 52, 53, 72, 88
Abbaustand 65, 72, 88
Abbohrstand, Stehbolzen- 141
Abbrennkammer 138
Abkochbottich 75
Abkühlen des Lokomotivkessels 201
Ablegebock 123
Ablegegestell 59, 111
Abmaß 23
Abnahme, Lokomotiv- 19, 50
Abnahmeinspektor 50, 179
Abnahmeprotokoll 50, 185
Abnutzungsgrad 52, 59
Abölen der Lokomotive 179
Abrufen 41
Absattelstand 74
Absaugeanlage 63, 105, 112, 194, 196
Abschlammvorrichtung 136, 204
Abschlußarbeit 184
Abspritzanlage 72, 200
Abstelltag 19
Abteilung Arbeit 28
Abzweigdose 137, 215
Achsgabelsteg 76, 84, 85, 86
Achslager 22, 55, 84, 105, 211, 212, 215
Achslagerdeckel 108
Achslagerführung 76, 80, 84, 85, 212
Achslagergehäuse 60, 87, 106, 212
Achslager-Gleitplatte 62, 76, 106, 212
Achslagerschale 106
Achslager-Unterkasten 106, 211, 212
Achslagerwerkstatt 39, 105
Achsschenkel 48, 93
Achsschenkel-Schutzblech 108
Achssenke 14, 88, 191
Achsstellkeil 76, 84, 212
Achsstichmaß 85, 89
Achswelle 92, 103
Anfall der Schadgruppen 40
Anheizen der Lokomotive 178, 193, 205
Anheizschuppen 30, 34, 178
Anheizstand 34, 178
Anriß 75, 120
Anschlagmittel 84, 122
Anschlagstück 91
Anschrift 184
Anschuhen 136
Anstrich 17, 22
Antidröhnmittel 142
Arbeitsablauf 31, 53, 55, 59, 68, 71, 75, 86, 87, 88, 89, 105, 141, 144, 200, 218, 220, 224, 226
Arbeitsablaufplan 15, 26, 51, 68, 220, 224, 226
Arbeitsabnahme 200
Arbeitsanfall 57, 217
Arbeitsanweisung 22, 26
Arbeitsaufnahme 15, 25, 46, 47, 59, 106, 197, 199
Arbeitsaufnahme, Richtlinien für die — 18, 46
Arbeitsausführung 51, 52
Arbeitsbegriff 25
Arbeitsbock 123
Arbeitsbühne 193
Arbeitsdiagramm 26, 41, 52, 68, 221, 226
Arbeitsdichte 68, 226
Arbeitserleichterung 59, 142, 148
Arbeitsfluß 15, 29, 52, 57, 216
Arbeitsgang 71
Arbeitsgemeinschaft 220
Arbeitsgerüst, Kessel- 205
Arbeitsgleis 35, 87, 221
Arbeitsgrube 37, 190
Arbeitsgüte 51, 52, 87
Arbeitskräfte, erforderliche 69, 226
Arbeitsnorm, Technisch begründete — (TAN) 16, 68, 224
Arbeitsorganisation 16
Arbeitsqualität 217, 218
Arbeitsplatzgröße 34
Arbeitsprobe 49
Arbeitsproduktivität 62, 70, 87, 217, 220
Arbeitsproduktivität, Steigerung der — 59, 62, 87, 219, 220, 227
Arbeitsprüfung 16, 49, 178, 200
Arbeitsraum, Größe des — 13, 34
Arbeitsschein 47, 51, 200
Arbeitsschutzanordnung (ASAO) 23, 152, 217, 218
Arbeitsstufe 57
Arbeitsteilung 53, 54, 55, 57, 60
Arbeitsüberwachung 40
Arbeitsumfang 37, 46, 47, 52, 54, 60, 74, 87
Arbeitsunterlage 25
Arbeitsversuch 49
Arbeitsvorbereitung 40, 82
Arbeitsvorrat 71
Arbeitszeit 69, 222
Armatur 55, 89, 142, 160, 169, 196, 204
Armaturen-Anbaustand 142, 160
Armaturenwerkstatt 89, 169, 196
Aschkasten 79, 173, 205, 206
Aufarbeiten 25, 47, 48, 52, 53, 224
Aufarbeiten nach Befund 25, 46, 47
Aufarbeiten nach Plan 25
Aufarbeiten nach Vormeldung 25, 47
Aufarbeitung, zentrale — 141
Aufarbeitungskosten 141
Aufarbeitungsstand 65
Aufbaustufenverfahren 57, 65, 109
Aufdornen der Stehbolzen 156
Aufnahmekarte 40
Aufmessen 26, 52
Aufsatteln 107
Aufsattelstand 86, 107
Auftuschieren 124
Aufwand, Kosten- 52, 219, 226

Aufwand, Zeit- 52, 64, 219, 220, 226
Aufweiten der Achslagerschale 106
Aufwerthebel 122
Ausbaustand für Kesselteile 141
Ausbesserung, Bedarfs- 18
Ausbesserung, Betriebs- 18
Ausbesserung, Zwischen- 18, 19
Ausbesserungsstand 13
Ausbesserungstechnik 39
Ausbesserungszeit 13
Ausblasen der Lokomotive 178
Ausblasen des Kessels 163, 178
Ausfallzeit 223, 228
Ausgleichhebel 80, 84, 135, 213
Ausgleich-Luftbehälter 90, 214
Ausmusterung 17, 19
Ausnutzungsgrad 31, 55, 57
Auspreßvorrichtung 77
Ausschlagbegrenzung 81
Ausschmelzen, oxydfrei — 212
Ausschmelzofen 118, 195, 212
Ausschuß 49
Ausströmkasten 128, 129
Ausströmrohr 84, 140
Austauschbau 26, 54, 57
Auswaschanlage 193, 201
Auswaschen des Lokomotivkessels 201
Auswaschfrist 189, 198
Auswaschstand 189
Auswirkung, ökonomische — **46**
Autokolimations-Fernrohr **82**
Automatische Lokomotiv-Reinigungsanlage 72

## B

Bahnbetriebswerk 19, 188
Bahnräumer 207
Bataisker Verfahren 217
Bauartänderung 227
Bauhof 39
Baureihen 53
Beanstandungsmeldung 178
Bearbeitungsgenauigkeit 16
Bedarfsausbesserung 18, 88, 89, 187
Befund 25
Behälterverkehr 220
Behelfsachse 88
Behelfsdrehgestell 88
Beilage 211, 212
Bekleidungsblech 172
Beleuchtung der Lokomotive 23, 215
Bereifung 93, 98
Berichtigen 26, 84
Beschilderung der Lokomotive 136
Besichtigen 25
Bestarbeiter 222
Bestellzettel 46
Betriebsausbesserung 18
Betriebsbuch 60, 82, 185
Betriebsgefährlicher Schaden 19
Betriebsgrenzmaß 15, 18, 25, 47, 48, 210
Betriebsgrenznormblätter 27
Betriebsgrenzspiel 25, 48
Betriebsmaschinendienst 54, 60
Betriebsplan 16, 68
Betriebsschlosserei 29, 39
Betriebsschutz 28
Betriebssicherheit 17, 47, 48
Betriebstüchtigkeit 17, 47
Betriebsuntersuchung 19
Betriebsvergleich 218, 223, 226
Bewegungen, Züge und — 136
Bewußtseinsentwicklung, sozialistische — 51
Bezugsebene 60, 61, 105, 106
Bezugsfläche 106
Bezugskörner 60, 106
Bezugslinie 60, 61
Bezugspunkt 60
Bisselgestell 111
Bitumenfluten 136
Blasrohr 84, 205
Blechanker 148
Bleiarbeiter 120
Bleivergiftung 120
Bleiziffer 153
Bodenankerbolzen 158
Bodenmutter 78
Bodenring 79, 148, 149
Bohrwerk 107
Boluskol 214
Bolzen 214
Bördeln 63, 160
Brandschutz 28
Bremsarmatur 141, 171, 214
Bremsbalken 134
Bremsbolzen 134
Bremse 84, 214
Bremsgestänge 22, 86, 88, 133, 214
Bremsklotz 134, 214
Bremsklotzhängeeisen 214
Bremsklotzsohle 134, 214
Bremskolben 214
Bremskupplung 214
Bremsschlauchwerkstatt 28
Bremsteil 55
Bremsuntersuchung 187
Bremsventil 49, 214
Bremsventilwerkstatt 28, 141, 170
Bremswelle 214
Bremszylinder 214
Brevo 23, 214
Bruchplatte 132
Bruch 75, 120, 134
Bruch von Radreifen oder Achswelle 103
Buchse 121, 134, 214
Buchsenaufnahmebohrung 121, 134
Buchsenlager 112, 211
Buchsenmaterial 121
Bundbuchsen 138

## C

Chemikalie für Kesselspeisewasseruntersuchung 197
chemisches Untersuchungsverfahren **49**, 197
Christoph Wehner-Seifert-Methode 41, 217, 220
$CO_2$-Schweißverfahren 63

## D

Dampfdom 144
Dampfdruckprobe 49
Dampfentnahmerohr 159

Dampfhammer 62
Dampfheizeinrichtung 215
Dampfheizungshahn 170
Dampfkolben 55, 122, 208
Dampfprüfung 142, 162
Dampfrohr 133
Dampfsammelkasten 140, 144, 159, 166
Dampfstrahlpumpe 141, 204
Dampfstraße 78, 168
Dampfverteilung 120
Dampfzylinder 78, 80
Deckel für Einfüllöffnung 89
Deckenstehbolzen 158
Deichselkopf 109
Deichselöse 111
Dichtarbeit 162
Dichtfläche 78
Dichtflächenschleifmaschine 78
Dichtigkeitsprobe 49, 81, 159, 182, 196, 205, 214
Dicht- und Deckringe 124, 208
Dienstunterricht 217
Dienstvorschrift 18, 21, 22, 23, 26
Dienstvorsteher 187
Dienstzeit der Lokomotive 17
Dieselkarren 59, 192
DIN 27
DIN-Blätter 27
Disproportion 223
Dokumentation 223
Domdeckel 161, 167, 204
Domschleifmaschine 168
Domunterteil 148
Doppelung im Kesselblech 153
Dornen 63
Drehfenster 136, 137
Dreherei 34, 177
Dreherei, zentrale — 29
Drehgestell 22, 55, 74, 88, 108, 207
Drehgestell-Druckplatte 76, 81, 109
Drehgestellwerkstatt 108
Drehmaschine 39, 194
Drehpunkt 80, 81, 84, 87
Drehpunktabstand 120
Drehscheibe 188
Drehvorrichtung für Drehzapfensitze 77, 84
Drehzapfen 77, 81, 87, 207
Drehzapfenlager 81, 109
Drehzapfenträger 77
Dreiwegehahn 170
Drosselklappe 169
Druckausgleicher 128
Druckausgleich-Kolbenschieber 128, 210
Druckausgleichventil 170, 210
Druckluftbremsteile 55, 214
Druckmesser 71, 141, 170, 204, 214
Druckprobe 19, 49
Druckring 132
Dünngußverfahren 217
Durchfluten 112, 211, 218
Durchgangsventil 170
Durchkugeln 139
Durchlaufzeit 26, 31, 52, 55, 68, 220, 226
DV 946 und Teilhefte 18, 22, 23

# E

Einachsen 84, 86
Einachsstand 33, 39, 65, 84, 86, 87, 88, 89, 103
Einfüllöffnung 89
Einheitsbohrung 23, 55
Einheitswelle 55
Einkleidestand, Kessel- 142, 163, 173
Einlauf, Laufflächen- 93, 210
Einlaufen der Lager 184
Einpassen 60
Einpreßbuchse 78
Einsatz-Bahnbetriebswerk (E-Bw) 187
Einsatzhärten 63
Einschleifbuchse 78
Einschweißen der Heiz- und Rauchrohre 160
Einsparung von Arbeitszeit 84, 226
Einsparung von Arbeitskräften 201
Einstellachse 22, 74, 108, 111
Einströmrohr 84, 140
Einteilung, Schadgruppen- 18, 21
Einzelrohrreinigungsvorrichtung 163
Einzweckmaschine 31, 121
Eisenbahn-Bau und Betriebsordnung (BO) 19, 20, 22
Eisenbahnwerkstätte 13
Elektrische Ausrüstung 84, 137, 215
Elektrokarren 59, 192
Elektro-Preßluft-Fugenhobel 106
Endprüfung 50, 178
Endmontagestand 86, 87
Energieerzeugungsanlage 28
Energieversorgungsanlage 28, 29
Enthärtungsmittel für Speisewasser 197
Entlastungsnut 115
Entlüftung 146, 162, 168
Entwässern der Bremseinrichtung 214
Entwässern der Lokomotive 71, 216
Entwicklungsplan 221
Entwicklungsstelle, Versuchs- und —, für das Ausbesserungswesen der Deutschen Reichsbahn 19
Erfahrungsaustausch 218, 223
Erhalten 17
Erhaltung, Organisation der — 18, 21
Erhaltungsabschnitt 18, 21
Erhaltungsplan 40
Erhaltungsteilabschnitt 18, 21
Erhaltungswirtschaft 15, 17, 46
Erleichterung, Arbeits- 59
Ermittlung der Kapazität 68
Ersatzstück 136
Ersatzteilbedarfskartei 40
Ersatzteilbestellung 60

# F

Fahrbares Untergestell 37
Fahrzeugart 53
Farbspritzhalle 184
Federaufhängung 22
Federkorb 92
Federspannschraube 135, 213
Federspannschraubenträger 80, 84, 87
Federschmiede, Trag- 28
Federstahl-Querschnitt 54

Federung 80, 84, 135, 213
Federungsteil 55
Fehlendes Teil 46
Feinausrüstung des Kessels 22, 160, 161
Feinbohrwerk 107
Felgenkranz-Aufschweißmaschine 102
Felgenkranzbearbeitung 93, 100, 102
Fernrohr 82
Fernthermometer 170, 180
Fertigen 25
Fertigungsgrad 87
Fertigungshilfsabteilung 28, 29
Fertigungsverfahren 51
Fertigungswerkstatt 28, 31, 34, 39, 59, 71, 89
Festigkeitsprobe 49
Feuerbüchse 147, 148, 149
Feuerlochring 148
Feuerlochschoner 177
Feuerloses Anheizen 193, 205, 217
Feuerschirmstehbolzen 158
Feuertür 84, 169
Flächenschleifmaschine 106, 113, 130
Flammenhärten 17, 63, 64, 121, 130
Fld-Zeichnungen 48
Flicken 147
Fließarbeit 26
Fließende Fertigung 16, 31, 52, 53, 54, 55, 62, 105, 136, 170, 224
Fließplan 26, 68, 224, 226
Flurförderer 59
Förderer, Hub- 59
Förderer, Schwerkraft- 59
Förderleistung der Kolbenspeisepumpe 181, 204
Fördermittel 59, 63, 192, 220
Förderplan 59
Förderwesen 16, 59
Formabweichung, Werkgrenz- 24
Formtoleranz 24
Fortschrittliche Technik 71
Fräsvorrichtung für Heiz- und Rauchrohre 144
Freistrahl 145
Friktionspresse 62
Fristarbeit 19, 199
Frist, Untersuchungs- 20, 21
Fristenplan 41, 55, 68, 199
Fristenplanung 52
Fristenüberwachung 31, 53, 55, 199
Fristenwesen 16, 40, 41, 43, 52, 53
Frostschaden 216
FS 71, Preßstoff — 121
Führerbremsventil 214
Führerhaus 84, 135
Führungsbolzen 129
Fugenhobel 63, 106
Funkenfänger 140
Funktionsprüfung 49
Fußbodenblech für Führerhaus 84

## G

Gabelstapler 59, 111, 120, 136
Garantiepaß 51, 217
Garderobenraum 39
Gedingewesen 16
Gehäuse, Achslager- 105, 106, 107
Gegenkurbel 93, 105
Gelbgießerei 29
Gelenkbolzen 115, 211
Generalreparatur 18, 19, 222
Geometrie, Schneiden- 62
Geradliniger Fluß 29
Gerät 46, 185
Gesamt-Werkstattflächenbedarf 34
Geschwindigkeitsmesserwerkstatt 28, 141, 170
Gestaltung der Werkstätten 28
Gewinde rollen 62
Gewinde schneiden 142
Gewindeschutzhülse 134
Gewinde wirbeln 62
Gießkern 119
Gießpfanne 119
Glaswolle, superfeine — 155
Glattwalzen 95, 124
Gleitbahn 22, 55, 130
Gleitbahnträger 77
Gleitfläche 84
Gleitplatte, Achslager- 106, 107
Glühen der Kolbenstangenkegel 127
Glühen der Stangenköpfe 112
Glühofen 62
Graugießerei 29
Grauguß, perlitischer — 122
Grenzmaß 23, 47
Grobausrüstung des Kessels 22, 160, 161
Großschmiede 29
Größtmaß 23
Größtspiel 23
Größtübermaß 23
Grundanstrich 89
Grundberichtigung der Radsätze 105
Grundrißform 14, 15, 29, 30
Grundrißplan 68, 226
Gruppenleiter im Bahnbetriebswerk 187, 197
Gütegrad 54

## H

Hahn 170, 204
Hahnküken-Einschleifautomat 171
hakenförmiges Anschlagstück 91
Halbschale 124
Hallenbeleuchtung 142
Hallenfußboden 142
Hallenhöhe 34
Handdünngußmaschine 195, 213
Handgußverfahren 120
Handmuffelbrenner 140
Handpfanne 120
Handrad 136
Handreinigung 145
Handschliff 87
Hängebahn 59, 105
Härte des Lagermetalls 107
Hartmetall 62
Härten 63, 77, 219
Härten, flammen- 17, 63, 64, 77, 95
Häufigkeitsfaktor 69
Hauptbezugsebene 82
Hauptbremswelle 134, 214

Hauptbuchhaltung 28
Hauptfluß 52, 53
Hauptkuppelbolzen 92, 207
Hauptkuppelbolzenlager 80, 87
Hauptkuppeleisen 92
Hauptluftbehälter 90, 214
Hauptluftleitung 139, 214
Hauptuntersuchung 18, 19, 20, 21, 75
Hebebock 14, 74, 86, 192
Hebevorrichtung 59
Hebezeug 34, 59
Heißdampfkammer 166
Heißlaufen von Lagern 184
Heißspritzverfahren 184
Heizhausmeisterei 71
Heiz- und Rauchrohr 33, 34, 55, 143, 159, 163
Heizungsrohr 89
Herstellungsmaß 22, 47
Hinderliches Teil 87, 88
Hilfsdrehgestell 192
Hilfsebene 80
Hilfslinie 81
Hilfsluftbehälter 90, 214
Hobelmaschine 39
Hochschule für Verkehrswesen 19
Hochvakuumreinigung 75
Hohlstahl 157
Holzersatzstückwerkstatt 29
Hubförderer 59
Hubkarren 59
Hubtisch 120, 135, 193, 220
Hubwagen 120, 159
Hülsenpuffer 90, 91

I

Inbetriebnahme 18
Indikatorstutzen 132
Indizieren der Lokomotive 22, 184
Indiziergerät 179
Induktionshärten 63
Induktive Zugsicherung 137
Informationsstelle 223
Innen-Rundschleifmaschine 115
Innerbetrieblicher Transport 59
Instandsetzungswerkstatt 35
Investitionen 219, 221
In Waage legen 76
Isolieren der Rohre 139
ISO-Passung 54, 55
Isotope 49
Isotopenprüfstand 153, 154
Istmaß 23

J

Jahresplanung 54

K

Kaderabteilung 28
Kalt abgestellte Lokomotive 215
Kapazitätsausnutzung 222
Kapazitätsuntersuchung 220
Karbonierte Meßlisten 84
Karusselldrehmaschine 106, 107
Kaufmännische Leitung 28
Kegelbohrung 131
Kegeldichtfläche 166, 167
Keilloch 127
Kennmarke 80
Kennzahl, technisch-wirtschaftliche — (TWK) 64, 63, 220, 226
Kerblochkartei 40
Kessel 20, 22, 52, 60, 74, 79, 87, 141
Kesselausrüstungsteil 55, 204
Kesselband 73
Kesselbekleidung 142, 143, 163, 172
Kesselhaus 29
Kesselmeßstand 60, 141
Kesselprüfer 20, 49, 90, 141, 147, 162
Kesselreiniger 141
Kesselrollbock 142
Kesselrückschlagventil 204
Kesselschmiede 28, 34, 63, 87, 141, 143
Kesselschmiedearbeit 75, 141
Kesselschuß 148
Kesselsicherheitsventil 141, 161, 162, 170, 172, 179, 184, 205
Kesselspeisewasser-Innenaufbereitung 144, 196, 202, 217
Kesselspeisewasserreiniger 161
Kesselspeisewasseruntersuchung 196
Kesselstand 34, 142
Kesselstein 145
Kesselsteinabklopfer 145
Kesselsteinklopfhammer 145
Kesseltausch 52, 65, 74, 87
Kesseluntersuchung 141
Kesselverschluß 143, 167, 204
Kesselvorschrift 23
Kesselwendevorrichtung 157
Kesselwerkkarte 40
Kippscheibe 135
Kippvorrichtung, selbständige — 107
Kleiderkasten 135
Kleinstmaß 23
Kleinstspannung (42 V) 142
Kleinstspiel 24
Kleinstübermaß 24
Knierohr 144, 158, 159
Kohlenkasten 22, 84, 136
Kohlenstaubfeuerung 140
Kolben 22, 84, 122, 128, 208, 209
Kolbenklemmzange 122
Kolbenkörper 123, 124, 126, 128
Kolbenring 124
Kolbenring für Kolbenschieber 48, 128, 210
Kolbenringnut 124, 128
Kolbenringschutzband 124
Kolbenschieber 128, 129, 210
Kolbenstange 123, 124, 126, 128, 208, 209
Kolbenstangenführung 124, 208
Kolbenstangenkegel 124, 126, 127, 131, 209
Kolbenstangenschleifmaschine 126
Kolbenstopfbuchse 208
Kolbenwerkstatt 124
Kolbenzubehör 125
Kolimator 82
Kompressionskammer 129
Kondensator 138
Konservieren von Lokomotiven 216, 217
Konsolkran 34

Kontrolle des Produktionsprozesses 64
Kontrollbohrung der Stehbolzen 156, 205
Kontrollkörner 60, 61, 93
Kontrollkreis 60, 84, 121
Korrosion 18
Korund 75, 145
Kostenaufwand 52, 88
Kostenstelle 31
Kraftwerk, Wärme- 29
Kragenblech 172
Kran 59, 192
Kranhaken 33
Kran, Lauf- 34
Kran, Lokomotiv-Hebe- 34, 72
Kran, Konsol- 34
Krätze 120
Krauß-Helmholtz-Lenkgestell 109
Krauß-Lenkgestell 109
Kreisschuppen 188
Kreuzkopf 22, 55, 84, 124, 126, 131, 208
Kreuzkopfbohrwerk 131
Kreuzkopfbolzen 131, 132, 208
Kreuzkopf-Gleitplatte 132
Kreuzkopfhals 124, 131, 209
Kreuzkopfkeil 124, 208
Kreuzkopfoberteil 131
Kropfachs-Schleifwerk 62
Kuhn'sche Schleife 121
Kümpelschmiede 177
Kuppeleisen 92
Kuppelstange 22, 39, 55, 60, 85, 86, 111, 211
Kuppelzapfen 93, 102
Kupplungswerkstatt 62
Kurbelstellung 93

L

Labor für Kesselspeisewasseruntersuchung 196
Lackieren der Lokomotive 184
Lagerabdruck 108
Lagerbestand 54
Lager für Steuerungsteile 22
Lagergießer 120, 217
Lagergießerei 29, 111, 117, 195, 212
Lager, Material- 34
Lagermetall 107, 117, 195, 212
Lagerschale 106, 115, 117, 195, 211, 212
Lagerspiel 182
Lampe 137
Langlochfräsmaschine 126
Längsmittenebene 80, 82, 116
Längsstände 33, 35
Lärmbekämpfung 63, 150
Lärmbelästigung 142
Lastfahrt 49, 50, 184
Laufende Arbeitsprüfung 49
Laufkran 34, 105
Laufkreisdurchmesser 93, 94
Laufwerk 89, 210
Leerfahrt 49, 50, 184
Leistungsbuch 185
Leistungslohn 16
Leitungsdruckregler 214
Lenkeransatz 209
Lenkgestell 22, 74, 108, 207
Lineal 80
Linke Seite der Lokomotive 26
Linsendirchfläche 140
Literaturauszug 223
Lohnschein 51
Lokomotivabbau 28
Lokomotivabnahme 19, 50
Lokomotivbahnhof 187
Lokomotiveinsatzstelle 187
Lokomotivhebekran 34, 72, 84
Lokomotivhebewerk 14, 72, 86
Lokomotivkessel 60
Lokomotivkilometer 18
Lokomotivmontage 28
Lokomotiv-Normenausschuß 54
Lokomotivpersonal 71
Lokomotivrahmen 22, 52, 57, 60, 65, 75, 206
Lokomotiv-Richthalle 34
Lokomotivschuppen 188
Lokomotiv-Verzugwinde 191
Lokomotiv-Werkkarte 40
Lokomotiv-Werkkartei 40
Lokomotivzulauf 54, 71
Loser Radreifen 211
Luftbehälter 90, 214
Luftgeschwindigkeit am Arbeitsplatz 152
Lufthammer 62
Luftklappe 173
Luftleitung 84, 89
Luftpumpe 22, 49, 55, 84, 141
Luftrohr 138
Luftwechselzahl 146
Luftsaugeventil 210
Lukenfutter 160
Lukenpilz 160, 167, 204
Lukensteg 169
Lukenverkleidung 172

M

Magnetpulververfahren 49, 211, 218
Mängel 50
Mangoldlager 108, 211
Manometerwerkstatt 28
Maschinelle Anlage 137
Maschinelle Ausrüstung 191
Maschinen, erforderliche — 69
Massenartikel 62
Maßbegriff 23
Maßskizze 23, 27, 60
Maßtoleranz 23
Maßtrommel 115
Maßverzeichnis 22, 26
Materialbereitsteller 198
Materialbestellung 47
Materiallager 34, 62
Materialpaarung 16, 19
Materialprüfung 49
Materialschein 200
Materialversorgung 28
Mechanisches Vermessen 80
Mechanisierung 59, 141, 143, 170, 172, 187, 189, 211
Mehrfachqualifizierung 217
Mehrmaschinenbedienung 220
Meisterei 31, 46
Merkblatt 21, 49, 59, 60

Merkmale der Richthalle 34, 35, 36
Messende Bearbeitung 110
Meßblatt 27, 59, 60
Meßkörner 60
Meßliste 27, 60, 82
Meßmarke 60
Meßplan 26
Meßschlosser 60
Meßstand 59, 60, 109
Meßstand für Kessel 141, 151, 152
Meßstand für Drehgestelle 16
Meßstand für Lokomotivrahmen 16
Meßstand für Radsätze 16
Meßtisch 120, 123
Meßwerkzeug 49, 60
Meßwesen 59, 219
Meßverfahren 60
Metallspritzen 63, 97, 98, 104, 218
Metallwaschmaschine 75, 88, 111, 120, 193
Millionen-Brutto-Tonnenkilometer 17
Mischspäne 105
Mischungsverhältnis 65, 86
Mischvorwärmeranlage 205
Mittenansatz 212, 213
Mittenebene 60, 120
Modernisierung 60
Montage, Lokomotiv- 28, 52
Montagestand 33, 65
Muster-Arbeitsablauf 226, 227
Musterkennzahl (MKZ) 68, 69, 70, 226
Muster-Technologie 227

**N**

Nabensitz 92
Nacharbeit 60, 163
Naßdampfkammer 166
Neubau-Lokomotive 21, 54
Neubereifung 93, 98
Neuerermethode 217, 220, 221
Neue Technik 220
Neufertigung 47, 52, 219, 221
Neufertigungswerkstatt 28, 29, 31, 62
Nennmaß 23
Niederschrift des Kesselprüfers 147
Nietlochreibahle 80
Nietpresse 63, 150, 155, 157
Nietstand 142, 155
Nietverbindung 76
Norm, technisch begründete Arbeits- 16, 70
Normung 54, 57
Notachse 192
Notkuppelbolzen 92, 207
Notkuppeleisen 92
Nummernplan 40
Nutzen, ökonomischer 226

**O**

Oberflächenriß 92
Obergethmannlager 108, 211, 212
Ökonomische Auswirkung 46, 220
Ölabscheider 205
Öldeckel 116, 122
Ölfeuerung 140
Ölkeil 107, 116
Ölkohle 75
Ölleitung 84, 204, 215
Ölmulde 116
Ölpresse 84, 141, 171, 204, 215
Ölsperre 141, 171, 204, 215
Ölsperrenwerkstatt 28, 141
Ölverschraubung 116
Operative Produktionsplanung 40
Optische Achse 82
Optisches Vermessen 81
Organisation der Erhaltung 18
Organisation der fließenden Fertigung 55
Organisation der Lokomotivausbesserung im Bahnbetriebswerk 197
Organisation des Lokomotiv-Ausbesserungswerkes 28, 221
Organisation im Bahnbetriebswerk 216
Organisationsformen der Arbeitsprüfung 49
Oxydfreies Ausschmelzen des Lagermetalls 195, 212

**P**

Palette 59, 135, 220
Paßfläche 52, 76, 77
Paßmaß 23, 76
Paßschraube 55, 76
Paßschraubenloch 76
Passung 23, 54, 55
Passungssystem 54
Pendelblech 79
Perlitischer Grauguß 121
Pfeifenzug 136
Pflegen 17, 187
Plan TOM 227
Planarbeit 46, 47
Planausbesserung 187, 198, 200
Planung 28, 64
Planungsunterlagen 64
Plaste 17, 62, 77, 121
Plattieren der Gleitbahn 130
Polieren der Stangen 115, 122
Polyamid 121
Presse 62, 63, 78, 106, 107, 134, 155, 161, 196
Preßlufthammer 63, 155
Preßluftschraubstock 62
Preßluftspeicher 142
Preßpassung 55
Preßstoff 62, 121
Preßstoff, Achslager-Gleitplatte aus — 77, 107
Probefahrt 49, 50, 179, 184
Probefahrtmeldung 184
Probelauf 49
Produktion, unvollendete — 64
Produktionsberatung 218, 224
Produktionskapazität 221
Produktionsleitung 28
Produktionsmittel 22
Produktionsplan 64, 217, 220, 222
Produktionsplanung, operative — 40, 86
Produktionsprogramm 64
Produktionsprozeß 49, 64
Produktionsverbesserung 217

Produktionszyklus 64
Prüfbegriff 49
Prüfen 49, 77, 107
Prüfdruckmesser 162
Prüfgleis 86
Prüfmagnet für induktive Zugsicherung 138
Prüfmessen 49, 107
Prüfmeßtisch 107
Prüfstand 16, 137
Prüfung vor der ersten Fahrt 180
Puffer 90, 91
Pufferträger 78, 87
Pufferwerkstatt 62, 91
Pumpe, Luft- und Speise- 22, 49, 141
Pumpenwerkstatt 28, 55, 141
Pyrometerwerkstatt 28, 141, 170

Q

Qtr — Ebene, 61, 76, 78
Qkz — Ebene 62
Qualifizierung 217, 218, 221, 222
Qualität 49, 51, 52, 87, 217, 218, 219, 222, 227
Quartalsabsprache 41, 54
Quarzsand 145
Queranker 148
Querlineal 76
Querstände 33, 34, 35, 39
Querträger 53

R

Radioaktive Isotope 49
Radkörper 62, 92
Radreifen 92, 98, 101, 210
Radreifenbohrwerk 100
Radreifenmeßblatt 199
Radsatz 22, 60, 72, 74, 84, 85, 86, 88, 92, 94, 95, 103, 105, 108, 210
Radsatzdrehmaschine 15, 62, 94
Radsatzmeßmaschine 96
Radsatzmeßstand 60, 93
Radsatzmittenebene 93
Radsatzpresse 103
Radsatzwerkstatt 14, 28, 34, 39, 62, 64, 92
Radsatzwaschmaschine 92
Radstand-Stichmaß 85, 89
Rahmen 52, 68, 72, 75, 76, 77, 78, 79, 80, 87, 206
Rahmenaufarbeitung 52
Rahmenausschnitt 76, 206
Rahmenbacken 76, 77, 78, 87
Rahmenbacken-Schleifmaschine 76, 78, 87
Rahmenbacken-Schleifstand 76
Rahmenmeßstand 39, 76, 78, 79, 84
Rahmenrichtstand 76
Rahmenskizze 75
Rahmenstand 33, 37, 39
Rahmenverbindung 77, 87, 206
Rahmenwange 53, 76, 80
Rahmenwasserkasten 136
Rangierfunkanlage 137
Rationalisatorenbewegung 17, 220
Rationalisatorenwagen 218, 224, 226, 227
Rauchabzug 190
Rauchkammer 72, 158
Rauchkammerboden 87
Rauchkammerschuß 79, 148
Rauchkammerstuhl 77, 79
Rauchkammertür 140, 143, 176
Rauchrohr, Heiz- und — 33, 34, 143, 144, 159
Rauhputz 142
Rechteckschuppen 188, 189
Regelablauf 124, 226
Regelschieber 128
Regler 143, 170, 204
Reglerbescheinigung 161
Reglerbock 161, 176
Reglergestänge 143, 174, 204
Reglerrohr 144, 158, 174
Reglerwelle 143, 174, 175
Regulieren 129
Reibahle 80
Reichenbacher Verfahren 198, 217
Reinigung 28, 72, 75, 88, 143, 200, 219
Reinigung mit Hochvakuum 75
Reinigungsstand, Kessel- 141, 144
Rekonstruktion der Bahnbetriebswerke 189
Rekonstruktion der Lokomotiven 20, 219, 220
Rekonstruktion, sozialistische — 16, 59, 219
Reparaturbuch 199
Reparaturstand im Bahnbetriebswerk 189
Remise 13, 14
Reserve 220
Richthalle 28, 29, 34, 37, 65, 69, 71, 75, 86, 88
Richtlinie 21, 22, 23, 75, 89
Richtlinien für die Arbeitsaufnahme 18, 22, 46, 89
Richtsatzplan 40
Richtstand 34, 75, 88, 148
Richtstand für Kessel 141, 148
Richtungsprüfgerät 82
Rieselrost 143, 161, 205
Riggenbachbremsteil 140
Ringfeuer 128
Ringschuppen 188
Ringtisch 177
Riß 134
Rißanfälligkeit 75
Rohrabschneidemaschine 163
Rohraufweitmaschine 165
Rohraustreiber 144
Rohrbiegemaschine 138, 139, 140
Rohr biegen 138
Rohreinbaustand 158
Rohreinenghammer 164
Rohreinengmaschine 164
Rohreintreiber 159
Rohrfüllvorrichtung 139
Rohr isolieren 139
Rohrnetz 39, 138
Rohrreinigungstrommel 163
Rohrwalze 160
Rohrwand 71, 148, 160
Rollenachslager 105
Rollenbahn 59, 106, 171
Röntgenprüfung 49
Röntgenstand 142, 153, 154
Rostbalken 143
Rostbalkenträger 143
Roststab 54, 72, 162
Rückstelllvorrichtung 109

Rückstellvorrichtung, Widerlager für — 81
Rundlaufprüfung 124
Rundschleifmaschine 121, 194
Rütteleinrichtung 139
Rutsche 59, 117

## S

Sägewerk 28, 29
Salzbad 195, 212, 213
Salzgehalt des Kesselwassers 197
Salzsäurebad 197, 204
Sandkasten 124, 172
Sandrohr 84, 138, 215
Sandstrahlen 75
Sandstreuer 215
Sattelscheibe 135
Saugkasten 88
Saugventil 88, 214
Schaden, betriebsgefährlicher — 19, 88
Schädlicher Raum 132, 209
Schadgruppenanfall 40
Schadgruppeneinteilung 18, 32, 48, 54, 72,
Schaltkasten 137
Schaltplan 137
Schaumreinigungsverfahren 190, 200
Schenkelbearbeitung 93, 95
Schenkelschleifmaschine 96
Schiebebühne 14, 35, 189
Schiebefenster 136, 137
Schieber 84, 128, 178, 210
Schieberbuchse 78, 128, 178, 210
Schiebergradführung 128, 130
Schieberkastendeckel 129, 210
Schieberkörper 128, 210
Schieberkreuzkopf 210
Schieberring 128, 210
Schieberstange 128
Schild 136
Schlagschrauber 106, 143, 161, 171
Schlämmkreideverfahren 49, 112, 131, 209
Schlammsammler 148, 167
Schlauchwasserwaage 76, 149
Schleifer 143
Schleifmaschine 39, 62, 194
Schleudergußmaschine 116, 117, 118, 119
Schleudergußverfahren 113
Schließkraft der Nietpresse 155
Schlingerkeil 77, 79
Schlingerstück 206
Schlußarbeit 22
Schmelzpfropfen 199, 205
Schmiede 62, 194
Schmiedehammer 62, 195
Schmierdocht 179
Schmierfilztasche 106
Schmiergefäß 132, 215
Schmierpolster 107, 212, 215
Schmierpumpenwerkstatt 28, 141, 171
Schneidengeometrie 62
Schneidkeramik 62
Schneidverfahren 63
Schornstein 84, 143
Schraubenkupplung 92
Schraubenverbindung 76
Schrauber 143, 161, 163
Schrumpfring 128, 132
Schubsicherung 106
Schutzblech für Achsschenkel 108
Schutzhelm 145
Schutzmaske 140
Schwallblech 88
Schweißarbeiten in den Bahnbetriebswerken, verbotene — 211
Schweißen 48, 63, 195
Schweißfase 148
Schweißmaske 127
Schweißmast 152
Schweißstand 39, 152, 195
Schweißstand, Kessel — 142
Schweißtraktor 152
Schweißverfahren 63, 219
Schweißvorschrift 23
Schwerbeschädigte, Arbeitsplätze für — 137
Schwerkraftförderer 59
Schwingenlager 84
Schwingenmittelteil 121, 122
Schwingenstein 122
Schwingenschleifmaschine 62, 121, 122
Secator 63
Seifert-Methode 217
Seilwinde 191
Selbsttätige Kippvorrichtung 107
Selecton 155
Senkrechtstoßmaschine 106
Senkung der Selbstkosten 59, 222, 226
Senkung der Verlustzeiten 59, 226
Serienfertigung 54
Sicherheitsventil 49, 214, 215
Sicherheitsvorrat 57
Signallaterne 71
Silikosegefahr 145
Sitz 16
Sondereinrichtungen 31
Sondergleis 65
Sondermaschine 15, 62
Sonderstehbolzen 158
Sonderwerkstatt 16, 28, 55
Sörnewitzer Methode 227
Soziale Anlage 39
Sozialistische Rekonstruktion 16, 59, 219, 220
Sozialistischer Wettbewerb 17
Spänefanggrube 94
Spänefangkasten 94
Spannschloß 134, 214
Spannungsbeschränkung 142
Speisedom 143, 161, 205
Speisepumpe 22, 49, 55, 84, 141, 204
Speisewasserablenkblech 159
Spezialanschlagmittel 84, 142
Spezialgeschirr für Kessel 79
Spezialisierung 40, 53, 54
Spezialwerk 29
Spiel 16, 22, 23, 55, 122
Spielpassung 55
Spill 72, 191
Sprengring 98
Sprengringbiegemaschine 101
Sprengringeinwalzmaschine 101, 102
Spritzkabine 72
Spurkranzdicke 93, 210

Spurkranzhärtung 17, 64, 95
Spurkranzschmiervorrichtung 215
Stabstehbolzen 157
Stahlkies 75, 145
Standarbeit 15, 87
Standard 27
Standardisierung 17, 54, 89, 121, 219, 220, 227
Standbesetzungszeit 26, 32, 68, 89, 155
Ständezahl 32, 33
Standlänge 33, 190
Standprüfverfahren 182
Standrohr 140
Standverfahren 87
Standzeit 16, 187
Stangen, Treib- und Kuppel- 22, 39, 55, 85, 86, 111, 211
Stangenbohrwerk 62, 113, 114, 115
Stangen-Dreh- und -Wendevorrichtung 112
Stangenfensterschleifmaschine 106, 114, 115
Stangenkopf 112
Stangenlager 118, 211, 212
Stangenschloß 112
Stangenstichmaß 116
Stapelbehälter 59, 75, 112, 115, 116
Stapler, Gabel- 59, 111, 120
Staubfänger 214
Staubfilter 145
Stehbolzen 155, 156, 157, 158, 205
Stehbolzen-Abbohrstand 141
Stehbolzen-Bohr- und Schneidstand 142, 155
Stehbolzen-Einbaustand 142, 156
Stehbolzen-Eindrehvorrichtung 156
Stehbolzen-Einschweißautomat 158
Stehkessel 147, 148
Stehkesselfuß 77
Stehkesselträger 77
Stemmarbeit am Kessel 155, 162
Steuerbock 84, 122
Steuerkolben 204
Steuernde Kanten 128
Steuerschraube 122
Steuerstange 122
Steuerstangenhebel 122
Steuerung 22, 59, 55, 76, 87
Steuerungsbolzen 121, 210
Steuerungsbuchsen 121
Steuerungsgestänge 86, 120, 122
Steuerungsprüfung 179
Steuerungsteil, Lager für — 22
Steuerventil 214
Steuerwelle 84, 122
Steuerwellenlager 84
Stichmaß 85, 89, 209, 212
Stichprobenweise Prüfung 49
Stillstandszeit 221
Stoßfeder 92, 207
Stoßpuffer 88, 92
Stoßpufferplatte 80, 87, 92
Strahlkabine 75, 145
Strahlreinigung 75, 89, 145, 146
Streudüse 161
Stützplatte für Drehgestell 81
Stufennennmaß 24, 58
Synchroneinrichtung 74
Systemmeßbuchse 61, 82
Systemmeßverfahren 61, 80, 82

T

Taktstraße 31, 109
Taktverfahren 65
Taktzeit 26, 31
Tauschkessel 52, 74, 87, 141
Tauschlager 54, 57, 90, 135, 169, 172
Tauschstück 26, 57, 135, 141
Tauschstückwerkstatt 28, 57, 141, 169, 170
Tauschstückzahl, Berechnung der — 57
Tauschverfahren 16, 54, 57, 161
Technik, fortschrittliche — 71
Technisch begründete Arbeitsnorm (TAN) 16, 68, 224
Technische Leitung 28
Technisch-wirtschaftliche Kennzahl (TKW) 64
Technologische Planung 64
Technologischer Arbeitsablauf 105
Teil, fehlendes — 46
Teil, Lokomotiv- 53
Teilewerkstatt 14, 28
Teilhefte der DV 946, 22
Teilplanarbeit 46
Teilvermessen 25, 87
Tender 88, 214
Tenderlokomotive 136
Tenderrahmen 22, 89
Tender-Richthalle 28, 34, 35, 88
Tenderstand 34, 88
Tenderwechsel 88
Tenderwerkkarte 40
TGL 27
Toilette 39
Toleranz 23, 54
TOM-Plan 227, 228
Totlage des Dampfkolbens 179
Tragbuchse 120, 124, 130
Tragfeder 135, 141, 213
Tragfeder auswechseln 213
Tragfederschmiede 28, 141
Tragflansch 126
Transport, innerbetrieblicher — 59, 220
Transportabteilung 29
Transportgestell für Bisselgestell 111
Transportkorb 74
Transportmittel 192, 220, 227
Transportweg 30, 31, 34, 39, 55, 189
Traverse 86, 192
Treibstange 22, 39, 55, 60, 85, 86, 111, 211
Treibzapfen 93, 102
Trennschleifen 157
Trittrost 136
Trofimow-Kolbenschieber 129
Tropfbecher 214
Turbogenerator 137, 215
Turbogeneratorwerkstatt 28, 137, 141
Typenbeschränkung 219

U

U-Fluß 30
Überdruck in der Feuerbüchse 169
Übergabe der Lokomotive 184
Übergabeprotokoll 41
Übergangspassung 55
Überhitzerelement 55, 143, 167, 204

Übermaß 24
Übernahme der Lokomotive 41
Überplanarbeit in den Bahnbetriebswerken 198, 214, 216
Überwachungsbogen zur Einhaltung der Planausbesserungstage 199
Überwurfmutter 138
Ultraschallprüfstand 142
Ultraschalluntersuchung 49, 93, 135
Ultraschallwaschmaschine 171
Umbeheimatung von Lokomotiven 221
Umhütten des Lagermetalls 118
Umkehrenden der Überhitzereinheiten 167
Umlauf an der Lok 84
Umlaufmittel 64
Umlenkrolle 191
Umrißbearbeitung 94
Umschlaggeschwindigkeit 64
Umwälz-Abkühlverfahren 193, 201, 217
Undichtheit 89, 178
Unfall-Lokomotive 19
Universal-Flammenhärtemaschine 130
Universal-Stangenbohrwerk 114, 115
Unterflurförderung 117
Untergestell, fahrbares — 37, 88
Unterhalten 17, 187
Unterhaltungs-Bahnbetriebswerk (U-Bw) 187
Unterkasten, Achslager- 107, 108
Unterkastenträger 107, 108
Unterpulverschweißverfahren 63, 152, 158
Untersetzspindel 76
Untersuchen 25, 141, 199
Untersuchung 18, 19, 141, 199
Untersuchung, Betriebs- 18
Untersuchung, Haupt- 18, 19, 20, 21, 47
Untersuchung, Zwischen- 18, 19, 20, 21, 47
Untersuchungsfrist 19, 20, 199
Untersuchungsschild 90
Untersuchungsstand, Kessel- 141
Untersuchungsverfahren 49
Unvollendete Produktion 64
UP-Schweißen 63, 152, 158
Urmeßbuchse 61, 82
Urnennmaß 24, 48, 77
Urspiel 24, 47

V

Vakuum, Reinigung mit Hoch- 75
VDE-Vorschrift 27
Ventil 170, 204
Ventilregler 143, 170
Verantwortlichkeitsgrenze 31
Verantwortungsbereich in den Bahnbetriebswerken 187
Verbesserungsvorschlag 218, 227
Verbrennungskammer 205
Verformung, spanabhebende — 62, 219
Verformung, spanlose — 62, 219
Verklammerungsgewinde 107, 115, 213
Verlängerung der Untersuchungsfrist 20, 21
Verlust 223, 227
Verlustzeitsenkung 59, 189, 217, 226
Vermessen 25, 27, 60, 68, 79, 80, 81, 82
Verschleiß 15, 16, 17, 18, 19, 20, 47, 52, 60, 64, 77, 198
Verschleißbuchse für Drehzapfen 77
Verschleißfestes Teil 19, 213
Verschleißforschung 19
Verschleißgeschwindigkeit 16, 17, 18, 63, 64, 87, 199, 219
Verschleißgröße 25
Verschleißmaß 25
Verschleißteil 40, 54, 63, 219
Verschleißzeit 19
Versehrte, Arbeitsplätze für — 137
Vertragswerkstatt 138
Versuchs- und Entwicklungsstelle für das Ausbesserungswesen der Deutschen Reichsbahn 19, 226
Verwiegen 19
Verzugswinde, Lokomotiv- 191
Vier-Brigade-Plan 216, 217, 222
Vogefa 23
Vogelzunge 144
Vollmilch für Bleiarbeiter 120
Vollvermessen 25
Vorausbaustand 151
Vorbereitung auf dem Werkhof 71
Vorbereitung der Produktion 64
Vorbeugende Prüfung 49
Vorindizieren 184
Vormeldung 19, 41, 87, 88, 89, 206
Vormontagestand 84
Vorn bei der Lokomotive 26
Vorreinigung 72
Vorrichtung 68
Vorschriften, Erhaltungs- 16
Vorschuh 134
Vorvermessen 25
Vorwärmer 22, 55, 84, 141, 205
Vorwärmerwerkstatt 28

W

Waagerechtfeinbohrwerk 107
Wärmekraftwerk 29
Wärmetechnische Untersuchung 184
Wartezeit 228
Waschluke 160, 168
Waschmaschine, Metall- 75, 193
Waschraum 39
Wasserabscheideblech 161
Wasserdruckprüfung 77, 166, 174
Wasserdruckversuch 19, 20, 49, 90, 142, 161
Wasserkasten 22, 84, 86, 88, 89, 136
Wasserrohr 121
Wasserstand, niedrigster — 149
Wasserstandsanzeigevorrichtung 161
Wasserverbindungsrohr 86
Wasserversorgungsanlage 29
Wegweiser 84
Weichenstraße 188
WEN 55
Werkaufenthaltszeit 26, 54
Werkausrüstung 222
Werkbank 62
Werkgrenzformabweichung 24, 48, 77, 134
Werkgrenzmaß 15, 22, 24, 47, 48, 78, 87
Werkgrenzmaßlehre 91
Werkgrenznormblatt 27, 87
Werkgrenzspiel 22, 25, 47
Werkhof, Vorbereitung auf dem — 71

Werkkartei, Lokomotiv- 40
Werkkennzahl 70
Werkleitung 28
Werknorm 55
Werkplatz 105
Werkplatzausrüstung 68, 220, 226
Werkschweißvorschrift 23, 48
Werkstatt 28, 29, 55, 189
Werkstätten des Bahnbetriebswerkes 188, 197
Werkstättendienst 23, 54
Werkstatt für Tauschteile 28
Werkstättenprinzip 31
Werkstattflächenausnutzung 70, 105
Werkstattflächenbedarf, Gesamt- 34, 226
Werkstattform 14, 15, 29, 30
Werkstattgröße 29, 31
Werkzeughaltung 55
Werkzeugkasten 88, 135
Werkzeugmacherei 39
Werkzeugmaschine 31, 62, 68, 194
Werkzeug und Gerät 46, 71
Wert der Lokomotive 17
Wertungszahl für Luftpumpen 180
Wettbewerb, sozialistischer — 16, 220
Widerlager für Rückstellvorrichtung 81
Widerstandsschweißmaschine 117, 134
Wiederaufbau der Werke 16
Wiegen von Lokomotive und Tender 184
Windsichtung des Strahlgutes 145, 146
Wirtschaftlichkeit 17, 19, 20, 46, 54

Z

Zapfenbearbeitung 93, 96
Zapfendurchmesser 93
Zapfennabe 96, 102
Zapfenschleifwerk 62, 96, 98, 99
Zapfstelle 142
Zeitaufwand 52, 64, 219, 220, 226
Zeitbegriff 25
Zentraldreherei 29
Zentrale Fertigungswerkstatt 28, 62, 141, 170
Zentralwerkstatt 15, 31
Zerspanung 62
Zerspanungswerte 68
Zuführung 41
Zugänglichkeit 54
Zugbeeinflussung, induktive — 22, 137
Züge und Bewegungen 136, 140
Zughaken 90
Zughakenfeder 90, 207
Zughakenführung 89
Zugkasten 89
Zuglaufstörung 179
Zug- und Stoßvorrichtung 88, 90, 207
Zulauf, Lokomotiv- 54
Zusammenbau 22
Zusatzbremshahn 214
Zuschneiderei 62, 63
Zwischenausbesserung 18, 19, 87, 89
Zwischenmaß 24, 48
Zwischenuntersuchung 18, 19, 20, 21, 47, 86, 89
Zyklon 105, 146
Zyklus 64, 71
Zylinder 22, 53, 78, 80, 208
Zylinderachse 82
Zylinderbohrwerk 78
Zylinderdeckel 78, 132, 208
Zylinderdeckelbekleidung 132
Zylinderlaufbuchse 78
Zylinderölung 209
Zylinderwechsel 37

# WEITERE INTERESSANTE BÜCHER ZUM THEMA

Dieselloks bilden nach wie vor das Rückgrat des Eisenbahnverkehrs. Wer sich mit ihrer Antriebstechnik beschäftigt, liegt mit diesem Nachdruck des erstmals 1967 im transpress Verlag erschienenen Bandes richtig. Denn hier beantworten Fachleute kompetent und umfassend alle Fragen rund um die Technik des Dieselantriebs.
496 Seiten, 371 Abb., 170 x 240 mm
ISBN 978-3-613-71729-9
**€ 49,90 | € (A) 51,30**

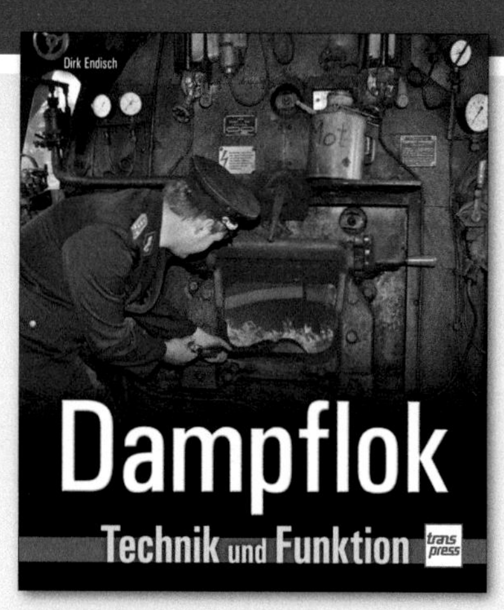


Wie funktioniert die Dampflok? Diese Frage beantwortet Dirk Endisch in seinem Buch. Kompetent und verständlich erklärt er Schritt für Schritt die Technik der Dampfrösser und bietet fundiertes Wissen für jeden, der sich für Technik und Funktion dieser Fahrzeuge interessiert.
160 Seiten, 130 Abb., 230 x 265 mm
ISBN 978-3-613-71572-1
**€ 24,90 | € (A) 25,60**

Weit weniger romantisch als Dampflokfreunde heutzutage, erlebten Berufseisenbahner das Bahnbetriebswerk: Für sie bedeutete es in erster Linie harte Arbeit. Dieses Buch schildert den Alltag im Dampflok-Bahnbetriebswerk auf detaillierte Weise.
144 Seiten, 180 Abb., 230 x 265 mm
ISBN 978-3-613-71552-3
**€ 24,90 | € (A) 25,60**

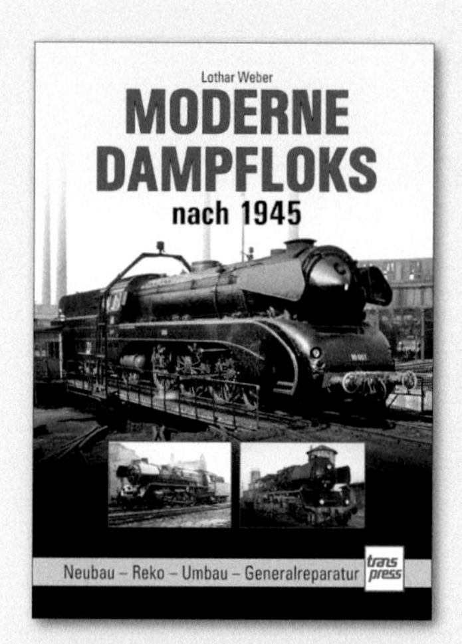


Dieser Band bietet eine einmalige Zusammenstellung über die moderne deutsche Dampfloktechnik nach 1945. Der Leser erfährt in einem kompakten Überblick, welche Fahrzeuge nahezu zeitgleich in Ost und West beschafft oder modernisiert bzw. rekonstruiert wurden.
144 Seiten, 150 Abb., 170 x 240 mm
ISBN 978-3-613-71692-6
**€ 19,95 | € (A) 20,60**

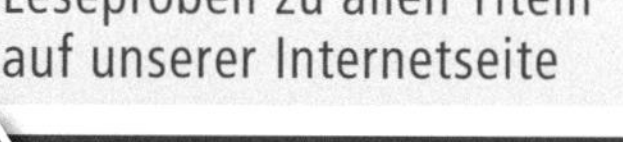

Leseproben zu allen Titeln
auf unserer Internetseite

trans press

Überall, wo es Bücher gibt, oder unter
WWW.MOTORBUCH-VERSAND.DE
Service-Hotline: 0711 / 78 99 21 51
www.facebook.com/MotorbuchVerlag

Stand Juni 2024
Änderungen in Preis und Lieferfähigkeit vorbehalten.